一生必读的智慧故事

主　编：严敬群

副主编：宋国云　刘缜超

编　委：徐　爽　叶　凡　力　芳
　　　　陈　成　王　大
　　　　李　清　莉　刘　严　睿　全　华
　　　　卢　鑫　严　余　福　华
　　　　张　永　忠　宋　明　华
　　　　马　谷　良　秀　汪　严　锋
　　　　蒋　亚　琼　韩　剑　霞
　　　　汪　仁　智　郑　淑　娟
　　　　李　正　湫　王　雅

金盾出版社

内容提要

　　本书共分九章,选编了三百多则古今中外的智慧故事。这些故事充满斗志、蕴含哲理、富有情感,具有较强的可读性、知识性和趣味性,能给人以启迪。相信本书将会受到广大家长和孩子们的欢迎!

图书在版编目(CIP)数据

一生必读的智慧故事/严敬群主编 . -- 北京 :金盾出版社,2011.5
ISBN 978-7-5082-6907-8

Ⅰ.①—… Ⅱ.①严… Ⅲ.①人生哲学—通俗读物 Ⅳ.①B821-49

中国版本图书馆 CIP 数据核字(2011)第 044725 号

金盾出版社出版、总发行
北京太平路 5 号(地铁万寿路站往南)
邮政编码:100036 电话:68214039 83219215
传真:68276683 网址:www.jdcbs.cn
封面印刷:北京精美彩色印刷有限公司
正文印刷:北京三木印刷有限公司
装订:北京三木印刷有限公司
各地新华书店经销
开本:787×1092 1/16 印张:19 字数:300 千字
2011 年 5 月第 1 版第 1 次印刷
印数:1~6 000 册 定价:35.00 元
(凡购买金盾出版社的图书,如有缺页、
倒页、脱页者,本社发行部负责调换)

目 录

第一章　胆识:成就事业的基石

第二章 推理:由蛛丝马迹找到真相

第三章　发明:抓住一瞬间的灵感

第六章　劝谏：四两拨千斤的艺术

第七章　常识：隐藏在生活中的智慧

第八章 改变：用利害打动人心

第九章　言辞:语言的智慧

第一章

胆识：成就事业的基石

蔺相如智挫秦王

秦国没有得到赵国的"和氏璧",一直怀恨在心。不久,秦国去侵略赵国,夺走了石城。第二年,又去打赵国,杀死了两万人。公元前279年,秦昭襄王请赵惠文王到西河之南的渑池会盟,赵王不敢去。大将军廉颇和上大夫蔺相如都认为,如果不去,只会显得赵国势弱,国君胆怯,反倒让秦国看不起。赵王只好硬着头皮,叫蔺相如陪他前往。

廉颇带着大队兵马送赵王来到国境线上。拜别时,廉颇对赵王说:"国君,这回您上秦国去,来回路程加上会期,至多不会超过30天。如果过了30天,您还不回来,请答应把太子立为国王,好让秦国死了心,不能要挟大王。"

赵王点头说:"好,太子和国事就托付给大将军了。"

到了约会的那天,秦王和赵王在渑池相见。在宴会上,秦王喝了几杯酒后,乘着酒兴说:"听说赵王喜好音乐,请用瑟弹一曲吧。"

赵王不敢推辞,红着脸弹了一曲。秦王斜着眼睛对旁边的史官微微一点头,史官会意,就上前把这事记了下来,还念了一遍:"某年某月某日,秦王和赵王在渑池会盟,赵王为秦王弹瑟。"

蔺相如知道这是秦王有意侮辱赵王,把他当做臣下看待,还要把这种耻辱记在史册上,让赵国丢尽了脸。他想了想,拿了一个瓦盆,上前跪在秦王跟前,说:"赵王也听说秦王挺能演奏贵国的音乐,现在我为大王捧上一只瓦盆,请大王演奏一段吧。"

秦王一听,非常生气,理也不理蔺相如。蔺相如站起来,厉声说:"秦国虽然强大,但是,在这不到五步的地方,就可以把我的血溅到大王的身上去!"

秦王见蔺相如高举着瓦盆,如果真的砸下来,自己的脑袋可能就不会完整了。两边的侍卫这时也一个个吓得目瞪口呆,不知如何是好。秦王不想吃眼前亏,只好用筷子轻轻地敲了一下瓦盆。蔺相如这时回头叫赵国的史官也把这事记下来:"某年某月,赵王和秦王在渑池会盟,秦王为赵王敲瓦盆。"

秦国的群臣挺不服气,叫道:"请赵国用十五座城,作为对秦王的献礼!"蔺相如毫不示弱,也叫道:"请秦国割让都城咸阳,表示对赵王的敬意!"这时,秦王得到密报,说赵国的大军驻扎在临近的地方,于是不敢轻举妄动,就喝住手下,双方签订了互不侵犯条约。

信陵君窃符救赵

故事发生在公元前 257 年。

魏国的信陵君因力劝魏王出兵救赵不成,怀抱一腔义愤,亲率自己的三千门客,单独赶赴邯郸,要与秦军拼命。信陵君的门客侯嬴劝谏道:"公子,凭您带的这么几个人,去跟强秦硬拼,岂不是白白送死吗?"

信陵君道:"可是,我家王兄慑于秦王淫威,不敢出兵救援赵国。我又岂能眼看着秦军围困邯郸,对赵国见死不救呢?何况,那里还有我的亲姐姐。"

"那也不能如此鲁莽行事。我听说魏国将军晋鄙所持的兵符(古时调兵用的凭证,分为两半,右半留在朝廷,左半发给统兵的将领,只有两半兵符合拼一处,才能调动军队。)的右半在魏王宫中,只要拿到它您就可把晋鄙的兵权夺过来了。"

"可我王兄的宫内戒备森严,一般人是进不去的啊!"

"公子莫急,我倒有个主意。听说以前您曾为如姬报过杀父之仇。"

"有此事,如姬对我一直很感恩的。"

"这就好。公子,如姬不正是最受魏王宠爱的人吗?您何不请如姬帮您把那一半兵符弄到手呢?"

侯嬴的话提醒了信陵君,他立即赶到王宫向如姬求助。如姬轻而易举地帮信陵君把兵符偷到了手。信陵君随即就要赶往军中去夺晋鄙的兵权。

"公子,且慢。"侯嬴一把拉住信陵君,"晋鄙见了这兵符能顺顺当当地交出兵权且不论,如果他拒不认账怎么办?我有一个好友叫朱亥,是个大力士,我让他跟公子一道去。晋鄙若不交出兵权,就让朱亥杀死他。"

信陵君带着朱亥等人,来到魏军的驻地邺,拿出窃得的兵符,假传魏王命令,让晋鄙交出兵权。

晋鄙接过兵符与自己携带的另一半一对证完全吻合。可他仍有疑窦,对信陵君说:"大王让我统率 10 万大军于此驻扎,干系重大,你单身来替换

我,这哪行呢?"

信陵君朝身旁的朱亥稍一示意,朱亥即抢起大铁椎,冲上前去,便砸向晋鄙的脑袋。

信陵君夺得军权,便统率大军赶往赵国救援,大破秦军,从而解了赵都邯郸之围。

弦高舍财救郑

公元前 628 年 12 月,秦国的将领孟明视、西乞术和白乙丙带领军队从都城出发,准备去进攻郑国。

原来,这年冬,驻在郑国的秦国使者杞子偷着派人给秦穆公报信说:"郑文公已经死了,太子兰做了国君。郑国人让我掌管北门,如果大王速派军队偷袭郑国的北门,我暗中把门打开,一定能很快灭了郑国。听说晋文公也刚刚死去,晋国不会搁着国君的尸首来帮助郑国的。现在真是大好时机!"秦穆公不顾重臣百里奚和蹇叔的反对,向郑国发兵。

秦军很快通过了晋国的崤山(在今河南省洛宁县北)。第二年 3 月,进入滑国境内。

一天早晨,队伍刚刚起程,忽有前锋的士兵赶来报告孟明视:"将军,郑国的使者求见!"

孟明视大惊:"郑国怎么知道我军到此,派使者来接?好吧,先看看他的来意如何?"于是传令接见郑国使者。

前来的是个貌不惊人的矮个儿,是郑国的牛贩子,并不是什么使者。

不过他在滑国贩牛时听说秦军通过滑国是要去攻打郑国,就采取了一个大胆的行动:他一面派小伙计速去郑国报信,一面假充国使来设法阻止秦军。

他向孟明视施礼后送上十二头牛和四张牛皮,说:"我叫弦高,我们国君听说三位将军从我国经过,特地派我先把这小小的礼物献上。国君说:承蒙贵国派兵保护北门,我们非常感激。现在贵军就是在我们国土上停留一天,我们也要供应你们丰盛的饭菜;贵军在我们国土上行军,我们一定负责保护你们的安全。"

孟明视听弦高这么一说,以为郑国真的早有防备,只得随机应变说:

"我们不是到贵国的，而是来讨伐滑国的，您回去吧！"

弦高离开后，孟明视对西乞术和白乙丙说："我们偷着过了晋国的地界，离开本国已有一千里了，如果此时突然袭击郑国，内外夹攻，胜仗是有把握的。可现在人家早有准备，那么内应也恐怕已被他们发现了，在这样的情况下再去攻打他们，对我们肯定是不利的。倒不如趁着滑国没有防备，灭了它，带些财物回去作个交代算了。"

再说郑国的新国君郑穆公得到弦高派人送来的情报后，立即去秦国使馆探望，发现秦国使者果然在整理兵器，收拾行李，就当即把他们驱逐出境，同时做好迎战准备。不过秦军没敢来，打下了滑国后，抢了一些财物回去了。

可是秦军在回国的途中，又经过晋国的崤山时，遭到晋军的伏击，全军覆没，孟明视、西乞术和白乙丙三位将领也被活捉了去。

冒险退楚兵

春秋末期，诸侯之间相互并吞，战火连绵。楚国拥有精兵强将，沃野千里，楚王借此称霸，决心攻打吴国。当时吴国势单力薄，哪是楚国的对手。于是吴王急忙派使臣前去慰劳楚军，想阻止战争的爆发。

楚将收下吴国使者送来的金银玉帛和佳酿美食后，喝道："捆起来杀掉，用这个使臣的血涂抹战鼓。"

使臣争辩道："将军，我们可是诚心慰劳呀！"

楚将哈哈大笑："慰劳？这叫朝贡！你们区区小国，只要楚兵每人吐一口唾液，便可淹死你们的臣民。难道还要礼遇你这种弱国贱民吗？"

使臣忽然放声大笑起来："这次到楚国，果然吉利！这是吴王的恩德呀。"

楚将被使臣的朗声大笑弄糊涂了，问道："你来时占卜了？"

使臣点点头，说："很吉利呀。"

楚将讥笑道："可现在我就要把你杀了，吉在哪里呀？"

吴国使臣挺前几步，坦然地答道："你若把我杀了，这正是吉利之所在。因为吴国派我来，本来就是要试探将军的态度。如果将军发火了，那么吴国就将深挖护城河，高筑壁垒，全民皆兵，与楚军决一死战；如果将军态度

和缓,那么吴国就不相信楚国会去进攻,防守就会松懈。现在将军要杀我,吴国获悉后一定会加强警戒,死我一人而保全了国家,这不是吉利又是什么?"

楚将听了,猛然间对卫士挥挥手说:"放了他。"于是,使臣完成使命,平安回到了吴国。楚国也知吴国已有准备,便打消了进攻的念头。

少年智赦万民

秦朝末年,西楚霸王项羽和汉王刘邦为了争夺天下,你攻我打,相互厮杀,打了好多年的仗,还是胜负不分,呈现拉锯式的僵持状态。由于连年苦战,害得士兵苦不堪言,百姓扶老携幼远离家园逃避战祸,老弱病残冻饿而死的不计其数。

有一年,项羽发兵攻打一个战略重镇——外黄。打了好久总是攻不下来,据守外黄的宋军十分顽强。项羽为此茶饭不思,很是发愁,正在想自己是不是要亲自率军去支援。忽然,探子飞马前来报告:"大王,不好了,外黄的宋军向彭越投降了。"

刚愎自用的项羽勃然大怒道:"彭越何德何能,竟然帮了刘邦趁火打劫,不费吹灰之力就坐收渔翁之利。传令全军,随我去踏平外黄,活捉彭越!"

且不说这边项羽怒气冲冲率领大军火速向外黄进发,那彭越也是个懂得战略战术的军事家,他晓得凭自己的现有实力难于同项羽硬拼,便避其锐锋,率军暂时撤出外黄。

项羽很快进驻外黄。

他余怒不息,把一股怨恨发泄到外黄的百姓身上,下了一道残酷的命令:凡是外黄城里15岁以上的男丁,统统集中到城东活埋。

顿时,外黄城里传出一派凄凉号哭的声音。有一些人想方设法,辗转相托,恳请项羽收回成命,可是毫无效果。

这时,外黄县令的门客有个13岁的孩子,自告奋勇地叫道:"让我去劝说楚王!"

孩子跑到项羽所在的房子前,神秘地对哨兵说:"我有重要情报面告大王。"

哨兵进去通报，项羽即刻传见。

孩子见了项羽，朗声说道："彭越这家伙想来抢劫我们，全城军民怕他毁坏城池，所以暂时向他投降以求安全，我们的目的都是为了等候大王您来接收啊。现在您来了却要活埋我们，请问，外黄往东十几里城池的百姓如果知道了，怎么还肯乖乖地归顺您呢？"

项羽听了连连点头，即刻传令赦免百姓。

郦食其巧夺陈留

公元前 207 年，刘邦率领军队浩浩荡荡西进，路过陈留。陈留高阳乡的郦食其，满腹经纶，早想帮着刘邦打天下。

几经周折，郦食其得以进入军营。正在洗脚的刘邦听说有谋士前来献计，光着脚，来不及穿鞋，忙请郦食其坐下："郦先生，以您之见，如何才能得到天下呢？"

郦生朗声开口："先要占领陈留。陈留是天下重镇，历代为兵家必争之地。这里贮存着几千万石粮食，城地坚固易守。我平时和陈留令相处很好，愿意为您去劝降。如果他不愿意投降，我将设计取他首级，夺取陈留。"

刘邦高兴得击掌大笑："好，好，我听您的！"

当夜，郦食其潜入陈留城，找到陈留令，劝降道："秦朝滥杀人民，天下人都背叛它。你如果跟天下人一起造反，一定能干一番大事业。如今，刘邦军队兵临城下，你却为快灭亡的秦朝守城，我认为您这么干太危险啦！"

陈留令板起脸说："秦朝法令严酷，乱说会招来杀身之祸。我不会听你的书生之见，你也别再胡说八道啦！"

"好样的！"郦食其猝然大笑着竖起大拇指。笑罢，他突然哀声凄切："告诉您吧，我刚才是试试您是否忠于朝廷。实不相瞒，我族中亲人，有七人被刘邦宰杀。我郦生与刘邦不共戴天，不报此仇枉活此生，誓与县令同守陈留城！"

陈留令感动了："天色已晚，您就在这里住下。明天，你我同商守城大计！"

半夜时分寂静无声，陈留令入睡。郦食其蹑手蹑脚地爬起，把他一刀杀了。

刘邦大喜过望，连夜率军强攻陈留城。守城士兵正探头向下望，墙底下突然升起一根长竹竿，陈留令的头血淋淋地挂着。士兵们吓得魂飞魄散，郦食其在城下大声吆喝："识时务者为俊杰，快出城投降。谁不肯下来，陈留令就是榜样！"

群龙无首，几万陈留守兵纷纷下城，打开城门，向刘邦军队举手投降。

班超杀匈奴

公元73年，东汉假司马班超和从事郭恂奉命出使西域，想使那里的大小国家归顺汉朝。

班超带着36人来到西域的鄯善国。鄯善王想归附汉朝，又想归附匈奴，正处举棋未定之际，班超他们一行人来临，鄯善国王恭敬异常，三日一小宴，五日一大宴。可是过了一段时间，班超正准备动身西行，忽然觉得鄯善王对他们不如先前热情了，供给的酒食也不如从前丰富了。班超当即起了疑心："这里面一定有鬼！"

说来也巧，鄯善王的手下人正送酒食来。班超眼珠一转，连诈带唬地发话："匈奴的使者已经来了几天？现住在什么地方？"

那侍从架不住班超这么一诈，忙不迭如实相告："不瞒班大人，匈奴人来了三天了。他们住的地方离这儿有30里地。"

班超怕走漏风声，马上把这个侍从关押起来。

班超接着召集36个随从人员喝酒。正喝得酣畅淋漓时，班超双手捧起酒碗，突然站直身子，冲大家激愤地说："你们和我都已身处绝境，生死难卜。我们来到西域原是为建功立业，万万没想到，匈奴使者来这儿才几天，鄯善王就冷淡咱们。如果他欺咱们人少力薄，把咱们捆绑起来送给匈奴，他倒可以向匈奴单于邀功请赏，咱们却要身首分离、尸骨抛撒异乡。你们大伙儿说说，该怎么办呢？"

大伙全慌了神："生死与共，我们插翅难逃。是死是活，全听您班大人的！"

班超说："不入虎穴，焉得虎子？现在只有一个办法最好，就是趁着黑夜，摸到匈奴使馆的帐篷周围，一面放火，一面进攻。他们不知道咱们有多少兵马，一定心慌。只要杀了匈奴使者，鄯善王就不敢倒向匈奴，这样，他就不得不归顺大汉朝。"

半夜时分，班超带着36个壮士向匈奴的帐篷那边偷袭过去。那晚，恰巧刮大风。班超指定10个人拿着鼓隐蔽在帐篷后面，吩咐他们："看到大火烧起，你们都要拼命敲鼓，大声喊叫造成声势。"另外20个壮士手持弓弩埋伏在帐门两侧。准备就绪，班超带领剩下的6个人顺着风向放火。10个人同时擂鼓、呐喊，其余的人大喊大叫着冲杀进帐篷里。手起刀落，转眼间，3个匈奴兵的头颅"扑扑扑"落地。其余壮士跟着冲进帐篷，杀死匈奴使者和30多个随从。他们割下匈奴使者脑袋，跑到外边，立刻高举火把，将所有帐篷都点着了。火借风势，舔着火舌席卷帐篷，100多名匈奴兵被大火烧死，仅剩几个侥幸者鼠窜而去。

天渐渐亮了，班超令人请来了鄯善王。鄯善王跨进帐篷，一眼看到汉朝人手中拎着匈奴使者的人头，吓得大惊失色。班超话中有话地劝他："从今以后，我们大汉皇朝和你们联合起来抵抗匈奴，匈奴就再也不敢来侵犯你们啦！"

鄯善王脸如土色，为了表示真心交好，就叫他儿子跟随班超赴洛阳侍候汉朝皇帝，彻底归顺了东汉。

遗宝鞭巧妙脱身

东晋明帝二年，东晋叛臣王敦的军营驻扎在于湖。这天来了一位貌似商人的人，只见他右肩挂着个钱褡，走街串巷，一路吆喝着："有山货卖吗？买山货喽！"

"哎，我说，你看那人可不像个山货商人。"一位值勤兵对另一位值勤兵说。

两个值勤兵走到近前，仔细观察起那人来。只见那人长着满脸的黄胡子，眉宇间有一股英武之气。他谈吐温文尔雅，俨然是一位饱读诗书之人。

"这人肯定不是生意人，倒像是朝廷派来的探子。"两个值勤兵嘀嘀咕咕起来，觉得此事干系重大，便径直赶到王敦的帅府报告。王敦听说那人脸上长着黄胡子，一拍桌子："哎呀，那人可能就是明帝司马绍。快派人给我捉拿！"

于是五匹快骑追出了营门，可明帝司马绍已不知去向。正纳闷时，中

间有一位士兵突然叫道："那边道上有堆马粪。"

骑兵们立即赶到那儿。这时，路旁歇脚的凉棚里，有一位卖食品的老太太在大声叫卖着。

领头的骑兵来到老太太面前："请问老人家，刚才可曾见到一个黄胡子的人骑马从这里过去？"

"有啊，可他已经走得很远了。喏，这是那人留下的一条鞭子。"老太太说着，从衣兜里摸出一条闪亮的鞭子来。

"是七宝鞭。"领头的骑兵惊叫道，"这可是皇宫中的宝物啊！"五个人于是你抢我夺，吵吵嚷嚷，争执不休。

"哎呀，我们还要去追人呢。"领头的骑兵惊醒过来。

"来不及了，你看那马粪都凉了。"一位骑兵说。几个人一看那马粪真的凉了，料想再追也追不上了，于是带着七宝鞭回军营去了。

那人确是晋明帝本人。皇帝亲自出去刺探军情可谓是绝无仅有。自那两个值勤兵注意起他后，明帝就立刻意识到问题严重了。他知道马上就会有敌兵追来。于是，他赶快走出营门，飞身上马。但他想自己是绝对跑不过那军中骑兵的，抬头一看，见路旁有个老太太，他走了过去，摸出二两银子给老人，又把自己的七宝鞭递给她，对她作了一番交代，转身又把马屁股后的一堆马粪浇上了凉水。这才重新上马飞驰而去。

明帝见追兵已摆脱，便带着探得的情报，回京城去了。

勇斩巨蛇除民害

福建有座大山，名叫庸岭，在它西北方，有个巨大的山洞，洞里蛰伏着一条七八丈长的巨蛇。此蛇曾吞吃了许多过往行人，使得附近的百姓诚惶诚恐。官员实在想不出制蛇的妙法，就听从巫师道士的建议，不断地将十二三岁的童女奉献给它。几年下来，已祭献了九个无辜女孩。可是，巨蛇为害依然存在。

有一年，"祭日"又快到了。官府又去搜抢女孩，可是搜来查去再也找不到合适的。官府正在为难之际，将乐县有个名叫李寄的女孩却自愿来了。

原来，农民李诞生养了六个女儿，没有儿子。李寄最小，听说官府征召丫头祭蛇，便自告奋勇前去应征。李诞死也不肯放她走，岂料她说道："我们这些丫头不但不能供养父母，反而白白增加了家庭的负担，活着有啥好处呢？还是把我卖给官府，您可得到一大笔赏钱，既可贴补家用，又少了我一份口粮。再说，我也不一定就会被蛇吞吃嘛！"

李寄见父母不放她走，便趁着黑夜偷偷地溜了出来。李寄向官府提出，要一口好剑和一只厉害的狼狗，还要拌上蜜糖的几大担糯米团子。官府满口应允。到了祭蛇那天，李寄让差役挑上早已准备好的糯米团子，带上宝剑和狼狗，一起去蛇洞。到达洞口，差役将糯米团子倒在地上。李寄并挥手让他们离去。

没有多久，巨蛇爬出洞口。躲在一旁的李寄发现这是一条罕见的大蛇：脑袋有圆顶的谷仓那么大，眼睛活像两面两尺阔的眼镜。巨蛇闻到地上食物的香气，便大口大口地将糯米团子吞吃个精光。不一会，巨蛇蜷缩着身子，盘在洞口酣然睡去。原来，李寄在团子里拌了不少黄酒，巨蛇显然是被灌醉了。

接着，狼狗扑上去就朝蛇的颈子狠命地撕咬。

李寄擎着锋利无比的宝剑冲上去，用尽全力朝蛇头劈斩。巨蛇痛极了，在地上扭曲、翻滚，过了好一会儿，它全身一挺，死了。

李寄走进蛇洞，看见洞里有九具女孩的头骨，自言自语地说："唉，你们既胆小怕事，又不肯动脑筋，白白丢掉性命，真可惜啊！"

华佗医病妙用方

东汉末年的名医华佗，不仅擅长内科、外科和妇科、儿科，而且发明了中药麻醉剂，能给病人动剖腹的大手术，难怪丞相曹操也要召他看病。

一次，有个郡太守病了，日不思饭，夜不成眠，整日忧心忡忡，焦躁不安。病人的家属忙去请华佗诊治。华佗给太守把过脉，看过舌苔，断定太守的病是由于胸中积了淤血引起的，但要清除淤血，不是一般吃药、针灸所能解决的。华佗自有诊治办法，不过他一字不提。

为防不测，太守要华佗住在府上。每天，太守家美酒佳肴盛情款待华佗，华佗照吃不误，而且吃罢就睡，享足了清福。过了一天又一天，却不给太守开药方。每到太守夫人询问疗法，华佗总是推说："病情古怪，让我考

虑考虑。"

数日后,华佗竟不辞而别了。太守恼怒万分,连声骂道:"什么名医、神医,简直是骗酒骗肉的大骗子!"太守气势汹汹地在屋里来回走着,不时发怒大骂,家人吓得不敢吭声。正在这时,管家送来华佗留在住房里的一封信,信中骂得太守比狗屎还臭,世上所有糟糕透顶的字眼都用上了。气得太守暴跳如雷,声嘶力竭地大吼:"给我快派人追,杀掉那骗子!"喊罢,大口大口地喷出了污血。

说来也奇怪,过了一会,那太守竟觉得目明神爽,接着觉得腹中饥饿,竟能有滋有味地吃下好多东西。晚上,一上床便合眼,进入了梦境。

后来,太守面谢华佗,问起留信之事,华佗捋须一笑:"那封信,乃是我专为大人开的一剂特殊的'药方'。你见了气得口吐淤血,不就好了吗?"

东方朔诙谐答武帝

西汉时,武帝的宫中有个叫东方朔的人,滑稽多智,三寸不烂之舌能令人惊奇。

汉武帝为了长生不老,竟大肆挥霍财富寻求仙丹妙药。据说有一次,一个方士献给汉武帝一坛"仙酒",胡绉饮了它真的可以"万岁!万岁!万万岁"。汉武帝当时就把它珍藏起来,准备以后好好享用。谁知东方朔知道此事后,竟把这坛酒偷偷地喝掉了。汉武帝知道后龙颜大怒,喝令立斩东方朔。

东方朔被捆后却大笑不已。

武帝惊问道:"你死到临头了,还笑什么?"

东方朔说:"方士说那酒是'不死之酒',如果这酒真能让人长生不死,那么,你就无法将我杀死。如果一刀下去,我还是死了,这酒还称得上是'不死之酒'吗?人哪有不死的?如果皇上为了这'假仙酒'而将我杀死,不是要令天下耻笑吗?"

武帝觉得杀了机智的东方朔很可惜,而且也真的怕天下人耻笑他,决定放了东方朔。

又有一次,汉武帝对大臣们说:"我觉得《相书》上有一句话是很对的:'人的人中如果长一寸,就可以活到一百岁。'"肃立两边的文武官员一齐鸡

啄米似地点头称是："对对对！皇上所言极是！"

只有东方朔却哈哈大笑起来。汉武帝面露不悦之色："爱卿为什么要笑朕，难道朕说得不对吗？"

东方朔摇头说："我哪里是笑陛下呢？我是笑彭祖面长！"武帝不解地问："彭祖面长有什么好笑的呢？"

东方朔说："传说彭祖活到八百岁。如果《相书》真的很准的话，那么彭祖的人中就应有八寸长，而他的脸就该有一丈多长了。想到这儿，我怎么还忍得住不笑呢？"

汉武帝一听，也不禁大笑起来。

过了一段时间，汉武帝游览上林苑，看见有一棵树长得很奇特，问东方朔："你知道这棵是什么树？"

东方朔并不知道此树的名称，随口胡说了一句："它叫'善哉'"。

武帝听后也不应声，暗中派人削掉它的枝干为记号。

一晃几年过去，汉武帝又来到上林苑游玩，又问东方朔那棵树是什么树。东方朔早就把上次的答案忘了，又胡说了一句："叫做'瞿所'。"

汉武帝却没忘记，脸一沉说："上次你说这树叫'善哉'，这次又称这树叫'瞿所'，怎么两次说的不一样呢？"

东方朔愣了一下，但马上笑着辩解道："大的马叫马，小的马叫驹；大的鸡叫鸡，小的鸡叫雏；大的牛叫牛，小的牛叫犊；人初生时叫小儿，老了叫耆老；以前这树叫善哉，现在这树叫瞿所。世上人的老小、生死，万物的衰败、成长，哪有固定的名称呢？"

东方朔的巧辩使武帝很佩服，并连连称赞东朔："说得好！说得好！"

军旗镇敌降万军

公元 534 年(北魏孝武帝永熙三年)，朝廷内部乱成一团，丞相高欢一心想篡夺朝政。秦州刺史侯莫陈悦投靠高欢，已被击败身亡，他的同党幽州刺史孙定儿拥有几万人马，大造声势，想顽抗到底。

都督刘亮得令，星夜兼程，神不知鬼不觉直扑幽州。

且说刘亮只带领 20 名骑兵奔驰到孙定儿城外，在近城一处高地上树起一面大旗。一切准备就绪，刘亮才再率那 20 人闯进城中。

华灯初上，孙定儿恰巧摆好酒宴，见刘亮迎面闯入，一时吓得目瞪口呆。而刘亮拨马猛砍过去，孙定儿当即身首异处。刘亮在孙定儿的官兵面前，举着明晃晃的钢刀指着城外那面大旗，高声命令同来的两名骑兵："快去城外，到那里号令大军进城！"

孙定儿官兵抬头远望，不由得心惊肉跳，他们统统扔下武器。接着，刘亮命令孙定儿的传令官，叫孙定儿的部下全部缴械投降。

刘亮只树起一面大旗，一下子降服了几万敌军。

快刀斩乱麻

南北朝时期，东魏丞相高欢，养了好几个儿子。

高欢平时对儿子们管教甚严，一心望子成龙。儿子们大都俯首帖耳，只要父亲有丁点儿的暗示，就纷纷踊跃去做。唯独一个名叫高洋的儿子，常常犟头倔脑，违抗父命，以致惹得高欢很不喜欢。

一次，高欢想了一个选题，意图考查一下儿子们的才智。儿子们闻命赶来，齐刷刷列队站好，听候提问。

"现在每人各发一把乱麻，谁整理得又快又好，谁就有奖。"说着，高欢将乱麻分发到儿子们手里。

一声令下，孩子们个个全神贯注，清理起乱麻来。

好难整理的乱麻啊！那黄澄澄的团团乱麻，好似给人践踏过的乱草窝，麻线纠结缠绕在一起，连找个头都要费上好半天时间。亏得孩子们有耐心，只见他们将乱麻一根根地抽出来，然后一根又一根地理齐。

只有高洋捧着乱麻既不抽头，也不理线，想了一想，去内室找来一把锋利的小刀，三下两下把乱麻齐刷刷斩断了。完事后，即向高欢大声报告道："爸爸，乱麻已经整理好啦。"

高欢丢掉书本，离座前来验视。不看犹可，一看不由得勃然大怒道："叫你理线，怎么都斩断了？"

高洋脸不红，心不慌，坚定而有力地答道："乱者必斩！"

高欢先是一愣，后来即刻回嗔作喜，暗暗想道："想不到此儿竟有执政的气魄！看来他将来必成大器！"想着，连忙宣布高洋获胜，予以奖赏。

果然不出所料，高洋长大后成了一国之君，就是北齐的文宣帝。

良马壮牛巧诱敌

公元 211 年夏天，曹操率领军队从潼关（今陕西潼关北）偷渡过黄河，欲打垮割据势力的马超。

曹操一向讲究攻心战，为了稳定军心，他先让大军陆续渡河，自己则亲自带着一百多位壮士留在南岸断后。

哪知，这情况被马超手下派出的游动哨发现了。马超听完探马汇报，欣喜若狂："追上去活捉曹操！"他马上召集一万多步兵、骑兵，飞速直扑那渡河地点。

曹操大军正一批批下船，一批批渡河时，后面的马超却率军追杀而来。曹操见背后烟尘滚滚，杀声震天，心中一惊："完啦！我方大军都已渡过河，剩下一百多壮士难以抵挡马超的强悍之师！"心惊未定，曹操打起精神，仍有条不紊地指挥大军按顺序渡河。

马超的人马越奔越近，飞箭越来越密，曹操部将许褚一顿足，心里急死啦："丞相再不走，就来不及啦！"他忙三步并作两步，大步流星赶到曹操身边，用力拉着曹操上船："丞相，快渡河吧，对岸大军等您指挥！"

这时，后面飞箭如蝗射得更密更凶。许褚见状，左手高举起马鞍作盾牌挡在曹操面前遮住箭雨，右手奋臂撑船拼命向前行进。

马超士兵已经越追越近。在这千钧一发之际，旁边突然窜出一群牛马直奔马超兵将面前。原来，这是曹操的校尉丁斐故意放出诱惑、扰乱敌人的。马超兵将见到这些良马壮牛，个个心花怒放，马上忘了打仗，争着去抢，一时阵容大乱。

马超气得大叫，仍无济于事，只好眼睁睁看着曹操乘机渡过黄河，脱离险境。

以盗治盗

北周时代，北雍州盗贼很多，时常发生大案。刺史韩褒上任后，首先着手治盗。他深入民间，秘密查访，发现许多大案竟是当地一些豪强富户干

的。前几任刺史均惧怕这些地头蛇,不敢治盗,致使盗风益长。韩褒亦感到此事棘手。思考了几天,终于想出了一条妙计。

那天韩褒发出请柬,宴请当地所有豪门富户。酒过三巡,韩褒站起双手作揖道:"我这个刺史是书生出身,新来乍到,请各位多帮忙。听说此地盗贼案很多,可我对于督查盗贼一窍不通,全靠你们和我共同分忧啊。"

说完,韩褒双手连拍几下,厢房内又走出几十个年轻人,豪门富户见状诧异,原来这些年轻人都是平常危害乡里的凶顽狡诈之辈,大家顿时提心吊胆起来,不知刺史葫芦里卖的什么药。

韩褒对这帮年轻人笑脸相迎,请之入座用餐。安顿毕,韩褒又道:"今日宴请有一事安排。从即日起,本官将按地区划分分管地段,每一段设一主帅,主帅由该地段的豪门富户担任,而你们在座的年轻人担任捕头,按住所划分小组。凡规定界内发生盗案必须负责破案,包括几起大案,倘若不能破案,本刺史只得以故意放纵盗贼论处。"

当即,一个官吏持书上堂宣读了分工及任命。

众人大惊,没想到当任刺史如此厉害。交头接耳之后便有人诚惶诚恐上前对韩褒耳语了一番。

韩褒微微一笑,不出所料,此招很灵。原来那人代表所有作过案的豪门富户招供,前些日子的大案是他们作的,并保证以后不再犯。韩褒取出纸笔,叫他们将作案的同伙写上,然后列册。

第二天街上贴了一张很大的布告,说:"自知行盗的人,赶紧前来自首,当即免除他的罪过。本月内不来自首的人,逐本人弃市,妻子儿女籍没收赏给先行自首的人。"

十天以内,众盗全部自首完毕。韩褒取出名册核对,毫无差异,一律赦免了他们的罪行,允许他们改过自新。从此群盗惊恐畏惧,不敢再胡作非为了。

躲马腹巧妙避火

唐朝的开国元勋徐懋功,有个孙子叫徐敬业。徐敬业相貌丑陋,性格强悍,全家老少都不喜欢他,徐懋功更说:"这个孩子将来会给家中带来灭族之灾。"

徐敬业自幼喜欢舞枪弄棒，骑马射箭。徐懋功不以为喜，反以为忧，他觉得敬业有了武功后，更会惹是生非，招致杀身之祸，就决心及早将敬业弄死，免得给家庭带来灾难。

徐懋功喜欢狩猎。这一天他带了徐敬业，来到一个草木茂盛的猎场围山打猎。围山打猎需要有一个人去将野兽从山上驱赶下来，然后众人摆开阵势，围而猎之，徐懋功就把驱赶野兽的差使交给了徐敬业。

徐懋功等敬业走后，便命人放火烧山，想把徐敬业烧死在猎场内。顷刻间，草场上燃起熊熊大火，火随风势，越烧越旺，直把偌大的草场烧得一片灰烬。四处逃窜的野兽也都被活活地烧死，看来徐敬业也定难幸免。

徐懋功带着随从，沿着被烧的山头，寻找徐敬业的尸体。找了一会，他们终于发现了那匹徐敬业的坐骑，已一片焦烂，倒毙在地。大家心想徐敬业的尸体也必在近处。这时突然从马腹中跳出血污满面的一个人来，他就是徐敬业。

原来徐敬业看到草场上四处火起，感到已无可逃之处，他等大火将要烧近时，便拔刀将马杀死，剖肚挖肠，将马腹作为藏身之处，虽然炎热难熬，但火势渐渐远去，他终于保住了性命。

徐懋功见了这副情景，仰天叹道："敬业不死，乃天灭我徐家矣！"从此对徐敬业也听之任之了。

徐懋功的预料果然如真，武则天登基后，徐敬业在扬州讨伐武后，后来兵败被杀，株连九族。

灭蛇神揭骗局

南宋时期，有个叫胡颖的人，他被委派到广东担任掌管一路军务和民政的经略安抚使时，碰到一桩稀奇古怪的公案。

原来，广东路管辖下的潮州有一座寺庙。民间盛传庙里有一条神蛇，修炼的道行很深，常常显灵。百姓对它奉若天神，顶礼膜拜，这个寺庙香火旺盛，佛事兴隆。以前到潮州做知州的历任地方官，也亦趋亦奉，逢年过节都亲自到寺庙去焚香祷祝一番，跪求蛇神恩赐地方以幸福。

胡颖听了此事，大不以为然。属下的老差役就劝道："大人，这不是传说，而是真的。"

胡颖斥责道:"奇谈怪论!"

老差役说:"大人!您知道前两任潮州知州的命运吗?前一个知州到任后轻慢蛇神,没有去祭祀它,结果引起特大旱灾,几乎造成颗粒无收,百姓纷纷责备他治理无能,他待不下去,只好请求他调。后一个知州无法,一上任就去庙里祭蛇神,忽然看见这条蛇蜿蜒爬出庙堂,大吃一惊,回到官邸就生了重病,不治而死。百姓都说,这位知州大人虽然亲自去祭祀了,但内心并不诚,而是做做样子的,所以蛇神要惩罚他。"

胡颖笑道:"有这等事,那我倒要亲自诚心地邀请蛇神来做客。"说着,胡颖便传令潮州州府,让他们叫该庙的和尚把蛇神抬到经略安抚使的官府来。老差役连连摇手道:"使不得,使不得。大人如此侮慢蛇神,一定要遭到不测之灾。"

胡颖笑道:"你不必紧张,我自己诚心诚意请它,来了待它为上宾,它不会发怒。即使降罪,也只我一人承担,与你们无干。"

不多久,和尚们果然将神蛇抬着送来,只见它的身子粗得像房柱子一样,皮肤的颜色黑得像墨炭灰一样。胡颖叫左右差役用栏杆将它圈起来供养。

老差役全身索索发抖,胡颖笑着对蛇神说:"都说你道行深得很,那么我给你三天期限,你定要显示你的神力,任你造灾降福。如真灵验,那我就把你尊为天神,日夜率众向你祭祀跪拜。如果不灵,我就对你不客气了!"

三天过去,那条神蛇跟普通蛇类一样,并没有显出神灵的样子来。胡颖哈哈冷笑道:"哪来的蛇神啊?全都是品行不端的和尚妖言惑众,骗取百姓的香火钱啊!"当即下令将蛇杀死,平毁那个寺庙,严厉地惩治了和尚们。

老差役这才如梦初醒,说:"都怪我糊涂。不是大人英明,我到死都给恶和尚骗了。"

幼童添字巧得驴

三国时代,东吴有个孩子叫诸葛恪,他是蜀国著名政治家、军事家诸葛亮的侄儿,十分聪明伶俐。他父亲叫诸葛瑾,字子瑜,是诸葛亮的长兄,在东吴做官,为人老实忠厚。

一天,吴国君主孙权大摆筵席,宴请东吴文武百官。宴会笑语喧哗,气

氛十分融洽、热烈。

忽然，孙权发现官员个个都在对诸葛瑾开玩笑，一个劲儿地向他劝酒。诸葛瑾不胜酒量，此时，跟着父亲赴宴的 7 岁的诸葛恪，毫不怕羞，代父亲擎起酒杯向官员们回敬："伯伯叔叔，来而不往非礼也。你们也喝，你们也喝。"

孙权见状，兴致勃发，心里冒出一个开玩笑的主意。不一会儿，下人从御花园牵进一头毛驴。那驴脸上挂着个长长的标签，上面写着"诸葛子瑜"四字。百官看了无不鼓掌，一时哄堂大笑。原来诸葛瑾的面相略长，酷似驴脸。诸葛恪见了十分生气，可表面上却装出一副高兴的样子，跪在孙权面前请求道："大王，请允许我添上两个字，助助雅兴，好吗？"

孙权大喜，当即命令左右捧出文房四宝。

诸葛恪握着毛笔，在标签上加上了"之驴"两字，这下变成了"诸葛子瑜之驴"。

大家一看，先是一惊，马上释然欢笑。

孙权欣喜地拍拍诸葛恪的头，说："真是个讨人欢喜的小机灵鬼！好，这头驴就奖给你们父子吧！"

定军心年少志高

南宋时，荆湖地区主持军事的制置使叫赵南仲。他的儿子赵葵不但勇武无畏，而且具有军事韬略，每每面临战事，常对父亲提出建设性的意见，因而深得赵南仲及官兵的喜爱。

几次接阵打仗，金兵屡屡溃败。他们觉得赵军士气高昂，冲锋陷阵，锐不可当。连赵南仲自己也很奇怪：为什么将士这样不怕死，勇敢从何而来？

在一次战后休息时，赵南仲在官府后园与家属弈棋品茗，闲谈时讲到上述怪事时，夫人忍不住用手指戳戳他的额头说："亏你还是三军的统帅呢，还不及一个孩子！"

赵南仲大吃一惊，忙问："夫人，这话是什么意思？"

夫人指指赵葵："你问问他！"

赵葵面色绯红，说："爸爸，每次听到我军击鼓进军的号令，我就偷偷地披挂上阵，跟着战士们一起向前冲锋。官兵们怕我有所闪失，为了保护我，

都争先恐后地扑向敌人,把对方的气焰压住。"

赵南仲听罢,又惊又喜,忙将儿子搂住,说:"小小年纪,就这么勇敢而有心计,将来必定远远超过父亲啊!"

一次,赵南仲指挥军队同金兵打了一场恶仗,又大获全胜。在犒赏将士时,官兵们觉得奖赏不公,劳苦功高的得不到应得的份额,一时议论纷纷,少数血气方刚的将士准备闹事。就在兵变即将发生之际,当时只有十二三岁的赵葵从父亲身后站出来,高声叫道:"大家请快息怒!这是朝廷的奖赏,我父亲另外还有奖赏呢!"

一场危险的喧闹顿时平静了下去。事后,赵南仲对奖赏一事作了补救。

以真当假灭气焰

海瑞曾是明代淳安县令,当时奸相严嵩得势,气焰很嚣张。海瑞的顶头上司是闽浙总督胡宗宪,此人是严嵩的得意门生,他倚仗着有大靠山,不可一世。

一天,胡宗宪的儿子带着一帮浪荡公子到淳安闲逛,并派人请县令安排食宿。胡公子的恶名海瑞早有所闻。他想了一下,关照专管接待的驿站公差悦:"他们不是奉公而来,照规矩可以不接待。不过他们既然来了,就让他们住下,一日三顿便餐就行了。如果他们胡作非为,及时报我。"

胡公子一伙在淳安住了一天,便有人传来消息,说这帮人抢掠东西,调戏妇女,闹得城里鸡犬不宁。海瑞脸上不露声色,心中却生了一计。

晚上,胡公子几人吃饭时,桌上只摆了三菜一汤,而且无酒。胡公子便破口大骂,还把桌子掀翻。驿站公差辩解了几句,胡公子不由分说便命随从将他捆绑起来,吊打一顿。

海瑞大怒,命衙役们将胡公子一帮人捆到公堂受审。胡公子一见海瑞,不肯下跪,高叫:"我是胡总督的儿子,你这样对待我,要让我父知晓,轻则革职,重则性命难保!"

海瑞哈哈大笑说:"总督大人我是知道的,他可是朝中严太师多次夸奖过的廉洁奉公之人。"

"知道就好,赶快松绑,给我赔罪!"胡公子趾高气扬地说。

海瑞忽地沉下脸道："胡大人是大清官，你是他公子，怎会如此胡作非为？你哪一点像胡大人家的人！你老实说来，你是谁家的恶少，竟敢冒充胡大人的公子，败坏胡大人的名声？"说罢让衙役重打胡公子40大板。

胡公子的一个家奴忙跪下说："大人息怒，我们出游有老爷的亲笔信，可不是冒充的。"

海瑞又拍了一下惊堂木："大胆小贼，竟敢伪造胡大人信件，再打40大板。"

胡公子一伙人，吓得魂不附体，连连磕头求饶。

海瑞立即给总督府写了个公文，说有一起冒充胡大人亲属的案件，要求严办，接着派人押着犯人连夜赶往总督府。人押走后，县吏们很为海瑞担心，因为胡公子确实是总督的儿子。海瑞说："正因为是真的我才说他是假的，不以真当假，岂可打他40大板？"众人恍然大悟。

不出所料，胡总督对此果真是哑巴吃黄连有苦说不出，奈何海瑞不得。

女童智擒盗贼

古时候的一天，有个富贵人家的老爷和夫人都出去走亲戚了，只留下一个小丫环看家。那个小丫环只有9岁，操持家务已经十分娴熟，所以深得主人的称赞。

此时，小丫环正在擦拭一只大银盘。那东西银光闪闪，盘面犹如明镜，光可鉴人。这是一件国宝，原是皇帝赏赐给这家主人的。

突然，小丫环听得背后一声喊："不准回头，否则就杀死你！"

小丫环发觉是强盗闯进家门来了，便乖乖地站着不动，说："是！""把银盘给我，别回头！"小丫环便把大银盘缓缓地举过头顶，想交给那个强盗。忽然小丫环将双手落下，向前略微一弯腰，说："你仔细看看，是不是这只银盘？"

强盗也弯下腰，越过小丫环的脑袋，朝银盘审视了几下，不由分说，伸出一只手，一把夺过银盘，另一只手仍用刀尖顶在她背后，低声吼道："在我退出房间前不许回头！"强盗边说边退，退至门前，便兜转屁股，旋风似地逃走了。

主人夫妇回来后，一听御赐的宝贝被人抢走了，不禁勃然大怒，小丫环忙说："老爷、夫人息怒！小奴婢自有办法擒捉强盗。"

"什么办法？"

"报了县官就有分晓。"

县官接到案情报告，知是国宝被抢，不敢怠慢。详细询问了强盗作案的经过，长叹了一声道："小女孩啊，你好糊涂！不知道那强盗的长相，即使有千军万马又如何能擒拿到案？"

小丫环嘻嘻一笑，说："禀告县太爷，您别着急！我将银盘递给强盗时，在眼前停了一会儿，诱他低下头来看银盘，我从银光闪闪的盘面上看清了他的面相。"

根据小丫环提供的强盗相貌，很快抓住了罪犯。

幼童妙计测水量

从前，某国王有个习惯，每日早上接受大臣朝拜后，便让众臣陪同在宫殿周围散步。一日，来到御花园，众人坐下观景，国王瞧着面前的水池忽然心血来潮，问身边的大臣："这水池里共有几桶水？"

这个问题问得稀奇古怪：几桶水？谁能确定？众臣一个个面面相觑。

国王很不高兴，便发旨："你们回去考虑三天，谁能答出便重赏。"

三天过去了，大臣中仍无人能解答得出这个问题。国王觉得很扫兴。

此时，有个大臣诚惶诚恐地伏地奏道："国王息怒，我等不才，无法解答您的问题，老臣向国王推荐一人，或许能行。"

国王闻言问："推荐何人？"

那大臣说："城东门有个孩子很聪明，是不是把他唤来一试？"

不多时，那位孩子便被领进大殿。国王便将那问题讲了一遍后，示意让人领小孩到池塘边去看一下。那孩子天真地笑道："不用去看了，这个问题太容易了。"

国王一听乐了，说："哦，那你就讲吧。"

孩子眼睛眨了几眨，说："要看那是怎样的桶。如果桶和水池一般大，那池里就是一桶水；如桶只有水池的一半大，那池里就有两桶水；如桶只有水池的三分之一大，那池里就有三桶水，如果……"

"行了，完全对。"国王大为赞赏。

众臣一个个呆若木鸡，自愧弗如。

藏九龙杯除奸臣

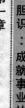
　　传说明朝时，有一年正德皇帝过生日，发生了一桩轰动朝野的事。

　　那天上午，午门外文武百官都到齐，掌宫宦官刘瑾也骑着匹枣红色的高头大马来了。皇帝因他是自己奶娘的儿子，又因他嘴比蜜糖还甜，封他为九千岁。可他还想篡位自己当"万岁"，他的野心只有一个人看了出来，这人是曾当过皇帝老师的何塘。

　　这天，何塘又观察起刘瑾，发现刘瑾下马时，大红的朝服里竟然露出黄色的提花锦绣龙袍。何塘暗想："不好！这龙袍只有皇帝才能穿，莫非刘瑾今天要动手篡位了？"这时他快步跟上前去，故意装出不小心的样子扯了一下刘瑾的衣角，那龙袍的一角又显露了出来。想了一会，何塘决定用计让他自己显出原形。

　　在皇帝设的宴会上，文武百官按官位大小依次给皇帝拜寿，然后分头入席。正当宫殿里一片忙忙碌碌的时候，何塘乘机把一只龙杯藏到自己身上。太监分到最后，发现少了一只九龙杯，就四处寻找。何塘故意大声嚷嚷："谁拿了九龙杯？还不赶快交出来，不交就要搜身啦！"

　　刘瑾心里有鬼，不敢让搜。他说："为一只杯子，何必弄得满城风雨，再去拿一只来，不就得了？"

　　"九千岁，您如果没藏杯，怕什么呢？"何塘说完，朝皇帝磕拜了一下，又说："这样吧，先从万岁搜起，从上到下，挨个搜。"皇帝知道他的老师爱开玩笑，又见他连连使眼色，好像暗示着什么，于是皇帝就站起来，解开龙袍让大家看了一遍。搜完皇帝，何塘问："现在该搜谁啦？"

　　大家异口同声说："九千岁！"

　　刘瑾顿时变了脸，大家更怀疑九龙杯是他拿的，吵吵嚷嚷着非搜不可，刘瑾只好让何塘来搜。谁想朝服一解开，里面竟是只有皇帝才能穿的赭黄龙袍，大家都愣住了。刘瑾见自己的野心暴露，杀气腾腾地从自己的袖筒里抽出一把短刀，向皇帝猛扑过去。早有准备的何塘，飞起一脚把刘瑾绊倒，接着一脚踩住了他那握尖刀的手。金銮殿上一片混乱。皇帝吓得尖叫道："快，快把他打死！"御林军冲上来，按住刘瑾一顿乱打，一会儿把他打断

了气。

这时,何塘才从怀里掏出九龙杯说:"我藏杯,就是为了除奸啊!"

扮鬼智脱身

清代的文学家纪晓岚曾在他的名著《阅微草堂笔记》里,记载了一个巧女自救的故事。巧女的名字叫荔姐。她的母亲是满族人,做纪晓岚弟弟的奶妈。一天,奶妈生病了,住在附近村里的荔姐知道了,来不及和她丈夫商量,便匆忙上路,赶紧前来探母。

那时天已傍黑,荔姐走着走着,忽听得身后也有"噔噔噔"的脚步声。借着月光,她回头一望,有个黑影紧追着。她吓得一颗心"扑通扑通"地乱跳:"这人肯定是个坏蛋,要是被他追上了,后果不堪设想。在这无人的旷野,自己是一个弱女子,如何摆脱面临的厄运呢?"她一边加快步伐,一边焦灼地思谋着。

经过一座荒坟空场,她忽然计上心来。

她走到一棵白杨树下,急忙将头簪、银耳环摘下藏入内衣口袋里;又把腰带解下,挂在树后,拉长脸孔,吐出舌头,睁大眼睛,一眨不眨地直瞪着那个飞奔而来的坏蛋。

当那人走到树前,见了荔姐那副面孔,惊恐地"啊"了一声,便四脚朝天瘫倒在地上。荔姐冷眼一望,认为危险已经过去,便利索地系上腰带,如箭似地朝纪家奔去。

第二天,左邻右舍纷纷议论着,说是昨天晚上有个壮年汉子走过坟场时碰到了一个女吊死鬼,当场就口吐白沫,吓昏过去。天亮后被人发现,送到郎中那儿急救,好容易才清醒过来,嘴里还兀自恐慌地叫着"吊死鬼,吊死鬼"。

荔姐母女和纪家的人都哈哈大笑起来。

深夜突围

中央苏区的红军主力踏上二万五千里长征后,江西的云山城立刻被国民党的军队占领了。江西剿共前线总指挥悬赏五万元通缉留在云山城的红军领导人陈毅,云山的街上贴了无数印有陈毅照片的通缉令。

这一天晚上,陈毅带领一队人马,躲过敌人的搜查,来到章江渡口边。过了江就是梅岭山区,到了那里就可同敌人周旋了。可是在这半夜里,到哪里去找船渡江呢?

忽然有人报告:"听,江边有船!"

伏地细细听,果然有船帮撞击岸堤的声音。

有人说:"这是渡口,渡口肯定有关卡,船边肯定有伏兵。"

"那么,我们去夺船好了。"

陈毅摇摇头说:"说不定那船是敌人的诱饵呢。我们过去,不正中了敌人的诡计?"

"那怎么办呢?到了天亮,我们就更难渡过江去了。"

陈毅想了想,突然说:"你们快绑我过关卡!"

红军战士都吓愣了:谁能干出这种出卖首长的卑鄙事!

陈毅见大家不理解他的话,就笑着解释道:"我陈毅价值5万银元,这可是个大数字呀!如果你们把我送到敌人面前,他们能不兴高采烈吗?到时,他们定会放松警戒,这样,你们就可出其不意地拿下渡口了。"一番话说得大家疑云顿消。

一切准备好了,大家故意咋咋呼呼起来,渡口附近果然响起了枪声。国民党的伏兵用机枪封锁了渡口和大路。

一个民团头目模样的人向伏兵之处高声叫道:"别打啦,我们是自己人,我们抓到陈毅啦!"

伏兵头目在埋伏处回答道:"把陈毅押过来!"

一群民团押着陈毅走了过来。伏兵头目用手电筒对准陈毅照射了过去,又对了一下手中的通缉令上的陈毅照片,顿时兴奋起来:果真是陈毅!他顾不得细想,叫民团再靠拢过去。

谁想这些民团是红军装扮的。他们进入工事后,陈毅迅即解掉了活扣着的绳子,放在背后的手枪已指到伏兵头目的胸前:"不许动!"旁边的红军战士马上夺下重机枪,黑洞洞的枪口对准了伏兵。

拿下渡口后,陈毅和随行战士安然过江。

赛画决胜负

宙克西斯和帕尔哈西奥斯是古希腊的两位著名画家。他们既是好友，又是竞争对手，由于他们互相取长补短，居然很难分出水平的高低。

一日，他们聚在一块讨论作品，由于见解不同争辩起来，互相不服。为争个高低，约定各自作一幅画，公开展览让雅典人评价。

两人遵约各自开始构思作画了。

宙克西斯画的是孩子头上顶着一筐葡萄，那人像画得十分逼真，大有呼之欲出的感觉；葡萄更是画得鲜滴水灵，简直引人垂涎三尺。画好后，他站在画前左瞧右瞧，觉得满意极了，便将挡布遮住了画架。他想，这张画定能压住帕尔哈西奥斯。

帕尔哈西奥斯自和宙克西斯许约后，便开始思考画什么为好，他构思了好几幅均不满意。忽然，他一拍脑门：有了，就这么画吧。随即刷刷地在画板上大笔勾勒……

评画那天，雅典广场上挤满了人。宙克西斯的画首先展示。人群中发出一阵惊叹声，原来那画上的葡萄如此逼真，挡布刚揭，便引来几只叽叽喳喳的小麻雀上画去啄葡萄。人们纷纷赞叹不已。宙克西斯不免洋洋得意起来。

帕尔哈西奥斯被观众冷落在一旁，默默地站在自己的画后一声不吭。观众向他高声嚷道："把挡布取下来吧，让我们看看你的那幅画。"

可帕尔哈西奥斯仍然呆呆地站着发愣。宙克西斯见状也着急了，他走上前去说："您磨磨蹭蹭干什么？赶快把挡布拿下来吧！"说完，就伸手去扯那块布……突然，他如电击般地震住了，随即发出惊叹声，向观众宣布了一个事实，说："我输了！"

原来，那块挡布是画的。

王子虎穴袭敌酋

太和国天皇把16岁的儿子小椎命召到跟前，问道："当前，我们最凶恶的敌人是谁?"

小椎命答道:"是西方的两个熊曾建。"

所谓两个熊曾建是兄弟两人,是霸占一方的两个军阀,他们自恃军力强盛,始终不肯臣服天皇,是太和国统一的心腹大患。

天皇说:"我召你来,正是为了此事,想派你去将熊曾建除掉。你需要多少人马?"

小椎命说:"臣不需一兵一卒,就能取得成功。"他接受了父皇的委派,从姑母那里要了一套衣服,身揣一把短剑就出发了。

小椎命来到熊曾建的防地,当时熊家正在庆贺新房落成而大摆宴席。小椎命将头发梳成女式,穿上姑母的衣服,化装成一个年轻的姑娘混进宴会厅。

熊氏兄弟见贺客中的一个美貌少女光彩照人,非常显眼,就安排她坐在自己身边,调情取乐,开怀畅饮。

酒过三巡,气氛更加热烈,小椎命故作关怀地问道:"请问将军,今天这么多人,如果有刺客混入其中,该如何是好?"

熊氏哥哥哈哈大笑:"我里外三层都设有护卫,哪能容得可疑之人!"

熊氏弟弟附和道:"即使天皇派兵来攻,也能将他们打得落花流水。"

小椎命进一步试探:"两位将军难道就不怀疑我是刺客吗?"

熊氏哥哥不由细看了小椎命一会,只见她美貌绝伦,弱不禁风,就更加口出狂言:"看你这副模样,要当刺客,怕是有心也没胆吧!"

熊氏弟弟也随声附和:"即使有胆,也怕没有力量吧!"

正在说笑之间,小椎命猛地抽出藏在衣内的短剑刺向熊氏哥哥,顿时从后刺到前胸,一个熊曾建立即倒地死了。

另一个熊曾建见势不妙,就逃下主宴席桌上的台阶,小椎命一步跟上,一手抓住熊曾建的衣领,一手持剑从上而下刺去,这个熊曾建也顿时倒在阶下。

小椎命一声大喝:"我是太和国王子小椎命,奉命刺杀熊曾建,谁敢抗命!"

熊曾建部下慑于小椎命的勇敢和机智,立即四下逃散。小椎命就连夜赶回京城,向天皇复命去了。

建凯旋门工匠得重用

在瑞典的一个小城里，有一个胸怀壮志的青年。此人尽管从未受到过任何正规教育，但却靠自己的努力学到了很多建筑方面的知识。但是，他由于出身寒微，又没有正规教育的文凭，结果只能呆在一座小城里，修筑一些简单的工程。对于这种状况，他很不甘心。

当时的瑞典处于查理四世统治之下。国王查理四世本是法国军队一员骁勇的战将，深受拿破仑的赏识，曾封为元帅。当时的瑞典国王很欣赏他的治军魄力，深感瑞典在这战事纷繁的年代很需要这样一位能干的将领，不久这位前国王因病卧床不起，鉴于自己尚无继承人，于是把这位法国元帅召来收为义子，国王死后，他便当上了瑞典的国王。这位新国王继任后果然不负重托，以瑞典为自己的祖国，治政治军都井井有条。

国王查理四世的这段经历，住在小城里的这位年轻人当然也很熟悉。尽管国王和随从常常从这座城市经过，但年轻人只能站在远远的地方看着国王的队伍过来过去。这位年轻人总是在想：要是国王能够赏识自己，那不就解决一切问题了吗？

一番苦思冥想之后，年轻人想出了一个办法。他想，如果修造一个建筑物，只要国王知道了那个建筑物，就一定会知道他的。但是，普通的建筑是不行的，它必须醒目，而且必须新颖，否则同样不会引起国王的关注。

接下来年轻人就开始考虑这项建筑的式样了。国王不是来自法国吗？国王不是曾经是一个法国元帅吗？法国现在正模仿罗马的凯旋门，如果模仿建一个凯旋门，肯定能引起国王的注意。

于是，这个年轻人开始办理这件事情。他充分发挥才华，很快建起一座"凯旋门"。尽管它没有巴黎和罗马类似的建筑那么豪华、庞大，但在这座城里，它仍以精致而美观的外形得到了人们的关注和赞美。

有一天，国王又从这座城里经过。当他看到这个颇具神韵的建筑时，确实大大地吃了一惊。

国王向小城的官员询问起这座建筑的建设者，那位年轻人被引荐到国王面前，受到了国王的嘉奖。从此，这位得到国王赏识的年轻人，如一颗耀眼的新星受到人们的景仰和关注，开始了他卓有成就的职业生涯。

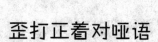

歪打正着对哑语

一天，有个法国人说，如果谁能猜出他的念头，他就愿意信奉伊斯兰教，于是苏丹推荐聪明的纳斯列金先生。

苏丹要纳斯列金如此这般，而纳斯列金并不会用法语聊天。可是苏丹身边的人劝说他用手势跟法国人交谈，纳斯列金只得勉强从命。他走进一个单独房间，在长沙发上坐下。法国人也随即进来，坐在他旁边。

法国人望望自己的交谈者，打着手势在地板上画个圆圈；纳斯列金立刻用巴掌把圆圈一劈两半。接着，法国人颤动着手指，做出好像什么东西从圆圈中间往上升起的样子；纳斯列金就装着把什么东西往下撒落。法国人显出惊异的神色，双手从口袋里掏出一只鸡蛋，纳斯列金就摸出一块干酪递过去。法国人跳起身来，快步跑去找苏丹："他把我的念头统统猜出来啦！现在只要你同意，我就信奉伊斯兰教了。"

"究竟是怎么一回事呢？"苏丹莫名其妙。

"是这样的：我坚决认为地球呈圆形，因而用手势在地上画个圆圈；纳斯列金把我画的圆圈分为两个部分，意思是说，一半地方是陆地，一半地方是水。我的手从下往上升，表示大地上生长着各种植物；纳斯列金模仿雨，表示雨从天降；若是没有雨，任何一种植物也无法长大。我从口袋里拿出一只鸡蛋，表明地球的形状与它类似；纳斯列金递给我一块干酪，他是说，大地盖满积雪，便成了这种样子。"

法国人走后，苏丹把纳斯列金唤来，称赞一番，随后问他用了什么方法，才把法国人的念头猜中的。

"这可简单啦！"纳斯列金说，"法国人画个圆圈，他这是夸口，说自己有一只美味的饼；我把饼一划两半，意思是说，我肚子也饿了，分给我一半吧。接着，法国人颤动着手指往上升，意思是说，瞧我的锅里羊肉饭在吱吱响着直冒热气；我就装着往锅里浇油，意思是说，别忘了加油，多加点儿嘛！法国人递给我一个鸡蛋，是说：'你瞧，尝尝鸡蛋怎么样？'我就摸出一块干酪，对他说：'再加上这个，请吧！'"

苏丹为纳斯列金的机敏捧腹大笑起来。

心理测验求婚者

马里有个年轻姑娘长得花容月貌，国色天香，每天一群群求婚者围着姑娘转来转去。求婚者当中有三个看来最有希望：一个是地方官的少爷，一个是宗教领袖的宠儿，另一个则是本地区最大富商的独生子。姑娘有个贴身丫头，和姑娘是密友。她认为必须马上在三个求婚者当中作出选择。她想出了一个主意，也没征得主人的同意，就决定实施了。

那天晚上，三个人分别在自己平时的位置上待定，女仆也像平常一样往来于小姐和求婚者之间，传情送话。当女仆从三人中间回到小姐身边时，她使劲地掏自己的口袋，好像寻找什么东西。这时一个歌手问她找什么，她说："我在找一张 100 郎的钞票。在我去问候这些先生之前，它还在我的兜里，而眼下却不见了，既然这样，那就不能排除下面这种可能性：一个求婚者在与我交谈时，把钱给偷走了。"

女仆话音刚落，行政长官的儿子便"喵"地站起身来，拔刀出鞘，大声喊道："我一刀劈死你这个穷丫头！竟敢指控像我这样贵族身份的后代偷窃，真是岂有此理！"大家好说歹说才把他劝住。

"尊贵的武士，对您刚才这场异乎寻常的表演，我可毫不在乎。而我要做的是，坚决把我的钱找回来，请您不要介意。"女仆反唇相讥。

富商的儿子火气也不小，对女仆说道："如果你有一点常识，那你就不会怀疑像我这样的人会偷你一张 100 郎的票子。我告诉你，我能用现钞铺满整个院子，而且不是用你声称丢失的那种 100 郎的票子，是用 1000 郎的票子！现在我就给你表演一番，好叫你开开眼界，见见世面。"青年人从兜里掏出一张 5000 郎的钞票，把它卷成细筒，叼在嘴唇上，然后就像点普通香烟一样点着了火。"开眼界了吧？现在，你如果收回对我的怀疑，那你就可以成为最富有的奴隶。"

"我要你那些 1000 郎和 5000 郎的钞票也没有用场。"女仆反驳道，"我只要找回我那张 100 郎的票子，就什么事也没有了，你刚才吹嘘半天，可以说，那跟我找钱毫无关系。"

当轮到宗教领袖的儿子讲话时，他面带笑容，走上前说道："姑娘，你胜利了！是我拿了你的钱，为的是看看你的反应。我只不过是想和你开个小玩笑,可真遗憾,你却吵嚷了这么半天。"

女仆没等他说完,就跪到小姐的跟前,说道:"尊贵的小姐,这位青年配得上你。其实,我什么也没丢,只不过是要考验考验这些青年人,结果他们中的每一个人的性格全都暴露无遗。一个谚语说得好:人们拿一根棍子可以看一群羊;相反,要看一群人,却需要对每个人都准备一根特殊的棍子。经过考验已看得很明显:一个青年太傲,另一个则好吹牛。看来,他们都容不下你和你周围的人。而第三个青年,宽厚、耐心、谦虚,这样的人能谅解我们,指导我们,帮助我们,容得下我们,使我们生活得幸福。因此,他将是你理想的伴侣。皇冠明天可能被摘掉,财富后天也可能丢失,但一个人的性格是毁不掉的。人的性格决定了人的优劣。"

这样,姑娘依靠女仆的心理测验法,在众多的求婚者当中选了一个好丈夫。

穷孩子改变师规

吉亚是尼日利亚某城一个穷人家的孩子。一天,妈妈让他装成哑巴,去拜访城里一个医生。吉亚为什么要装成哑巴呢?原来那个医生的医术非常高明,很多人都想拜他为师。但是那个医生有一个奇特的规矩:只收一个学生,而且这个学生必须是哑巴。

为了生活,为了学一样本领,吉亚答应了妈妈的要求去学医。到了医生那里后,医生为了检查他是不是哑巴,拿起棍子痛打他,他咬咬牙不开口;又给他搔痒,使他难以忍受,但他仍不开口。于是,医生确认他是哑巴,同意收他为徒。

从此之后,吉亚强忍着不能说话的痛苦,认真向医生学习。几年之后,有时也能独立给病人医治了。但是,医生还有许多本领没有教给他。吉亚一直想找个机会,让自己不再装哑巴,又能继续学医。

一天,来了一个病人,说是头痛。医生一检查,原来是一条虫子钻在里面。他立刻给病人动手术,划开一个口子,拿出钳子,想把虫子钳住拉出来。正在这时,"哑巴"第一次开口了:"老师,虫子又软又滑,万一钳不住,就会更往里面钻,那样,病人就没命了。"

"什么,原来你会说话?"医生不禁大吃一惊!但正在开刀,顾不上问个

究竟，再说，"哑巴"的话确实有理，应该考虑。他转身问吉亚："照你看，该用什么办法？"

吉亚回答说："用药让虫子自己爬出来。"医生采纳了他的意见，顺利地解决了问题。

送走了病人，医生并没有表扬吉亚，反而要辞退他。

这时吉亚却镇定地说："老师，我本来可以一直骗你，装哑巴装到底。但是，我不能眼睁睁地看你出医疗事故，使你的名誉受损。所以，只好开口说话了。"

医生一听，觉得这孩子全是为了他着想，因此废除了自己立下的那条奇怪的规矩，继续让那聪明善良的孩子留下来学医了。

男爵和奥本多夫的农民

德国的维特斯豪森处在韦林根河的上游，村后是一片黑森林，旁边是一条磨坊引水用的溪道，前边不远是奥本多夫。在很多年前，这里农民的机智能干就远近皆知了。特别吸引人的是，他们好开玩笑和喜欢冒险。所以，很多人慕名前来求教。

一次，农民们听说聪明的约翰纳斯·冯·齐姆本男爵要到这里来，就在村前大路上坐成一个圆圈，脚都相互交叉在一起，还粗野地叫骂着，争吵着。男爵勒住马，问他们吵什么。农民们说，大家因为找不着自己的脚才争吵起来的，请男爵帮助每个人找到各自的脚，要是男爵能做到，就给他一口袋谷子。

约翰纳斯觉得很有趣儿，就跳下马，随手拿起一根棍子，朝着他们的小腿就打，挨打的人马上跳起来。农民们承认约翰纳斯胜利了，答应交给他一口袋谷物。

约翰纳斯先生回家后，叫人做了一个又大又长的口袋，就是一大车的谷物也装不满。农民们一见这只口袋，个个惊得目瞪口呆，要装满这口袋需要多少谷子啊！可字据上写得清清楚楚，只好忍气吞声装满口袋。

农民们吃了亏，决定要追回这次损失。不久，推选几个人到约翰纳斯那儿，请求允许他们在他的森林里砍几棵大树盖房子。约翰纳斯先生一口答应。

农民们在森林的那一头砍了一棵大树，又派人去找约翰纳斯说，他们只砍了一棵，不过这树比较大，不太好运，请允许在森林里开辟一条路，好把那棵大树完整地运出去，并请求答应他们，把沿途不得不砍下的树木一起运回。在约翰纳斯的印象中农民是无知的，便答应了他们的要求。

农民们不像平时那样把木材竖躺着，而是把它横着，用两辆大车往前拉。

这棵树又大又长，树枝伸出去很远。他们拉着树，穿过整个森林，把这棵大树能碰到的树木，不论大小，统统砍倒，运回村里，不但追回了上次的损失，而且还大大地捞了一把呢！

约翰纳斯从此不再小看那里的农民了！

赛智慧画蚯蚓

西特诺猜的声名传到各国，有人就想考验一下他的智慧。有位欧洲画师经常到世界各地参加绘画比赛，几乎都是他得第一名。他只需纵身一跳的工夫就可以画好一个动物。这个画家决定要和西特诺猜在皇帝面前较量一番。

在皇帝面前，欧洲画师立刻施展技艺。他手里握着一支黑铅笔，举起来让大家看了个仔细，然后转身面对一堵白墙，屈身用尽全力纵身一跳，在他的双脚落地之前就在墙上画好了一幅画，这是一只坐着的兔子正看着旁边。在座的人都对这位洋人的技艺赞不绝口，并对西特诺猜说，最好还是服输。

西特诺猜用右手五个指头，在一个盛着浑浑的深赭色的染料桶里蘸了一下，转过身去面对墙壁，然后纵身一跳，五个指头尖触到墙壁，随着身体的下落，手往下一拉，在墙上便同时出现了五个弯弯曲曲的道道，之后他的身体便落到了原处。欧洲画师立刻说，西特诺猜没有按照规定画动物，他已经输了。

但西特诺猜分辩道："应该是我胜你，因为你画的动物普普通通，人家画过了不知多少遍了，样子多得很，可我并没有去模仿人家，我画的动物是别人从来没画过的；你只画了一个，我一次就画了五个，比你多四个。"

"你画的是什么？"

"蚯蚓。"

"你怎么不画大一点的动物呢?"

"你我之间规定的条件中,并没有哪一条说我必须画大的或哪一种动物。现在我比你多画了四个,你就应该认输。"

欧洲画师找不出更多的理由辩解,只好向西特诺猜认输,乖乖地向他交了1000两金子的赌注。此外,西特诺猜还从皇帝那里得到了一大笔奖赏。

玩物丧志

越南有一位大臣向国王敬献了一只非常好看的猫。后来,国王成天沉湎于跟小猫逗乐玩耍,全然忘了治理国政。一个名叫奎因的才子认定,那只猫是国家的隐患,因而,从王宫里偷走了那只猫,把它带回家。从此,奎因开始加紧训练小猫,吃饭时,他在小猫面前放了两个盘子,一个盘子里盛满了肉,另一盘堆满了残羹剩饭。当小猫扑向装满肉食的盆子时,就把它赶走,只让它吃另一盘中的残羹剩饭。过了几天,小猫已经习惯于吃残羹剩饭,根本不想吃肉了。

一天,国王听说小猫在奎因家里。便派差人传奎因进宫,指责奎因是贼,偷了他的猫。

奎因道:"陛下,我家里的那只猫,样子和陛下的很相像,但那是我的猫。小人愿将小猫带来,请陛下明鉴。"

国王见了那只猫,认定是自己的,并要立即讨还。然而奎因说道:"陛下,您的小猫在宫里吃些什么?"

"吃的是全国上等的肉类!"

"那么,这只猫根本不是您的猫,因为我的猫吃我餐桌上的残羹剩饭,不信你可以试试。"

国王吩咐手下人取来两盘菜,放在猫的面前。一盘装满了大肉,另一盘放着剩羹剩饭。而小猫对大肉连看都不看一眼,却把剩羹剩饭吃个精光。因此,奎因又把小猫领回家。

国王非常沮丧。然而随着时间的推移他也逐渐把小猫淡忘了,他开始关心和处理国家大事了。

装法师惩海盗

　　柬埔寨有个聪明的年轻人，叫阿列乌。一天，他和未婚妻在大海里航行，遇到了五百个海盗要打劫他俩。阿列乌毫不惊慌地驾着船一直到他们面前，对海盗头目叫道："我是法师，我一点也不怕什么刀、枪、箭。你们看到我身边的公主了吗？她的父亲不想把她嫁给我。为了惩罚他，我毁掉了他的宫殿和都城，而且偷走了他的女儿。做这些事，我只不过念了几句咒语。如果你不相信我的法术，那你们可以问问公主。我偷走她，甚至没时间给她穿上华丽的衣服。"

　　强盗向来很害怕法师。强盗头目想，要是教给我们一些魔法咒语，那对事业多少是会有益处的。于是他就乞求阿列乌把法术教给他们。

　　阿列乌说："我同意，可是需要举行盛大的仪式。我们先坐到你们船上，开到荒无人烟的岛上去。"

　　当他们找到了一个小岛并靠岸的时候，阿列乌说道："都脱光喽，把你们的衣服给公主后跟我来！"

　　于是他就领着脱得精光的一群强盗上了岸，阿列乌在木板上用白粉写下了他临时想出的咒语。而后，他让海盗们拜倒在小土丘上。在那里，他设下了祭坛，末了，他命令他们剃掉全身的毛发。

　　脱光了又被剃光了的五百个海盗，开始拉长了声音念咒语，一直搞到夜晚，末了，头目说道："师父，他们都会念啦！"

　　"听着！如果现在谁要记错了，一切魔法就都失灵了，而且祖师还要报复的。大家下到水里潜到水底，堵住鼻和嘴，并在水下连续七次重复咒语。自此后，你们就会成为有法术的人了。"

　　阿列乌一击掌，五百个海盗统统下到水里，堵住了嘴和鼻子。而阿列乌则飞也似的跑到船上，他的未婚妻已经拔了锚。爬上了船，安好了风帆，他们便急速驶离了小岛。他们掠去了海盗们的全部衣服和储备品。第三天晚上，他们为了储水，在一个小岛上靠岸了。在岛上，他们遇到的全是女人和小孩。阿列乌立即猜知是海盗的巢穴。于是，他想立即逃离这里。

　　在黑暗中，海盗的妻子们并没有认出这条熟识的船。就在阿列乌上岸在地上画符的时候，她们认定他是法师。妇人们问阿列乌，她们的丈夫发

生了什么事。

阿列乌说："再过三天，你们丈夫的那条船就会满载金银财宝而来。可是眼下要当心，过两天夜里会出现可怕的妖精，浑身光光的，没有毛，而且他们要极力设法钻到你们的屋子里。如果你们要放他们进去，那他们就要把可怕的疾病传染给你们。"

妇人们吃惊地喊起来："怎样赶走他们呢？"

"到树林里砍些树棍子来，我对他们施法术，你们就能用棍子大胆地打那些妖精，一直打到他们逃得无影无踪。"

正如阿列乌所预料那样，两天后的夜里，海盗们乘木筏来到了岛上。他们立刻跑到自己的家里，以免被别人看见。可是在每家门口，迎接他们的都是大棒子。妇人们用大棒子打他们的脑袋，打他们的肩膀，打他们的屁股——而阿列乌和未婚妻，早就离开了那里。

巧换脸谱

一个英武俊俏的小伙子，冒充送电报的，跑进了电影制片厂女化妆师的家。他从腰间抽出一把匕首，说："如果您老老实实听我的，就不伤您半根毫毛，只要施展一下您的手艺就行了。"

那个青年凶恶地说："我进监狱已经将近半年了，监狱的生活，真叫人难受。今天，我逃了出来，可不愿意再回到那鬼地方去了，我要请您把我的脸化妆一下！"

女化妆师朝他手里的匕首瞥了一眼，顺从地说："那么，您准备化妆成什么模样呢？有了，把您化装成一个女人，行吗？"

"不行！脸变成女人，以后不大方便。还是想个办法，把我的脸变个样子就行了。"

"那好办，把您变成一个面目可憎的中年人，行吗？"

一会儿，镜子里映出了一张肤色黝黑、目光凶狠的中年男子的脸。

"怎么样，这模样满意了吗？"

"不错，连我自己都认不出来了。"

逃犯把女化妆师捆了起来，又拿一块毛巾塞住了她的嘴，然后带着一张变形的脸，推开门走了。

过了片刻，一些警察来到女化妆师的家，替她松绑："多亏您帮忙，我们才能把逃犯捉拿归案。您受苦了！"

"我也在祈祷，希望尽快把逃犯缉拿归案。不过，那个家伙如何被抓住的？"

警察也很惊讶，他们原来是把他当做通缉照片上的那个杀人犯抓的，没想到却是这个逃犯。

原来，女化妆师是仿照街上张贴的一张通缉犯人的照片来化妆的。她把杀人犯的那张脸型，移到这个逃犯的脸上，怪不得警察一下就盯住了他。女化妆师说："我是因为职业关系，要广泛收集脸谱，供化妆之用，不料，我留意的这张通缉照片，今天竟派上了用场。"

国王定输赢

从前印度有两个朋友，一个十分富有，另一个非常聪明。富人总说钱比什么都重要，而聪明人不同意这种说法，为此两人常常争论。最后决定去找人评判一下，但仲裁人也下不了结论。于是他们把问题交给一个大臣，大臣也无法解决。然后就去找国王。

国王果断地说："把他俩推出去斩首示众。"

一听这话，两个朋友吓得失魂落魄。现在他俩追悔莫及，认为不该进行这场争论。聪明人转过脸来，向富人问道："亲爱的朋友，你想个办法使我们摆脱眼前的灾难吧。"

富人回答："我心里焦急万分，只要能保住我宝贵的性命，我情愿拿出自己的一半财产送人。如果我死了，家里的财产还有什么用呢？"

聪明人马上说："如果我救了你的性命，你真愿意分给我一半财产吗？"

富人答应了，并把自己的许诺写在一张纸上，交给了聪明人。

聪明人收起纸，拉着富人一起来到大臣跟前，请求立即把他们杀死。

大臣十分惊愕地问道："你们为什么这样急着要死呢？"

聪明人笑笑说："既然我们注定要死，那就痛痛快快地死吧。据圣书上说，如果一个无罪的人被处死，那么他的灵魂会直接升入天堂，并将会采取行动报仇雪恨，把下令处死他的人置于死地。正因为这样，我们才希望尽快地被处死。现在，请你马上动手吧！"

37

大臣没有主意了。国王听说后就派人去问他俩为什么要求马上处死，聪明人把对大臣讲的话重复了一遍，并把富人立下的字据给了国王。

国王大笑起来，说："你们已经自由了，可以去想去的任何地方，彼此之间的争论已经解决了，富人承认了智慧的重要性。"说完，国王把两个人都放了。

狮口救游客

故事发生在坦桑尼亚一个国家野生动物园里。

有一天，一批来自欧洲的游客，分乘5辆汽车，在女向导桑捷雅米的带领下，观赏这个野生动物园。

他们的车刚开到一个小山坡下，桑捷雅米小姐向游客介绍，这是7号区，是猛兽生活区，方圆10多公里内都是它们的天地。她一边说，一边指着前面："你们看，那边有几头狮子正向这儿奔来，请大家不要慌张，决不能打开车门。"游客们纷纷拿出照相机，拍摄车外跑过来的狮子。

丹麦游客马希克雷斯估计，他们的这辆车旁边没有狮子，就将车门猛地推开，想间隔几秒就关，以表示自己在猛兽面前的勇气。但他刚打开车门的一刹那，不知从哪儿窜出一头狮子，一口就咬住了他的衣领，狠狠地把他往下拖。眼看马希克雷斯就要没命了，他的未婚妻大声哭叫起来。

女向导桑捷雅米在这万分危急的时刻，勇敢地打开车门，对准咬住游客马希克雷斯的狮子扔过去一个面包，不偏不倚正好打在狮子的脸上。狮子被激怒了，放下马希克雷斯，要向桑捷雅米扑上去。桑捷雅米随即从车里拎起一只金丝猫又向狮子掷过去。狮子见有食物吃，也就顾不得桑捷雅米了，叼起金丝猫，掉头向山坡上跑去。此时，被吓昏的马希克雷斯先生，也被他的未婚妻救上了车。

外交家智胜列强

谈判桌旁，双方对手强弱的悬殊太大了。英国方面是外相刻遵，他身材魁梧，声若洪钟，名震各国。和他站在同一立场的还有法、意、美、日、俄、

希腊各列强代表,也一个个盛气凌人。而对立的一方为土耳其代表,他叫伊斯美。身材矮小,耳朵有些聋。

第一次世界大战之后,因土耳其打败了甘当英国傀儡的希腊,英国纠集列强,与土耳其在洛桑谈判,企图威胁土耳其签订不平等条约。

可是伊斯美却从容不迫地应付一切,对土耳其有利的发言他都听得清清楚楚,不利的话他似乎全没听见。伊斯美抓住时机,笑着提出:"让我讲讲维持土耳其的条件,好吗?"

英国外交大臣刻遵双眉一拧,恫吓威胁着伊斯美。各国列强代表也助纣为虐,连连吼叫。面对这些"超强度"的刺激声,伊斯美一如既往地假装耳聋,稳坐在那椅子上若无其事,还显露出一副迷惑不解的木呆神情。

刻遵声嘶力竭了一阵,连连擦拭满头的大汗,再无力叫嚷。伊斯美不慌不忙地张开右手,贴在耳边,将整个身子慢慢移近刻遵,极温和地问:"刻遵先生,您说什么,我还没有听明白。能请您再重复一遍吗?"接着抱歉般摊开双手:"真遗憾,因为我耳聋,只好这样麻烦您了。"

刻遵被他气得直翻白眼,连说话的力气都似乎没有了,松散地瘫坐在椅子上。

其实,伊斯美心明如镜:刻遵的暴怒是一种短暂而不顾一切的突发性激情,极难重复。他就采用"装聋对策",牢牢控制住刻遵的情绪。

在洛桑的谈判桌上,伊斯美为维护土耳其的利益,毫不退让,哪怕列强代表以发动战争相威胁。三个月后,土耳其取得了谈判的胜利。

农夫逐不速客

印度尼西亚西部的苏门答腊岛上住着一个农夫。在他那块巴掌大的土地上长着一棵香蕉树。

一天,一个和尚、一个医生和一个高利贷者经过这个穷人的房前。高利贷者看见香蕉树,就对同伴说:"我们三个人,农夫光杆一个,他是不可能阻止我们饱餐一顿香蕉的。"于是,他们当着农夫的面,狼吞虎咽起来。

农夫见了,心痛极了,想:他们三个人,我孤身一人,寡不敌众。可我怎能眼看着他们在我的土地上横行霸道?想着,他朝三个不速之客说:"今天,在我家中能见到上天的仆人和著名的医生,真是太幸运了,但我奇怪的

是，像高利贷者这种卑鄙透顶的人，怎么会跟你们混在一起呢？请看，他多么贪馋呀！你们刚摘一个香蕉，他已摘了五个，还都是熟透了的。"

这时和尚和医生都勃然大怒，齐声对高利贷者喊道："看你这贪吃的馋鬼！你对我们毫不尊重，快滚开！可别等我们惩治你！"

高利贷者想：他们三个，我一个，吵不过他们。只好狼狈地走了。

过了一会儿，农夫又对医生说："尊敬的先生，请别生我的气。我总觉得，凭你的医术是不能给人治好病的。"

"你懂什么医术，大老粗！许多人都是我治好的。"

"可我认为，他们所以能好，这全凭老天爷的心愿。"

医生生气地说："和老天爷有什么相干？人是我治的，不是老天爷治的！"

和尚一听生气了："什么？你竟敢怀疑老天爷的神力?!"

农夫紧跟着和尚喊道："师父，他侮辱了老天爷，犯了滔天大罪！"

和尚嚎叫起来："你这臭郎中，马上给我滚开！"

医生想：他们两个，我一个，吵不过他们。只好撒腿跑了。

这时，农夫对仍在吃香蕉的和尚说："噢，你读过无数神圣的经法，你们这些经法上是不是禁止侵占他人的财产？"

和尚肯定地说："那当然禁止喽。"

农夫说："那么你为什么乱吃别人的香蕉呢？"

和尚还没来得及回答，农夫就抄起一根大棍，指着大路怒气冲冲地对他说："按照你们神圣的经法办事，你赶快上路吧，要不，我就对你不客气了！"

和尚斜眼瞅着农夫手中的大木棍，觉得老天爷此时实在帮不了他的忙，只得扔下甜甜的香蕉，慌不择路地逃走了。

哥伦布竖鸡蛋

意大利著名航海家哥伦布驾船沿地球转了一圈回到原出发地，不仅用事实证明了地球是圆的，而且还发现了美洲新大陆，这一事迹成为历史上的壮举，对后世的影响极其深远。但在当时，忌妒者也大有人在，他们千方百计抹杀哥伦布的伟大创举。

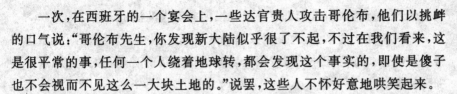

一次，在西班牙的一个宴会上，一些达官贵人攻击哥伦布，他们以挑衅的口气说："哥伦布先生，你发现新大陆似乎很了不起，不过在我们看来，这是很平常的事，任何一个人绕着地球转，都会发现这个事实的，即使是傻子也不会视而不见这么一大块土地的。"说罢，这些人不怀好意地哄笑起来。

哥伦布反问一句："诸位以为那是件平常的事吗？"

"不错，是一件最简单不过的事了。"

随后哥伦布指着餐桌上盘子里的一个鸡蛋说，"现在我们不妨做一个试验，先生们，你们当中谁能把这个鸡蛋竖立起来？"

达官贵人们都去试了试，但谁也没能够把鸡蛋竖立起来，都说这是不可能的事。哥伦布当即拿起鸡蛋，轻轻地在桌上一磕，磕破了一点鸡蛋的尖头，鸡蛋便牢牢地竖立在桌上了。"诸位办不到的事，我不是办到了吗？"

达官贵人哪肯服输，齐声大嚷："用你这种方法，谁都能把鸡蛋竖立起来，这是最简单不过的事了。"

"是的，这是最简单不过的事，可是刚才你们却谁也没想到。"

万人参演创奇迹

奥地利著名作曲家约翰·施特劳斯，所作圆舞曲400首，世称"圆舞曲之王"。他的一生对音乐作出了巨大的贡献。

1872年，施特劳斯为了丰富创作素材，四处旅行。一天，他来到了美国，当地有关团体立即登门拜访，想请他在波士顿登台指挥音乐会。施特劳斯当即应诺，当谈到演出计划时，他的随从却被这个不可思议的演出规模惊呆了。

美国人一向是以异想天开而著称于世的。他们想借施特劳斯这位音乐大师之手，创造一次音乐界的世界之最：由施特劳斯指挥一次由两万人（包括声乐演员）参加演出的音乐会。稍懂一点音乐指挥知识的人都知道，一般能指挥几百人的乐队已属不容易了，何况要指挥两万人？这是绝对办不到的。为此施待劳斯的随从很为他担心，即使他指挥艺术再高超，如此大的规模也是无法胜任的。

施特劳斯仔细地听完对方的介绍，居然很轻松地说："这个计划确实太激动人心了。本人愿意让它早日变成现实。"当即与对方订立了演出合同。

消息传开,舆论大哗,人们都想一睹规模如此宏大的演出。

那一天终于到来了,大厦里漆黑一片坐满了观众。施特劳斯居然指挥得十分出色。近两万件乐器发出了协调优美动听的音乐,数万名观众听得如醉如痴,惊叹万分。

人们也许会问:施特劳斯难道有超人的本领不成?原来,由施特劳斯任总指挥,下设100名助理指挥,开场用鸣炮作信号。施特劳斯指挥棒一挥,眼望着总指挥的100名助理指挥紧跟着也相应指挥起来,两万件乐器霎时齐鸣,合唱队和声响起,数万名观众掌声雷动,真是世界上少有的壮观。

少年抗敌

在德军占领的芬兰北部地区出现了一个神秘的抵抗组织,它是由英国飞行员约翰尼领导的,这个抵抗组织多次卓有成效地打击着被占领区的德军,约翰尼也就成了名噪一时的英雄人物。

后来,芬兰解放了,盟军开始寻找这个神秘的英雄人物。调查的结果,他们了解到约翰尼于解放前夕就病故了。英国皇家空军在自己的飞行员名单中也没有发现约翰尼的记录。但是,他的事迹却普遍流传着。当地的抵抗战士谁也没见过约翰尼,只知道他的指令、计划都是由一个名叫安妮的小姑娘传达的。后来盟军找到了安妮才弄清了事情的真相。

原来,安妮和她的弟弟一直要求参加当地抵抗组织,由于他们年幼未被接纳,但他们的决心一直没有动摇。

一天晚上,他们在家门口发现了一个受重伤的英国皇家飞行员,他们觉得护理这位飞行员也是为战争作出一分贡献,所以尽心尽力,关怀备至。但是这个飞行员终因伤重而去世了。

姐弟俩非常伤心,弟弟天真地说:"如果飞行员不死,就能领导我们开展抵抗运动了。"

姐姐听了弟弟的话,一个主意油然而生:"即使他死了,我们仍可利用他的名义开展对敌斗争。"

姐弟俩收藏起飞行员的遗物和证件,组织起一个抵抗小组,声称这个抵抗小组是由英国皇家飞行员领导的,他们姐弟俩只不过是飞行员的小通信员。人们见到了飞行员的证件很快相信了确有其人,由于有英国皇家飞行员作为领导,这个抵抗组织的成员越聚越多,团结在这个并不存在的英雄身边,受到了英雄的鼓舞,士气大增。他们多次出击,使得德军频频失利,大伤脑筋。这个抵抗组织就是"约翰尼"抵抗组织。

事实上,这个抵抗组织是由安妮小姑娘所领导的。当盟军问她:"你为什么不亲自出面呢?"

安妮笑笑说:"我们姐弟只是乡村的孩子,连参加战斗都不被接纳,假如我们出面组织抵抗运动,谁会跟我们走啊?"

盟军非常欣赏安妮的做法。

机智反政变

1972 年 8 月 15 日,摩洛哥国王哈桑完成对法国的私人访问后,乘坐波音 727 专机回国,中途在西班牙巴塞罗那小憩。当晚,国王座机飞回摩洛哥首都拉巴特。在途中,大约飞至拉巴特以北 300 公里处时,座机两侧出现了三架摩洛哥的战斗机。国王座机的机长以为这是来迎接国王的仪仗护送机,就用无线电与他们联系。但没有一架战斗机回答他,相反,其中一架战斗机竟用机枪对国王的座机猛烈扫射。像雨点一样的子弹射透了飞机的铝板,当即打伤了几个陪同国王的随员。

国王立即意识到这又是一次新的刺杀阴谋。他冷静地思考着对策。单凭国王座机上配备的轻武器进行还击,无异于以卵击石,必须用计让他们停火。

国王以少有的沉着坐在领航员的位置上,模仿职业通讯人员那种惯用的声调,通知那些战斗机:"国王已被打死,请停止射击。我们也是反国王的,只是没有机会下手而已。现在你们替我们解决问题,这太好了!我们将载着国王的尸体在拉巴特着陆,请你们不要打了!"国王反复地喊着这些内容。

那些战斗机的驾驶员果然信以为真,于是就同国王座机一起飞到了拉巴特机场。在机场,前来迎接国王的代表和家人们已走出航空站的候机大楼。飞机一停稳,哈桑马上下飞机并立即隐没在迎候的人群中,在人群中,国王同前来迎接他的几位部长和他的弟弟谈了几句刚才发生的情况,然后就由便衣卫兵护卫着走出大楼。他们没有驱车返回私人官邸,而是朝机场

对面的一片树林走去,在那里等候了一会儿,就乘由拉巴特急忙开来的装甲运输车安全返回了王宫。

哈桑又一次脱险并彻底挫败了这次政变阴谋。政变策划者乌弗基尔在阴谋被挫败后也畏罪而自杀身亡。

讲故事斗人贩

在一个漆黑的夜晚,有个小偷拐骗了一个男孩子,要把他卖给人家当奴隶。

小偷强拉着孩子向森林深处走去。那孩子忽然停下来不走了,蹲在地下,捂着肚子呻吟起来:"哎哟! 我的肚子痛死了,我一步也不能走了。"看那样子,好像疼得很厉害。他说:"你背我走吧,我实在不能走了啊!"

小偷说:"好吧,但是你不许出声,不许哭。"

孩子趴在小偷背上,高兴地想:他的第一步计划成功了。小偷走了一会,孩子用腿踢了他一下,说:"对不起,你能给我讲个故事吗? 那样我的肚子可能会好一些。"其实孩子想:小偷又要背人又要讲故事,可就走不快了。

小偷开始讲故事了:"你知道吗? 眼前这些大树,和我故事里的那棵大树比起来,简直不值一提! 那棵树呀,比全世界所有的树捆在一起还要粗。那时候,还有一把巨大的斧子。那是世界上最大的斧子,它的一头在东边太阳升起的地方,另一头在西边太阳落下去的地方。还有一头大水牛,比整个世界还要大,只要它轻轻一动,大地就会摇晃起来,那就是所谓地震。接下来,我要一条世界上最长的藤,它能缠绕七个大地和七个海洋……"

小偷看看背上的孩子,问道:"怎么啦,你怎么一下子这么安静?"

小孩说:"你的故事太有意思了!"

小偷继续讲:"从前,还有一个你从来没见过的大房子,它又高又大,谁要从那个房顶上往下扔一个鸡蛋,鸡蛋还没落到地上,小鸡就从蛋里孵化出来了。"

孩子叫了起来:"唉哟,多高的房子呀! 现在,我也来给你讲个有趣的故事吧:很久很久以前,有一面大鼓。如果有人敲它一下,全世界的人,甚至天上的神仙都能听到它的声音……"

小偷说:"这是胡说八道,人们到哪儿去找那么大的木头来做这样的鼓

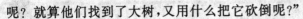

呢？就算他们找到了大树，又用什么把它砍倒呢？"

　　男孩说："人们可以用你刚才讲的那棵大树啊！那棵树不是比全世界的树捆在一起还要粗吗？还可以用那把斧子砍倒大树，你不是说，那把斧子一头在东边太阳升起的地方，另一头在西边太阳落下去的地方吗？"

　　小偷不服气地说："就算他们用那把大斧子砍倒了那棵大树，可他们从哪弄到那么大一张皮来做鼓面呢？"

　　男孩说："噢，那也很容易！你刚才不是说，有一头比整个世界都大的水牛吗？它的皮总够做鼓面吧？"

　　"可是，怎么把它捆在鼓面上呢？"

　　"用你刚才讲过的那条世界上最长的藤呗！那条藤不是能缠绕住七个大地和七个海洋吗？"

　　小偷不愿认输，说："好吧，就算这些都是可能的，但是，请你告诉我，他们在什么地方吊起这么大的鼓呢？"

　　"在你那所巨大的房子里呀！一个鸡蛋从房顶上扔下来，不等鸡蛋落地就能孵出小鸡来。这可是你亲口对我说的，不对吗？"

　　小偷明白了，这孩子比他高明得多。带着他准会惹麻烦，还是把他送回家的好。于是，小偷带着聪明的孩子，朝原路走回去。

第2章

推理：由蛛丝马迹找到真相

辨声审命案

有一天，子产带着随从在街上漫步，忽听得一户人家中传出了一个女人恐惧的哭声，待他走到近处时，哭声越来越显得胆战心惊。他便对随从说："这女人家里一定有亲人快要死了，你们快去看看。"

随从奉命前往那户人家察看，见一男子直僵僵地躺在床板上，一个女子正在痛哭。询问之后，知道那女人是死者的妻子。子产听了随从的报告后似乎不信，问道："果真是那女人的丈夫死了？"随从回答："已死了有一个时辰的光景。"子产立即面露怒色："这就不近情理了。"

随从不解子产为何发怒：丈夫死了，妻子当然要哭，有何不合情理之处？子产对随从说："快去叫仵作来验尸，那男子死得蹊跷！"随从虽然不解子产之意，然而还是按照子产的意思办了。不一会，仵作就去那户人家验尸。

在回来的路上，子产对随从解释说："按人的常情，亲人有病则忧，临死则惧，既死则哀。我听了那妇人恐惧的哭声，以为她的亲人即将死亡，谁知她丈夫已死了一个多时辰，那她为何要发出恐惧的哭声呢？"随从若有所悟地聆听着子产的话。子产继续说道："她听到我们的脚步声，恐惧的哭声更甚了，这又说明什么呢？"

随从这才恍然大悟："我明白了，那男子是她害死的。她既要杀死丈夫，又怕外人议论，为了遮盖其杀人真相，又不得不哭。但哭声中不免流露出恐惧来，听到我们的脚步声，恐惧越加深重了。"子产点头称是。

不一会，那女子就被押来了。验尸结果，她丈夫果然是在熟睡时被她用刀子捅死的，有她行凶的刀子和血染的衣服作证。那女子不得不在事实面前服罪，但她还不知是她的哭声泄露了"天机"。

凭剑仗义判遗产

西汉的时候，沛郡太守何武，某日受理一件遗产继承案。原告是个15岁的少年，被告是他的姐姐和姐夫。

原来，这少年3岁丧母。父亲是个大富翁，几年后，父亲病危。他觉得

大女儿很不贤惠,女婿又是一个十分贪婪的人,恐怕他们为了争夺财产而祸及儿子的性命,他家已没有其他亲戚,那富翁于是召集族人在场,写下遗书,决定将全部遗产都交给女儿,只留下一支宝剑,说是等儿子长到 15 岁时再给他。儿子终于长到了 15 岁,已经懂事了。一日,他向姐姐、姐夫要那支宝剑。可是姐姐、姐夫哪里肯给。少年就告到郡府。

太守何武传来富翁的女儿女婿,并要他们把那把宝剑带来。

太守在大堂上对原告、被告宣读了一遍富翁的遗嘱,问道:"此遗书是否系伪造?"

富翁的女儿女婿忙说:"不是伪造。"

何武道:"既然不是伪造,你等为何还不把宝剑送上来?"

那两个贪心不足的人很不情愿地递上宝剑。

何武对左右的官吏说:"你们看,那富翁的女儿、女婿连一把宝剑都不肯自觉留给自家兄弟,可见是多么心狠贪财啊!那老翁事先是料到的,所以他认为,如果把财产留给儿子,儿子的性命必然难保。只得把财产暂时寄放在女儿女婿那儿。"何武说到这里,扬了扬宝剑又说:"而这把剑,意味着要决断这件事情。他估计,今后女儿女婿必定不肯把剑给他儿子,到那时,儿子长到 15 岁了,其智力和体力足以保护自己。这样,告到州县,如遇到清正廉明的官员,或许能明白他这番苦心,就可为他的小儿作主。你们看,这老翁考虑得是多么深远啊!"众官吏齐声称是。

何武最后对老翁的女婿说:"根据你岳父的这番苦心,本州判决把遗产全部判给你的小舅子。"

那女儿、女婿一齐跪在地上求何武重新判决。

何武说:"你们这两个贪心不足之徒,已经得到 10 年的好处,难道还不算走运吗?"

秋围识才智

一年仲秋,曹操率曹植和五位宠将到狩猎场打猎。一只色彩斑斓的梅花鹿被他们从树丛里赶出来,惊悸地在空旷的猎场上狂跑。众将军张弩搭箭,纵马追逐。曹操驱马赶来,见除了一支箭直穿鹿喉外,其余四支箭全部落空。他决定重赏射中的将军,并封其为"神射手"。

随行人员从鹿喉上拔出箭杆，呈给了曹操。曹操仔细看了看箭杆上刻的姓名，微微点头。他想："眼下正是用人之时，吞吴蜀，包举宇内，非但要有冲锋陷阵、骁勇善战的强将勇士，更需要有运筹帷幄、决胜千里的谋士贤臣。何不趁此机会考考曹植和众将军的智谋呢？"于是问道："刚才，五箭并发，却只有一个将军射中了鹿喉，你们猜猜看，他是谁？"

赵将军说："是孙将军射中的。"

钱将军说："不应该是孙将军射中的。"

孙将军说："是我射中的！"

郑将军说："总之孙将军和我都没有射中。"

王将军说："是孙将军和郑将军中的一个人射中的。"

曹操听了笑着说："你们当中只有三个人猜中了，其中有王将军，诸位将军，现在心中可有数？"

众将军仍是抓耳挠腮，难解答案。刚才孙将军还一口咬定是自己射中的，经曹操这般隐晦曲折的提示，也像喝了迷魂汤似的难以肯定了。

这时曹植镇静自若地说："这个神射手，就是孙将军。"

曹操不由畅怀笑道："植儿说得对！孙将军，寡人特封你为神射手，赏金一千两。"

孙将军连忙叩首谢封："谢丞相大人。"

此时，其他四位将军仍然疑惑不解，一齐问道："曹公子，不知有何根据？"

曹植答道："诸位将军注意没有？既然我父讲王将军的说法是对的，而王将军说的是孙将军或郑将军。那么，先假设是郑将军射中的，五人说法中，赵将军、钱将军、郑将军、孙将军都错了，只有王将军说对，那四错一对，这不符合我父所说的条件，显然这个假设是错的，那肯定不是郑将军射中的。既然郑将军、孙将军二人中有一人射中，郑将军已排除，当然非孙将军莫属了。"

众将军听完曹植一番分析，都佩服曹植才智过人。曹操又捋着长髯，点头微笑，从心里越发喜欢曹植了。

料事如神追曹操

曹操的谋士荀彧探听到袁绍要兴兵侵犯许都，派人星夜飞报曹操。曹

操得到消息，又急又慌，传令全军即日回师。张绣的探子得到信息，即刻报知张绣，张绣就要率军追杀。贾诩力劝道："如果追杀，必败无疑。"旁边的刘表说："今天不追曹军，岂非白白丧失千载难逢的良机？"竭力劝告张绣率领万余部队一同追击。

张刘联军追赶十余里，终于赶上曹操后卫。两军接战，曹军十分奋勇，张刘联军难以抵挡，大败而回。

张绣面有愧色，懊悔不迭地对贾诩道："没有采纳您的劝告，果然遭到失败。"

贾诩笑道："现在可以重整旗鼓再去追杀。"张绣和刘表都大为惊诧，说："军中无戏言。刚才追杀失败，怎么又去追杀？"

贾诩严肃地说："今番追去定获大胜。如果不胜，请砍杀我的头颅！"

张绣相信贾诩的话，胆小的刘表却心有疑虑，不肯发兵同往。张绣便自领本部军队前去追赶曹操。接战之后，曹军果然大败，张绣缴获军马辎重无数。

刘表见状莫名其妙，询问贾诩道："第一次我们用精兵追杀退兵，先生说必败，果然败了；第二次张将军用败兵追杀胜兵，先生说必胜，果然胜了。两次结局都让先生料中，这是什么道理啊，特向先生请教。"

贾诩说："这道理容易明白。将军虽然善于用兵，但并非曹操对手。曹操精通兵法，他虽然败退，但为了防止追军必定部署精兵强将殿后。第一次追击，我军虽然精锐，却不能抵挡他的劲旅，所以我知道必败。而曹操之所以急于退兵，我估计必定许都有新的情况等待他回去处理，他打退我们追兵后，当然轻车简从，火速赶回许都，不再作防止第二次追杀的准备，我军乘其不备再予追击，所以必定能取得胜利啊。"

刘表、张绣听了，都佩服得五体投地。

剖鼠屎断冤案

孙亮是三国时吴国国君孙权的小儿子。孙权死时，他只有10岁，就做了国君。一天，园丁向国君献上一筐青梅，孙亮刚想吃，想到宫中仓库里有蜂蜜，就叫太监去取。那太监知道宫廷里收藏的蜂蜜味道特别好，也曾经多次向掌管内库的官吏讨要，都遭到拒绝，太监一直气在心里，想报复一

下。他把蜂蜜领出内库外，在蜂蜜里放了十几颗老鼠屎。

　　太监献上蜂蜜后，孙亮把青梅在蜜中浸一下，刚要吃，突然发现蜜中有老鼠屎，气愤地下令把管理仓库的官吏押来。那小官吏知道这是渎职罪，轻则丢官，重则坐牢。但他一直小心翼翼，存放蜂蜜时先检查有没有杂质，检查后才装进干净的坛子里密封起来，绝对不可能有老鼠屎的。他于是反复申诉，高喊冤枉。

　　孙亮沉思了一会，命令太监把老鼠屎捞出来，并叫他把老鼠屎用刀剖开。

　　孙亮逐个检查了剖成两半的老鼠屎后，笑着对身旁的大臣说："你们看，如果老鼠屎早就放在蜜里，那么，应该里外都是潮湿的。但是，这些老鼠屎，都只是湿了点外表，里面都是干燥的，说明是刚放进蜜中不久。这说明是太监领出蜂蜜后，放进去的！"

　　太监这时"扑通"一声跪倒在地，连连叩头承认自己犯了陷害罪，请求宽恕。在场的人对年纪很小的国君判别是非这样准确，感到十分震惊。

拷羊皮问主人

　　南北朝时，北魏的雍州太守李惠某天审理一宗案子：有个盐贩子背着一口袋盐到雍州城去卖，半路上遇到一个卖柴的樵夫。走了一段路，他们在一棵大树下一起休息。当他们站起来准备赶路时，却为铺在地上的一张羊皮争执起来。都说是自己的，最后竟打了起来。过路人把他们拉开，叫他们到太守李惠那里去告状。

　　太守李惠让他们讲讲事情的前因后果。

　　背盐的抢着说："这羊皮是我的，我带着它走南闯北贩盐，用了五年了。"

　　砍柴的也嚷道："你好不知羞！竟要把我的东西说成是你的！我进山砍柴时总要披着它取暖，背柴的时候总拿它垫在肩上。"

　　两个人滔滔不绝地讲得头头是道，一时竟不能看出谁真谁假。

　　李惠对两人说："你们先到前庭去一下，等一会就有审理结果的。"两人退下大堂后，李惠问左右差役："如果拷打这张羊皮，能问出它的主人是谁吗？"左右觉得很奇怪，心中暗笑着不回答。李惠吩咐道："把羊皮放在席子上，打它四十大板！"四十大板打过之后，李惠上前拎起羊皮看了看，说："它果真吃不住打，已经招供了。"接着又喝道："传他们上来！"

盐贩子和樵夫上堂后，李惠说："羊皮已经招供了，说卖盐的是它的主人。"

樵夫红着脸说："大人，羊皮怎么能说话招供？"

李惠指着散落在席上的盐屑说："那你自己看看吧。"

樵夫知道无法再蒙骗了，只好认错。

察行观色识盗贼

董行成是唐朝年间的怀州人氏。他非官非吏，却将维护地方治安、破案捉贼视为己任。所以获得了百姓的信任，大家送了他一个雅号叫"捉贼神"。

一天清晨，他正去茶馆喝茶。自远而近，传来"得得得"的驴蹄声。不一会，一个老头赶着驴子向茶馆走来，此人本想进去喝茶，见到董行成站立门口，便改变主意，鞭打驴子继续前行。

那驴子此刻已疲惫不堪，脚步踉跄，再也不肯举步，那小老头一手高举鞭子狠狠抽打，一手紧紧护住腰际的皮包，催着赶路。

董行成看到这个情景，急步上前，瞪着眼睛大声地喝道："大胆偷驴贼，还不把偷来的皮包留下！"

小老头听到喝声，支支吾吾辩白道："皮包……是我在路上捡的。"

董行成继续诘问："大路朝天，行人万千，为何别人不曾捡得皮包，而你能够捡得？"

小老头顿时语无伦次了："我运气好，不，是他办事疏忽。不，是我……"

董行成继续喝道："还不如实招来！"

小老头并不认识董行成，但见此人料事如神，气势逼人，只得招供：原来，他昨晚在一家旅馆内窃得同房间一个商人的皮包，接着又偷了他的驴子连夜逃跑了。

这时在茶馆喝茶的人们都闻讯而来，其中也有县衙的差役，不由惊奇地问董行成："董大官人如何得知这个人是盗贼？"

"察言观色是探案的重要手段。"董行成解释说，"我看那人无情鞭打驴

子，就知道那驴子不是他自己的，哪有主人不爱护自己牲口的？再有，他神色慌张，紧紧护住腰际皮包，说明那皮包也是偷来之物，我便认定此人必是盗贼无疑。"

差役正在将信将疑时，有个商人汗流浃背，正神情紧张地追赶过来，寻找他被窃的驴子和皮包呢。

智辨掉包计

李勉在镇守凤翔期间，所属的县里有个老农民在田里挖沟排水时，掘出一只陶罐，里面全是"马蹄金"。老农民就请了两个大力士，把陶罐连同金子一起扛到县衙门。县令怕衙门收藏不严，就把陶罐藏在自己家里。

第二天凌晨，他便点亮灯打开陶罐，想把马蹄金看个仔细。可一打开，发现陶罐里放的都是坚硬的黄土块，他连叫上当，不知如何是好。陶罐从田里挖出来，全村的男女老少都看见陶罐里装的是马蹄金。几天后，全县的人都知道金子在县令家里变成了土块，认为是县令暗中做了手脚。县令是哑巴吃黄连有口难辩，州里派官员来查，县令满头大汗招了口供，追问金子放在什么地方，他却一问三不知。

隔了数日，在一次酒宴上，李勉向官员们谈起此事，许多人很惊讶。这时，有位名叫袁滋的小官，坐着一语不发，若有所思。李勉便问他在想什么。袁滋说："我怀疑这件事或许内有冤情。"

李勉站起身，向前走几步问："您一定有高见，特向您讨教。这案子除你之外，我看没有别人能判断出真假了。"

袁滋很有心计，他打开陶罐，见陶罐里有形状像"马蹄金"的土坯 250 余块，就派人到市场找了许多金子，熔铸成块，与罐中的"马蹄金"大小相等，铸成之后用秤称，刚称了一半，就有 300 斤重。袁滋问众人，当初罐子从乡间运到县衙门是两个村民用扁担抬来的。但计算一下金块的重量，不是两个人用竹扁担就能抬得起来的。

一切都明白了：原来在路上，金子已经被两位大力士换成土块了。

博学多识辨古鼎

五代十国时期,后梁著名经学家张策少年时就才智超群,学识渊博。

有一次,他家所在的洛阳敦化里,在挖一口甜水井时,掘出了一只古鼎。那锈蚀斑驳的铜鼎上铭刻着一行篆字:"魏黄初元年春二月,匠吉千。"那鼎做工十分精细考究。左邻右舍无不认为这是稀世的文物。

可是,张策望着古鼎说:"这只'古鼎'是后人假造的,绝不是曹魏时代的珍品。"众人听了都大惊失色,有个老学究很不服气。

张策的父亲怒声斥责道:"你可要谦逊一些!"

张策轻声慢语地说:"晚辈斗胆说一下根据。"

张策侃侃而谈:"建安二十五年,曹操去世后,东汉年号就改为延康了。这年十月,曹丕接受了汉献帝刘协的禅让,做了皇帝,建立了魏国,改年号为黄初。这就是魏黄初元年,请问哪来的二月呢? 可见,古鼎上的篆文说什么'魏黄初元年初二月',岂不是太荒谬了吗?"

老学究不再言语了,众人纷纷地说:"何不取出《三国志》来查对一下呢?"

《三国志》取来了,众人翻开其中《魏书》一看,果然书中记载的同张策的说法完全一致。

老学究叹道:"孺子真是个博古通今的奇才啊!"

对调财产断家务

宋真宗时,在同皇族有姻亲关系的人之间,发生了分财不均的争执,连皇帝也难断此家务事,就叫宰相张贤齐来判决。

断案难免会得罪一方,得罪皇戚跟得罪皇帝没两样,怎么办? 张贤齐亲自察看两家财物。两家实力相等,高阁华宅,描龙绘凤,风风光光。张贤齐调查后,心里有了底。

两家人暗地里都在张贤齐面前诉说不满:"你瞧他家,哪点不比我家沾光?""啊呀,我们太吃亏了,一碗水总得端平呀!"张贤齐均不置可否。

几天后张贤齐把两家主人唤来，说："你们是否都认为自己东西分得少，对方分得多呢？"

双方答："是的。"

张贤齐要他们在供词笔录上签字画押，两家主人不知张贤齐葫芦里卖的啥药，一一照办。

张贤齐说："既然你们都承认对方东西比自己分的东西多，那么，你们就互相对调一下，财产物器不能带走，财产文契则相互交换。"

两家主人知道中了张贤齐的计，但供词已画押，不便抵赖，这样，双方就无话可说了。

智断耕牛案

北宋名臣包拯在天长县刚任县令时曾审过两桩牛案。

那是春耕时节，东村农民王某和张某一天在田里同耕，休息时坐在田岸边闲聊，让两头牛在坡上吃草。一会儿，两头牛抵起角来，王某和张某没当一回事，在一边看热闹，谁知道王某的牛把张某的牛抵死了。这下两个好朋友翻了脸，张某告到县衙门要王某赔牛。那时包公还没上任，前任白县令审案时想：判赔王某吃亏；判不赔张某吃亏。左思右想，没法把案子判得公平合理，只得把两人收在监里。

第二天，包公上任，听说有两个农民在监里骂人，提出来一审，知道事情的原委，就笑哈哈地对他们说："你们本是一对好朋友，只是漫不经心使牛抵角死亡，以至于朋友反目成仇，这实在是不应该的。今天本官劝你们言归于好。"说罢，提笔写了四行字：二牛抵角，不死即活；活牛同耕，死牛同剥。

两个农民听完判决，都说这样公平合理，谢过包公，携手走出公堂。

谁知那两人刚走，又来一人报案。那是西村农民，名叫刘全。今天早晨他正要牵牛下地干活，来到牛圈时大吃一惊：原来他的大黄牛满口血淋淋，牛舌头不知被谁割掉了。他心疼得哭了一场，急来县衙门要求破案。

包公说："看来，这头牛是活不长了，你干脆把牛宰了，肉可以卖；我再资助你一些钱，这样你又可以买一头牛了。"刘全感激地挥泪告别。

刘全刚走，包公当即出了一张禁杀耕牛的布告：本县晓谕黎民百姓：为确保春耕春种，保养好耕牛，严禁私自宰杀。如有病牛，须请牛医诊治；诊

治无效的,先报呈县衙,经查验后,方可宰杀。未经查验,擅自杀牛的,一律严惩不贷。

第二天,刘全的邻居李安前来报告说,刘全擅自宰杀耕牛。包公想:村中的人一定都知道,刘全宰杀的是残废牛,而这个自称刘全邻居的人明知杀残废牛而来告他,不就是诬陷好人吗? 这人肯定和刘全有仇。包公出布告本来就是要引刘全的仇人出来,看来此人定是偷割牛舌的人。

一审问,李安只得供认自己割牛舌而又来诬告的罪状。

宫中失火案

宋代的户部郎中强至任开封府仓参军时,某天晚上宫中露天堆物处忽然燃起大火,火势甚旺,竟将所堆之物全数焚毁,幸扑救及时,方未殃及宫殿。宫中遭火灾,事非小可。宋仁宗大怒,下旨严查。这下看守货物的几个人都惶恐不安,以为难免一死。

强至奉命审理此案。为获得第一手资料,他察看了着火处的地形,只见此地处于深宫,戒备森严,外人进入纵火的可能性不大,内部人作案的话可以直接去烧宫殿,何必去烧货物? 据调查,这些看守货物的人平时一贯忠君,没有任何可疑之处。可这火是从哪里来的呢? 他觉得其中必定另有缘故。

强至召集看守货物的几个人到堂前,询问了一些问题后道:"根据你们所述,似乎此乃天火?"

众人答:"小人们实在搞不清,那火确实莫名其妙而起。"

强至又问:"那么,货物中有什么东西会自燃的呢?"

众人道:"这很难说,堆放的东西都极能引燃。不过开始烧时似乎闻到一股焦油味道。"

强至闻言又追问:"那焦油味是什么东西散发的?"

众人答:"油幕。"

强至点点头,令众人退下。他心中暗想,油幕是不是自燃的祸首呢? 于是,又将幕工们召来询问。

幕工们说:"做幕必须渗入别的药品。久而久之,药品潮湿了便要燃烧。"

强至恍然大悟，此案原来由此而起。要不细查，草草了事，肯定办成冤案了。他据此调查写下奏章，立即把这情况启奏皇上。

宋仁宗看完奏章，顿然醒悟，说道："不久前，真宗陵园的树林也着火了，后查火是从油衣中起来的。看来此事亦是如此，日后须小心为好。"

强至奉旨参照从轻处理的律文，对那些堆放油幕不慎的人作了处理，人们心悦诚服，甘愿受罚。

验手捉盗

北宋神宗年代，有个官员名叫陈襄，曾担任某县主簿，代理县令职务。一天，有户人家夜里遭到偷窃，天明报案到县衙。陈襄问明案发的前后经过，并带差役亲赴现场查验，发下令牌，将附近街弄游手好闲之人和犯有前科的偷盗者等作为嫌疑犯，进行拘捕，予以审查。

嫌疑犯们一到大堂，就沸反盈天地闹开了，没有一个承认自己犯了偷盗罪。

陈襄朝嫌疑犯们扫了一眼，和颜悦色地说道："盗贼就在你们之中，为了不冤枉好人，我不得已委屈你们来县里一趟。这附近有座庙，庙里有口大钟，这口钟非常神奇，善于明辨是非，识别好歹。谁做了坏事，一摸钟它就会发出敲击声；没有做坏事，任你怎么摸它，也不会发出声。谁是小偷，你们只要到那里一摸就知。"

到达大庙，陈襄让差役在大殿上的香炉里置好香，自己领着下属朝大钟三跪九拜，装出一副恭敬虔诚的样子。祭祀完毕后，他又叫人用帷幕将大钟严严实实地裹护起来，好似一幢硕大的帷帐。

一切安排就绪后，陈襄喝道："好，现在你们依次进入帷幕摸钟。"一行嫌疑犯不敢怠慢，一个个鱼贯而入，又一个个鱼贯而出。"好，现在摊开手掌让我查验。"陈襄说。嫌疑犯们列着队，有秩序地从陈襄面前走过去。结果，众人手掌上都有墨迹，唯独一个矮胖子除外。

陈襄一声怒喝："把他抓起来，打入监牢听审。"

矮胖子大叫道："刚才根本没有发出钟声，有什么凭证说明我是盗贼？"

陈襄冷笑道："你偷了别人的东西，做贼心虚，害怕大钟发声，所以没有去摸它。"

矮胖子又叫道:"我摸了,我摸了。我在幕里,您在幕外,何以知道我没有摸?"

陈襄哈哈大笑道:"我叫人在钟上涂上墨。别人摸了,手上有墨,你呢?"

矮胖子看看别人的手,又看看自己的手,才明白自己中了圈套。

当堂理案惩奸邪

宋朝时,江西泰和县有个吏胥为人奸猾狡诈。每当新任县令一到,他便诱使县民数百人成群结队到县府告状,而且都是些莫名其妙、鸡毛蒜皮之事,弄得县令心中生烦,草草了事。到后来,索性将这些案子统统交与吏胥经办。

这样,吏胥便大权在握,为非作歹,大发其财。后来,朝廷派葛源到泰和任县令。吏胥故伎重演,乘葛源新来乍到之机,又纠集了数百人准备给他来个下马威。

葛源第一天上堂料理公务,门外便传来嚷嚷声,只见拥入众多告状之人,七嘴八舌,堂上一片喧哗,什么也听不清。葛源一拍惊堂木,大喝一声:"肃静! 此乃公堂,何以如此毫无规矩! 有冤申冤,有屈诉屈,亦得有个秩序。"

众人被葛源如此一喝,顿时不敢作声,大堂寂静无声。

葛源道:"有何状子,挨序交上。告状人分两边站好,待本官静心阅后再作论断。"

众人听后按序而站。葛源将状子收上,阅了几张便道:"告状的状子有规定,必须以事实为主。这些状子所述很模糊,本官难以决断。请你们当堂另写。"说完,命手下将纸发给告状人重写。有些不识字的人便叫吏胥代笔。

不多时,状子收上。葛源发现大多状子内容居然与先前完全不同,更令他生疑的是吏胥代笔的几张,笔迹竟与先前收上的几张完全一样。

葛源心中有了底,大怒道:"听着,你们所告之状前后矛盾,这纯属有意戏弄本官。来人,将他们押下,重重责打。"

众人吓得不知所措,纷纷跪下道:"大人饶恕。此状并非我们要告,是吏胥老爷逼我们来的。"

葛源立即命人将吏胥拿下。经审讯，吏胥只得认罪。

从此，葛源名声大振，县中奸诈之辈都十分惧怕他。

察刀寻凶

元朝仁宗时平江路出了一起凶杀案。慈善大度的净广和尚半夜被人刺杀，身边搁着一把血迹斑斑的刀。佛门出血案更富神秘色彩，这事一时闹得沸沸扬扬。

官府查访了净广的众弟子，他们提供了一条线索：净广跟某个和尚关系不好，好久不往来。净广被害前一天，那个和尚为重修旧好，特地登门盛邀，请净广去喝酒。吃完酒，净广就在那儿休息。哪料第二天一大早，净广法师就让人害了！其中二弟子玄能哭得死去活来，痛不欲生，口口声声要为师父报血海深仇！

官府得报，怀疑那个和尚因仇杀人，火速捕来审讯。那和尚也是凡胎肉身，哪受得了严刑拷打。屈打成招后，被判处死刑，只等上面批复！

平江路官府的汪推官审阅此案后，心中的疑团越来越大："口说无凭，这案子根本没有真凭实据啊！"

他拿过那把遗落在尸身旁边的行凶刀，凑在烛光下细细观察。发现刀上铸刻着三个字：张小光！汪推官眼前豁然一亮：找这个打铁工，准能问个水落石出。

汪推官几经曲折，找到了张小光："这刀是谁叫打的？"其忙答："是净广的弟子玄能叫打的！"汪推官急令人逮来净广的二弟子玄能讯问。

面对如山铁证，玄能吐露实情："净广法师骂我六根不净常惩罚我，我恨；师父外出讲经说法布道拥有很多钱财，我馋。趁他前往喝酒良机，深夜潜入他住的地方刺杀他，那能给人造成错觉，似乎净广是被那个和尚因仇杀死的，转移视线！"

冤情真相大白，玄能人头落地，那个无辜的和尚也被释放了。

知县牙签断壶

元朝某年的一天，湘乡县的知县赵景坞正伏案批阅公文，忽然门人通

报说,有个外地人要向他申诉事理,便命门人引进。

外乡人是个文弱书生,姓李,上月赴长沙府赶考路过湘乡,不料钱袋失落,为不误考期,派仆人把随身所带的银烟壶到当铺抵押。考试结束便向同乡借了赎金,回到此地取赎银烟壶。可到手的烟壶却变成了铜质的。他大吃一惊,便询问仆人。仆人也觉得蹊跷,当时他确实是拿银烟壶作抵押借钱的,怎么变成铜的了呢?李书生十分生气,便与仆人一块同往当铺论理。岂料店主人矢口否认有过什么银烟壶,说他们有意诈人敲竹杠。李书生不服,店主人拿出当票,上面确实写的是铜烟壶。李书生傻了眼,只怪仆人一字不识,而自己当时心急赶考,居然没有查看当票。为此,他无话可说,只得怏怏离去。事后心中不甘,便来找赵知县申诉。

赵知县早闻当铺店主人有欺人劣迹,可当票上白纸黑字写明铜烟壶,如何办为好?他念头一转,便派差人传唤店主人到大堂。

店主人一见知县大人忙跪下,心中忐忑不安只等赵知县发问。岂料赵知县对他不理不睬,只顾看桌上的案卷,把他晾在一边。店主心中很奇怪,可又不敢动弹,就这么跪着一动不动。时间久了,弯腰曲背,很疲劳,心中更是发慌,一个哈欠,嘴里的牙签啐了下来。赵知县冷眼一瞥,心中暗喜,问:"你嘴里啐下的是什么?"店主人回答道:"牙签。"

赵知县吩咐差役拿来看看,说:"这东西很好,我要仿制一根。"就立即起身入内,急忙对差役吩咐了一番。差役拿着牙签跑到店主家对伙计说:"烟壶的事,你家主人已承认了,派我来取,以这根牙签作为凭证。"

伙计看到牙签,认得是东家的随身之物,相信他已经招供了,就将银烟壶交出。

赵知县把银烟壶放于堂上,唤李书生辨认,果真为此物,于是完璧归赵。

命案复审获真凶

明太祖洪武五年,广东某地发生了一起凶杀案,一位农妇横尸山野。当地山民向前来破案的官府衙役反映:案发时,有 20 个役卒正好进山砍树。官府将那 20 个人全部逮捕。一番严刑拷打,20 个役卒被迫承认:"是我们调戏了她,然后杀了她。"

这案卷送到广东行省，员外郎杨卓细细审阅案卷，暗暗纳闷："杀一个农家妇女，哪里用得上这20个人？看来，这20个人里面，肯定鱼龙混杂，不能全部判刑啊！"

第二天，被押来的20个人被一一过堂复审。

复审至半途，杨卓发现其中两人前言不搭后语，惊恐万状。杨卓霍然而起，拍案呵责："杀人元凶，赶快伏罪！"

那两人吓得双膝一软，扑通跪下，慌忙交代了罪行："我们两个上山时落在最后，见到那农妇颇有几分姿色，上前调戏。那农妇不答应，还高声叫骂。我们两个又气又急，举起劈柴斧头砍死了她。杀人的斧头都藏在我们的床底下。大人，请饶命啊，是小的一念之差啊！"

杨卓令人快马赶路，取回那两把斧头，斧头上血痕尚在。杨卓将那两个凶手依法处决，释放了那18个无辜役卒。

大堂之上，有同僚问杨卓："你凭什么猜不是20个人一块儿杀的呢？"

杨卓笑道："人多心杂，20个人在一块，不可能同时欺侮一个妇女，更不会一块杀一个人了！"

计审诬告案

明成祖朱棣派周新到浙江做按察使，主管该省的司法工作。上任不久，周新就碰到一桩难办的案子。

杭州府监狱一个关了好几年的老囚犯，一天忽然向主管官员告起状来。说是有个叫范典的乡民曾同他一起做过强盗，杀人越货，强奸民女，罪恶十分深重。监狱官把状纸转呈给按察使周新。周新即令将那老囚犯的案卷调来细阅。经过一番思考，传唤范典到衙门审问。

范典被押上官厅，"扑通"跪在台阶下，大声叫道："青天大老爷啊，我同强盗素昧平生，怎么会有合伙杀人抢劫之事呢？"

周新仔细观察范典的言语神情，断定范典是清白无辜的，便好言抚慰道："你别着急，一切由本官做主。"

周新叫范典同一个差役相互调换衣服和头巾，站在庭下，默不作声，接着，他命人将那个老囚犯押送至官厅，令其跪下，听候审讯。

周新突然对那个穿上范典衣服的差役喝道："范典，你的同案犯已到，

还不跪下!"假范典忙"扑通"跪在老囚犯之旁。周新指着囚犯喝道:"你告他是同伙,他却不认账。你看是不是他?!"

老囚犯望了望假范典,一口咬定说:"周大人!千真万确是他!他跟我一起抢劫,烧成灰我也认得!"

假范典低着头,拒绝回答。

周新又故意问道:"莫非不是他?"

老囚犯又看了看假范典,斩钉截铁地说:"是他!他叫范典,住在某村,某年与我同在一家南货店做店员,某年某月某日一起抢劫某家,各人分赃多少……"

周新冷笑道:"呔!你与范典何曾认识?这个范典是假的,是我的差役装扮的。哼,肯定有人指使你诬告范典,快快从实招来,免得受皮肉之苦!"

老囚犯吓得浑身冒汗,一股脑儿将实情相告:原来是乡里一个收税的小吏与范典有仇,用重金买通他陷害范典的。

公堂审狗又断案

明宪宗成化年间,宁王朱宸濠最宠爱的一只皇帝所赐的丹顶白鹤不见了。这下惊动了宁王府上下,管家带着四个家奴上街寻找,只见一头狗正在美餐那只脖子上挂有"御赐"铜牌的丹顶白鹤。众家奴大惊,上前用绳子将那狗拴住,准备勒死。管家眼珠一转,忙喝住,他想:勒死一只狗赔偿不了王爷的鹤,非得让狗的主人抵命不可。于是他将狗的主人连同狗和咬得残缺不全的鹤,一起交与南昌知府处理。

南昌知府祝瀚,一向对宁王府的蛮横霸道深恶痛绝,可又无可奈何。听完管家的话后,祝瀚说:"你先写一份诉状吧,没有诉状,本府无法定案。"

管家十分恼火,鼻子一哼说:"宁王府打官司,从来不写诉状!你新来恐怕不知道。"

"本府断案从来必须有诉状!"祝瀚的态度亦很强硬。管家只得写下一份诉状。意思是狗的主人故意唆使狗将"御赐"的丹顶白鹤咬死,这种行为不仅是轻蔑王爷,更是欺君罔上!祝瀚看后,大怒道:"胆大恶狗,竟敢咬死御赐的丹顶白鹤。该当何罪?快快交代,你是如何受主人唆使的?"管家心想,狗怎能听懂你的话呢?你不审人却审狗,看你如何结案?

见狗不吭声，祝知府又道："胆大恶狗，竟敢抗拒不答。现有宁王府管家状子在手，你休得抵赖。衙役，将这份诉状让恶狗看看，问它上面所列罪行是否确实！"

"大人！"管家再也忍不住了，"你怎么只管审狗？狗又不懂话，又不识字。"

"那么依管家如何是好？"

"审狗的主人！"

"你的诉状不是说人是唆使者吗？"

"是呀！"

"狗既然不懂话，又不识字，人是如何唆使它的呢？你这不是自相矛盾吗？"

管家急了，脸一板道："你别忘了，我是王爷的管家！你必须给我判妥此案！"

"好，你等着。"祝知府提笔批道：

> 白鹤虽带御赐牌，
> 怎奈家犬不识字。
> 堂堂南昌祝知府，
> 不管禽兽争斗事。

批完，将诉状扔给管家。管家咆哮道："好你个祝瀚，看王爷如何摘掉你的乌纱帽吧！"

"放肆！"祝瀚一拍惊堂木，"咆哮公堂！衙役们，将他打四十大板！"管家见势不妙，忙逃之夭夭。

祝瀚对狗的主人说道："没你的事了。回去之后要把狗拴好，别再惹事。"狗的主人惊魂方定，对祝知府感恩不尽。

借猫判案

明朝嘉靖年间，有位名叫宋清的人在河北任知县时，曾巧断过不少案子，人称"铁判官"。

一天，宋清正在县衙办公，外面有个叫王讳的男子脸色惨白地奔来告状，说他刚才摆渡过河，艄公抢走了他 50 两银子。

宋清问道："你是干什么的?"

"小人贩卖蜜饯为生。"

"你的银子原来放在哪里的?"

"就放在包袱里。"说着,王讳打开包袱,只见里面果有几盒蜜饯。

宋清当即命衙役随王讳前往渡口捕拿艄公。

不久,两个衙役带来一个渔民装束的大汉,回禀道："强盗已抓获,这是起获的赃银。"宋知县打开包一看,正好 50 两银子。

大汉"扑通"跪倒在地："老爷明鉴,小人冤枉!"

宋清一拍桌案："不准乱嚷! 本官问你,你是干什么的?"

"打鱼兼摆渡的。"

"这银两是哪来的?"

"这是我两年多的积蓄啊!"

宋清听罢情况,思忖片刻,便命衙役将银子放到院子里。过了一会,他养的一只小黄猫便来到银两前东闻西嗅。见此,宋清又命将银子取回,问打鱼的艄公："你存这些银两,可有人知道?"

艄公道："昨天,我在'芦花'酒店喝酒,跟那里一位挺熟的小二说起过。"

不一会,店小二被带来了。宋清唤王讳上堂,指着他问店小二："此人你可认识?"

店小二仔细地打量了一会,道："回禀老爷,此人虽不认识,但记得他昨日在我店中喝过酒。对了,昨日傍晚与这位打鱼的兄弟,前后脚进店的。"

宋清点点头,一拍惊堂木,厉声道："王讳! 你竟敢诬陷好人,还不从实招来!"

王讳脸色骤变,声音发颤大喊"冤枉"。

宋清冷冷一笑："刚才你说这银子是和蜜饯放在一块的,这银子在院子里放了那么一会,如果是你的,银子上肯定爬满喜爱甜味的蚂蚁。可现在上面连一只蚂蚁也没有,只有我的猫在银子上嗅来嗅去。这说明银子上有鱼腥味,难道这银两的主人是谁还不清楚吗?"

原来,这王讳是个惯骗。昨天在酒店喝酒,听到打鱼艄公与店小二的谈话,便心生一计,买了些蜜饯,自己撕破了衣服,装着遭劫的样子,今早告上公堂,不想自投罗网。

巧识盗贼

唐朝吕元膺出镇岳阳时，一日，出门游览。走到江边，只见路边停有一辆灵车，跟随着五个戴孝的汉子。

吕元膺心中生疑，他想："看他们的葬礼似有不妥：说远葬，过分排场了；说近葬，又未免太俭省了。"

见吕元膺一行过来，那几个汉子神色有点紧张。这细小的反应皆入了吕元膺的眼中。他不动声色地上前招呼道："过江啊?"孝子们点头道是。

吕元膺又问："棺中是你们何人?"

孝子回答："小人们的父亲。"

吕元膺装作同情的样子叹了口气说："唉，这也难为你们了，这么热的天去远葬。你们五个是亲兄弟?"孝子们又点头称是。

吕元膺见他们神情呆板，不肯多说话，心生一计，道："船来了，你们先上吧。"

孝子们将棺材扛上肩，摇摇晃晃朝摆渡船走去。

吕元膺仔细观察，疑虑更深。照理一副棺材并没多大分量，可这几个壮汉扛着却如此吃力。不合乎情理。这里面装的是什么? 想到此，他立即命令手下装作去帮忙放跳板，待孝子们踏上跳板后悄悄一移，只见众孝子站立不稳，把棺材翻至江边，棺材盖板也掀至一边。

吕元膺带众手下向前一瞧，只见棺内并无死人，而是整整一棺兵器。他大喝一声："拿下!"

那几个孝子束手就擒。经审讯，原来这帮假孝子是强盗，打算过江抢劫一批货物，假装送葬，以免摆渡艄公怀疑。这时，他们还供出：几十名同伙已约好在对岸集合，待兵器到手便行动。

吕元膺即令发兵，悄悄过江，将那帮盗贼一网打尽。

验伤知伪

宋朝的李南公尚书，出任长沙县令时，一天，有甲乙两个汉子来告状。

李南公见甲高大魁伟，乙却瘦弱憔悴，一副病态。

李南公问："你们为何告状？"

甲说："乙打我，把我身上打得通体是伤，请老爷明判。"乙气愤地辩诉说："他胡说，明明是他打我，不信可以看我身上的伤。"

两人争执不下，互相指责。李南公喝道："来人，将他俩的衣服脱下，待本官验伤定夺！"

几名衙役上前脱下甲乙的衣服，见两人膀上、胸口等处青赤伤痕累累，看来这一架打得还不轻。

李南公心中生奇，这两人打架，从体力上讲，甲强乙弱，而且体魄悬殊太大，吃亏的肯定是乙。可为什么甲身上居然也会受此重伤呢？于是，问乙道："你练过武功没有？"

乙垂泪回答："小人体弱多病，从未练过武功。倘若有功在身，今日岂会遭他如此欺凌？"

李南公忽然想起了什么，便捏捏他们的伤处，一摸便有数了，正色道："乙伤是真伤，甲伤是假伤。"

甲不服，经审讯，果然如此。原来，甲乙两家一向不和。为泄愤，甲预先采集了一些榉柳树叶，用树叶涂擦胸口及手臂，不一会，皮肤上便会出现青赤如同殴打的伤痕。然后，他又把剥下的树皮平放在皮肤上，用火热熨，便又出现了棒伤的痕迹，肉眼根本无法判其真伪。一切准备完毕，便诱乙出门至僻静处，一顿拳打脚踢，把乙打得遍体鳞伤。乙不甘受辱，拼死拉其见官，甲亦不惧，以为自己身上的假伤足以乱真，于是便出现了以上一幕。

李南公大怒，立即判打甲100板子，罚银20两给乙作赔偿。

衙吏不解李南公何以觉察甲伤有假，李南公道："殴打的伤痕会因血液凝聚而变得坚硬，而伪造的伤痕却是柔软平坦，一摸便知。他怎能骗得了本官？"

郑板桥妙惩恶徒

清代著名书画家郑板桥到潍县做县官，当时的潍县，豪门财主、地痞流氓串通一气，胡作非为。凡是上任的县官，不是和他们一块为非作歹，就是赚个不白之冤，被他们赶走。

新上任第二天，郑板桥还没到衙门口，只见街两边吵吵嚷嚷拥过一帮人来，一边高声喊着："县太爷来了，迎接县太爷！"一边把个衙门口堵得水泄不通。街两旁摆小摊的赶快收拾起摊子往外躲，卖稀粥的徐老汉没来得及躲避，一下子被挤倒在路旁。粥罐正好砸在一块七棱八角的青石上，摔得粉碎。一个家伙把他揪住，地痞们乘机大吵大闹起来。郑板桥下轿查问。

那揪住徐老汉的家伙，说粥罐撞了他，徐老汉高喊冤枉。另一个胖财主说："小人看得分明，这个老汉确是被一个缺德的绊倒的。"胖财主指着路旁的那块石头，又装模作样地说，"作孽的是这块七棱八角的大青石，请老爷明断！"

郑板桥说："那好，我今天就审审这块大青石！"

升堂了，郑板桥指着堂前的石头问道："可恶的石头，为何无事寻衅，将老汉的粥罐砸破？给我从实招来！"堂下鸦雀无声。郑板桥喝令打它40大板。衙役们一五一十地打起来。

两旁的豪绅财主、地痞流氓们挤眉弄眼，偷偷发笑，郑板桥突然喝道："你们本是上堂当证人的，不好好听老爷审案，乱笑什么？"

堂下乱纷纷地笑道："笑老爷执法如山，赏罚分明。只可惜，这块哑巴石头，天生的死物。就是问上三年，怕也逼不出一句话来呀！"

郑板桥喝道："住口！它一不会说话，二不能走动，怎么能欺负这卖粥老汉，砸碎粥罐呢？这分明是你们存心不良，欺骗本官。来呀！这帮无赖，每人赏40大棍！"

这帮恶棍本想捉弄郑板桥，谁料反受郑板桥的责罚，一个个磕头求饶。郑板桥吩咐端来一个大箩筐，说："你们既哀求本官，本官也不难为你们，哪个不愿受刑，就在箩筐里留下赎罪钱，便放你们回去。"那帮恶棍纷纷扔下钱，溜出府去。郑板桥把这些钱全给了徐老汉。

从此，潍县的豪绅财主、地痞流氓，再也不敢出坏主意谋害郑板桥了。

破译天书探真相

云南大理县近郊的乡绅赵兰君在一天深夜突然死亡，据说是被"鬼火"吓死的。县警署侦探施维路承办这个案件。他来到赵家，只见赵兰君已死

亡多时,除了脸上呈现恐惧的模样外,并无其他可疑之处。

正在一旁哀哀哭泣的赵妻对侦探说,近期,家中经常出现点点火光,丈夫神经衰弱,心脏有病,见了这火光非常害怕,说是有鬼来勾魂。为此,家中曾买了三牲贡品,祭了送鬼,但仍不平静。今晨,丈夫从梦中惊醒大呼:"有鬼!"仓皇逃至前厅,只见梁上悬着点点绿火,便大叫一声,气绝声亡。

"这鬼火,其他人是否看见过?"施维路继续探问。

赵妻说:"我也曾多次看见。这里是座百年老屋,几辈老人都在这里故世,光线暗淡,凄凄惨惨。我多次劝说丈夫造房新宅,可丈夫故土难离,竟被先人召去地狱,实在可悲!"

赵妻的话得到了几个仆人的证实,这时使女梅香进屋送茶,也插言说:"那鬼火我也见过的,但只觉得好玩,并不可怕。"

那时正是民国初年,科学观念差,迷信盛行,乡民们信神怕鬼,习为常事。施维路不信这一套,便心存疑问,吩咐道:"你们料理后事,我一定设法将鬼拿住!"

正当施维路回警署时,忽见梅香正将一纸篓废纸倒向院子里的焚火炉中,他就随手翻拣了一下,竟发现了一封奇怪的信,上面写着:"禾五三牛四又二十一见四五彳八四,壹三一日首人六又三十八殳七九止二二虫十五又二十四牛四又二十一。"

他一时难解其意,便将信揣入衣袋,回警署。署长问他:"侦探案情,可有眉目?"

施维路出示信件:"虽尚未有头绪,但只要破译这封'天书',料能获知端倪。"

署长一看信件的收信人是赵妻,也若有所悟地说:"莫非赵妻有了外遇,设计害死丈夫?"

施维路独坐在办公室里,反复琢磨这封信件。"禾、牛、见、彳"这些都是汉字的部首偏旁,剩下的都是些数字。他终于发现了"天书"的奥妙之处。第二天,他也依样写了封"天书"给赵妻,赵妻果然自投罗网。在施维路逼问下,终于招供了勾结中学化学老师杨坤谋害赵兰君的事实。

原来,施维路发现"天书"里所写的部首后面第一个数字是笔画的画数,第二数字是某画里的第某个字,怕数字混淆才在两个数字中间加上一个又字,他搬出《康熙字典》查出了信件的内容是:"秘物觅得,不日来杀此蠢货。"

施维路进一步又想到了杨坤对物性比较了解。所谓"秘物",莫非就是固体磷之类的发光物,以此来吓死迷信而又体衰的赵兰君,真可说是"物得其用"。

于是施维路依法炮制,模仿"天书"的笔迹给赵妻写了封信:"事急:翌日午时齐明酒家一见。"赵妻接到信后,果然来到了齐明酒家,这样就暴露了真相,使施维路破获了这桩奇案。

据情识凶手

某大楼 306 号房间的一位独身男人被杀害了,死者的许多贵重物品也被盗窃一空。这起谋财害命案是在一个大雪纷飞的冬夜发生的。

第二天清早,接到报警的公安人员迅速赶到现场。当推开房门时,里面一股热浪扑面而来,室内温度很高,煤炉也快熄灭了,炉上的水壶早已烧干,发出"吱吱吱"的声响和一股糊味来。灯还亮着,在弥漫的蒸气中散发着微弱的光。

刑侦队萧队长一方面组织对死者社会关系的调查,一方面向附近居民了解与案件有关的情况。由于死者生前性格比较孤僻,所以邻居对他的情况大多不很了解。

住在距该楼 20 米开外的另一所楼房里有一位中年男人,却自告奋勇地赶来向萧队长报告说:"昨晚九点多钟,我看见死者屋里有一个男人。这人大约 30 来岁,尽管把帽檐拉得很低,我仍然清楚地看到他戴了一副黑框眼镜。"

"哦,你看清楚了吗?"萧队长饶有兴趣地问。

"我看得一清二楚。"那人还补充了一句,"我估计,此人便是凶手!"

"在我们掌握的与死者交往的人中,倒确有一位中年人像你讲的那样。"

萧队长转过话题:"你有每天都往楼这边看的习惯吗?"

"没有。"

"那么你是无意中发现的?"

"是的。"这目击者十分平静地说,"因为我的后窗正对着他的前窗。昨

晚他的窗帘只拉拢了一半,所以我看到了一切。"

"嘿嘿,够了。来人,把这个'目击者'给我看起来!"萧队长突然下达了命令。

"你,你们这是什么意思,我要控告!""目击者"咆哮起来。

"别控告啦! 只怪你编故事的本领还不到家。"萧队长接着说,"昨晚室外下着大雪,死者室内生着炉子,内外温度相差很大,窗玻璃上有着很重的雾气,别说你在 20 米以外,便是在 20 米以内也丝毫看不清人。即使能看见,也不会看到什么黑框眼镜。我说得对吗?"

那位"目击者"经萧队长这么一说,立刻蔫了。经审讯,此人便是凶手。而他陷害的一位戴黑框眼镜的中年人,则是他的仇人。

定风向警官捉凶犯

26 岁的神津恭介曾被人誉为"推理机器",他从不被罪犯那貌似复杂、巧妙伪装的诡计所迷惑。

这天,警署的一名警官来请教神泽恭介。案子是这样的:一位日本青年于 5 月 5 日"男儿节"在仙台市被杀。松下户代子有杀人嫌疑被拘留起来,但她出示了一张可以证明她"不在现场"的照片。松下户代子对警官说:"5 月 5 日下午 4 点,我正在东京。这张照片可以证明。在东京街心花园,请人用我的照相机拍了这张照片。"

警官将那张照片递给了神津恭介,说:"你看,照片上有东京街心花园的钟亭,钟的指针指向 4 点零 5 分;照片上还有男儿节的吉祥物鲤鱼在旗杆上飘扬,松下就在鲤鱼旗下站着,从摄影技术角度来看,这张照片是原版的,并没有剪贴、重叠曝光的痕迹。当然,按风俗习惯来看,鲤鱼旗一般从 5 月 1 日起就开始悬挂了,所以,这张照片不一定就是 5 月 5 日拍的,但我也拿不出足够的证据来证明它一定不是 5 月 5 日拍的,这使我非常为难。"

神津恭介看了相片后说:"我天天听天气预报,记得东京地区那天是晴天,刮了一天的西风。你看一看鲤鱼旗飘的方向,再比较一下松下照片上人影的方向,就能证实这张照片不是 5 月 5 日拍的。"

"那么,推翻松下户代子伪证的证据是什么呢?"警官仍然听不明白。

神津恭介推断说:"在东京地区,5 日下午 4 时左右,太阳恰好在正西方向。这时不管相片上的人朝什么方向站，人影必定应当朝东；案发的那天，刮了一整天的西风，鲤鱼旗也应当朝东飘动。可是，照片上的鲤鱼旗却是朝西。这证明不是 5 月 5 日拍的。"

为了证实自己关于气候的回忆是否准确，神津恭介给气象中心打了一个电话，询问的结果证实神津恭介的记忆没错。他为警官找到了推翻松下"不在现场"的证据。

法官大树寻证

印度格尔城有两个人：一个叫拉登拉尔，一个叫莫蒂拉尔。两人十分友好。一年，莫蒂拉尔的亲戚要到迦西去朝圣，莫蒂拉尔和妻子想，这样的机会十年才一次，为何不同他们一起到迦西去洗洗恒河的圣水浴呢？但是又一想，途中盗贼很多，家里的钱财又没有人看守，怎么办才好呢？这时，莫蒂拉尔想到了拉登拉尔。于是他把妻子的金银首饰放在一个小盒子里，带到拉登拉尔家里去。

碰巧，在路上遇到了拉登拉尔。七八月间，日头很毒，路旁有一棵大杨树，两人便站在杨树荫凉处谈起来。莫蒂拉尔说明了来意，然后说："这是首饰盒，这是首饰清单，盒子已经上了锁，你如果不放心，咱们一同上你们家去，当面清点一下。"

拉登拉尔说："你放心地去吧，我把盒子拿回家去，仔细保存起来，不必担心。"

拉登拉尔把沉重的首饰盒带回家后，起了贪财之心。半年后莫蒂拉尔朝圣回来，问起了自己的首饰盒，拉登拉尔竟矢口否认。莫蒂拉尔只好告到法院。

法官奥恰吉听完两个朋友的事情后，把拉登拉尔找来，问他有无此事。

拉登拉尔还是矢口否认。奥恰吉再问莫蒂拉尔："你在什么地方，当着谁的面把首饰盒交给拉登拉尔的？首饰有清单吗？"

莫蒂拉尔把清单副本交给了法官，说："老爷，交给他的时候，没有第三人在场，路旁只有一棵杨树，我是站在杨树下把首饰盒交给他的。"

奥恰吉对拉登拉尔产生了怀疑，只是苦于没有证据，他灵机一动，命令差人道："你马上到那棵大杨树下去一趟，告诉它，就说法官叫它到法院来

作证。"法庭上的人们听了都大为惊讶：一棵树难道还能到法院来作证？差人去了很久还没有回来，奥恰吉不耐烦地说："这差人真会磨蹭，哎，拉登拉尔，那棵树离这儿有多远？"

拉登拉尔脱口而出，回答道："没有到呢，老爷，那棵树离这儿有五里多路，差人现在还到不了那里。"

奥恰吉听了，觉得调查已经完成了一半。他又看了看首饰清单，上面写着玛瑙、珍珠、宝石等。奥恰吉对拉登拉尔说："根据莫蒂拉尔的清单，盒子里装有玛瑙、珍珠、宝石做的首饰，还有银项链、手镯、项圈等，你说对吗？"

拉登拉尔惊慌地说："老爷，不到一尺长的小盒子怎么能放下四副大的银首饰，这是谎话，完全是谎话。"

这时，奥恰吉宣判说："从拉登拉尔刚才所说的话，完全证实他知道曾在树下接过首饰盒的那棵大杨树；还知道盒子的长度和宽度；并且知道盒子里只装了玛瑙、珍珠、宝石，没有装银首饰。这一切证明他拿了莫蒂拉尔的盒子，现在最好把盒子还给莫蒂拉尔，否则后果不堪设想。"

拉登拉尔只好承认错误，请求饶恕。

福尔摩斯寻凶

罗斯男爵是个地道的英国绅士，作为一个有着深厚基督教文化教养的欧洲人却十分崇尚东方文化。罗斯年轻时到过亚洲，在印度住过一段时间，在那里学会了瑜伽术。回到英国后继续修炼瑜伽功。为此他买下了一座旧健身房，把它改造成为练功的场所。罗斯男爵性格内向，又非常虔诚，常把自己反锁在健身房里苦练瑜伽功。他在房里备了食物，往往一两个星期才出来一次。

罗斯从印度带回四个印度人，雇用他们是为了与他们一同研究瑜伽术，把瑜伽术介绍到西方来。

这一天，四个印度人急急忙忙赶到男爵家，向男爵夫人报告："不好了！罗斯爵爷饿死了！"男爵夫人赶到练功房一看，只见男爵僵卧在一张床上，他准备的食物竟原封不动地放在那儿。两个星期之前，男爵把自己锁在这里，备的食物足足可以维持半个月以上，他怎会饿死的呢？

警察赶来检查了健身房。这是一座坚固的石头房子，门非常结实，又确实是从里面锁上的，并没有被人打开过门锁的任何迹象。室内地面离屋顶有 15 米左右，在床的上方的屋顶上有一个四方形的天窗，但窗是用粗铁条拦住的，即使卸下玻璃窗，再瘦小的人也不可能从这里钻进去。也就是说，这座健身房是一间完全与世隔绝的密室。警察传讯了四个印度人，因为"首先发现犯罪现场的人"往往最值得怀疑。但四个印度人异口同声地说："爵爷为了能独自练功，下令不许任何人去打扰他。整整两个星期，我们都没到这儿来过一次。我们不放心，才相约来看望他，敲了半天门没有动静，从窗缝里往里看，才发现爵爷直挺挺地躺在床上。"

警察检查了食物，没发现有任何毒物，因为是冬天，食物也没变质，房里也没发现任何凶器。于是，警察就想以罗斯绝食自杀来了结此案。但是，罗斯夫人对此表示不满，亲自拜访了福尔摩斯，请他重新侦探此案。

福尔摩斯对现场进行了详尽的侦查，最后从蒙着薄薄一层灰尘的地板上发现：铁床四个床脚有挪位的迹象。

于是他问："夫人，您的先生是不是患有高空恐惧症？"

罗斯夫人回答："他一站到高处就头晕目眩，两腿发软，动也不敢动，这个毛病从小就有。"

"原来如此，这案子可以迎刃而解了。"福尔摩斯立即要求警方逮捕那四个印度人。福尔摩斯的助手华生问福尔摩斯："你是凭什么作出这个判断的？"

福尔摩斯说："让我来描述一下罪犯作案的过程吧——十几天以前的一个深夜，这四个印度人悄悄爬上屋顶，趁男爵熟睡之机，从屋顶的窗格隙里，偷偷垂下四条带钩子的长绳子，把男爵连人带床吊到 15 米的空中。男爵醒来后，发现自己被吊在半空中，吓得半死。他四肢瘫软，根本不敢从 15 米的高处往下跳。他或许喊叫过，但健身房周围又无人经过。就这样一天又一天过去，吓瘫在床上的男爵终被饿死。罪犯发现男爵死后，就把绳子松下，将床放回到原处。但是，尽管他们很小心，四只床脚还是偏离了原来的位置。

我刚才仔细观察过地上的灰尘，在床脚旁又发现四个床脚印痕。当然，也有可能是罗斯先生自己移动过铁床，但按常理，人们移动床一般只是"拖动"，没有必要把整个床搬起来再放到需要放的地方去。再说，地上没有拖痕，罗斯先生一个人也根本搬不动这个铁床。"

警方逮捕了四个印度人，罪犯供认了谋害罗斯、企图夺取罗斯财产后逃回印度的罪行。令人惊叹的是，他们供认的作案细节，竟和福尔摩斯的推理基本一致。

女记者破案

约瑟夫咖啡馆坐落在伦敦闹市区的一个拐角处，十字路口的好地段给约瑟夫带来了生意兴隆的好运气。但是一天夜里，一个小偷乘乱从现金抽屉里偷走 200 镑左右的纸币。

不到 30 秒钟，约瑟夫就发现现金被窃，连忙打电话向警察局报案。事情竟又十分凑巧，那个小偷刚逃离咖啡馆，跑出几十米远就碰上了迎面而来的巡警，巡警并不知道咖啡馆失窃的事情，他们只是见小偷形迹可疑，就叫住他，作了例行公事的盘问。正盘问着，警察局办案的警察也赶到了。办案的警察认识这个小偷，在警察局的档案里，有这个小偷的名字。小偷名叫乔治，是个惯犯，警察当场对乔治进行了搜查，但乔治身上只有几个便士的零钱，尽管乔治犯有前科，但由于证据不足，警察只能将他放了。

这天晚上，在咖啡馆喝咖啡的还有位名叫褒丽的女记者，喜欢追根刨底的职业习惯使她对这个案子特别感兴趣，取得第一手新闻原始资料的欲望使她开始了侦查活动。

经褒丽调查，乔治当时没有同伙协助作案，他被释放以后再也没有到过约瑟夫咖啡馆，而是一直在家待着。乔治是独身一人，家里没有电话。假如窃贼肯定是乔治，难道他偷了钱，把钱藏在咖啡馆里一个不易找到的地方了吗？这不可能，因为警察曾对咖啡馆进行了彻底的搜查。那钱到底到哪儿去了呢？难道真的不翼而飞了吗？

3 天后，根据褒丽的线索，警察在乔治的家里找到了赃款。富有戏剧性的情节是，乔治是当着警察的面得到这笔钱的。原来，乔治当时把钱投进了邮筒，由邮递员给他送到家里去的。当乔治拿到邮件时，警察出现在他的家里。

乔治归案以后，警察问褒丽："你当时通过什么途径找到线索，识破了小偷的诡计呢？"

褒丽笑笑说："我是个记者，成天就跟纸和邮局打交道，此案的关键就在'纸'上，你们注意到没有？乔治为什么只偷纸币？而硬币却一个也没拿，你们想想这是为什么呢？带着这个疑问，我注意到约瑟夫咖啡馆门口有一个邮筒，乔治肯定是利用了那个邮筒！他只要事先准备好一个写有自己名字的信封，偷到钱后马上把钱装进去，然后用十分便利的胶带纸封口，逃走时如遇到什么意外的麻烦，顺手将信封往邮筒里一扔就万事大吉了。"

"啊呀！"那个曾盘问过乔治的巡警喊道，"我当时就看见他从邮筒旁边走过，我怎么就没想到利用邮筒这一点呢？"褒丽说："邮筒在大街上是很常见的，但我们常常会忽略最平常的事物。"

生物学家寻证据

夏季的一个中午，奥地利首都维也纳警察局突然闯进一位中年妇女，说她丈夫失踪了，并提供线索：一个星期前，丈夫同他朋友维克多外出旅行。

警官询问维克多，维克多说："我们是沿着多瑙河旅行的。三天前，我们住在一家旅馆的同一间房子里，他告诉我要出去办点事，谁知过了三天也没有回旅馆。他到底上哪儿去了，我也不知道。"

警官立即根据维克多提供的旅馆名称拨了电话，对方答："维克多昨天已离店，与维克多同住一室的旅客没有办理过离店手续，人也没有见到。"

警察局派出几十名警察，根据失踪者妻子提供的照片分头寻找，但是，找了几天杳无踪影。警方估计，报案者的丈夫可能已经被人杀害。要侦破此案，必须先找到被害者的尸体。于是，警方派出直升机到附近的山林里去侦察，又动用汽艇在多瑙河里打捞。可是仍无音讯。于是警方判断，被害者的尸体可能是被抛在十分偏僻的地方，而度假的人不会只身去偏僻的地方，必定是被一个非常要好的人骗到了那里。维克多是此案的重要嫌疑犯。但维克多矢口否认与此案有关。既无口供，又无物证，警方只得暂时拘留维克多。

警官的一位好友是知名的生物学家，答应帮忙破案。经过几天的忙碌工作，他对警官说："老朋友，被害者的尸体可能在维也纳南部的树林里，你快带人去找吧！"警官带了警察来到了南部的树林里，在一块水洼地里果真发现了一具男尸，经检验，确是那个失踪者。死者的颈脖上有几条紫色伤

痕,他是被凶手掐死的。

审讯开始了。警官厉声喝问:"维克多,有人告发你,是你把朋友骗到维也纳南部的树林里杀了,快交代你的犯罪经过!"

维克多冷笑道:"请证人来与我对质!"

生物学家指指证人席桌上的小玻璃瓶子说:"证人在那里!它是装在玻璃瓶里的花粉!"

"花粉?它怎么能证明是我犯了罪?"

"它是从你的皮鞋上的泥土里取来的,"生物学家侃侃而谈,"花粉是裸子植物和被子植物的繁殖器官,体积很微小,要借助显微镜才能看到。不同种的植物,它们的花粉形状是不同的。我们化验了你鞋子上的泥土里的花粉,发现它们是桤木、松树和存在于三四千万年前的一些植物的粉粒。而这些特殊的花粉组合是维也纳南部的一个人迹罕至的水涝地区特有的。它证明你曾把你的朋友骗到那里杀害了!"

原来,维克多的朋友这次外出旅行,带了不少美元,维克多见财起意,便把朋友诓骗到南部的树林里掐死了,并弃尸于水洼。

泥捏宝石

蒙古一个穷苦潦倒的人,在深山里找到了一块绝妙的宝石。回家的路上,遇到一个喇嘛,穷人给他讲述了什么样的幸福降临到了自己身上。

喇嘛说:"这是佛、佛像帮助你找到宝石,把宝石交给我,我将它带给你的双亲。你到庙里去,念一个月的经文感谢佛像为你带来了幸福。并且一个月之内你不要回家。"

穷人听从了喇嘛的话,到庙里去朝拜各尊神像和念经文。一个月以后,他回家了,周围一切如故。

穷牧民找了很长时间,终于在一个寺院里找到了那个喇嘛,于是他向喇嘛请求要回自己的宝石。但是喇嘛死不承认。穷牧民就告到可汗那里。但因为他没有证人,可汗不能把案子断明。

一个游牧民法官听了穷牧民的哭诉后,说:"如果这样的争论也不能判断,那算什么可汗!"

可汗说:"如果你证实不了是喇嘛骗了这块宝石,我就命令将你拴在我

的一匹烈性公马的尾巴上。"

喇嘛听到这话，笑道："游牧民法官，你要与你的生命告别了！你可不能再嘲笑富人和喇嘛了吧！"

游牧民法官对喇嘛说道："请你证实一下，你自己找到了宝石。"

"我证实！"喇嘛回答说，"我有三个证明人。"

"很好！"法官说，"将你的三个证明人都带上来。"

喇嘛马上带来了三个证明人。

游牧民法官将证明人安排在不同方向，让他们互相之间背对背，而他自己到河边去，在那里取了五块一样大小的泥巴，然后转回来。法官给每个证人一块泥巴，第四块泥给喇嘛，第五块给了穷牧民，然后说："我将从一数到一百，在这段时间里，你们都要把泥巴捏成宝石的形状。"当游牧民法官数到一百时，他立即从五个人手中取回泥土捏成的宝石模型，然后放到可汗面前。可汗看到，只有喇嘛和穷牧民捏成的形状与宝石一样，而喇嘛的三个证明人捏成的形状彼此都不一样。

这时游牧民法官说："穷牧民捏成的模型是正确的，因为宝石是他找到的。喇嘛捏成正确的模型，是因为他将这块宝石已收藏多时。而证明人从没有看到过这块宝石，所以他们每个人捏成了不同形状的宝石模型。喇嘛将假证人带到这儿来了，这意味着，这块宝石是他从牧民手里骗来的。"

可汗感到很惭愧，马上将宝石交给牧民，而喇嘛和假证人都被驱赶出境。

撕伞断案

有个人出门的时候，带了一把雨伞。他走得口干舌燥起来，见路边有个池塘，就把伞放在池塘边的斜坡上，走下去喝水。

就在他喝水的时候，有个人从那儿路过，看见那把伞，拿起来就走。伞的主人拼命追上前去，终于追上了偷伞的人。可那人矢口否认，坚持说伞是他的。

他俩争执了半天，毫无结果。最后，他俩决定去找法官菩提萨瓦。

菩提萨瓦想了想，吩咐手下人说："把伞撕成两半，让他们一人拿一半回家去吧！"

两人只好各拿一半回家去了。这两个打官司的人,谁也没想到菩提萨瓦已派了两名书记官悄悄跟着他们,一直跟到他们家的门口。

偷伞的人刚到家门口,就听见他的儿子嚷嚷起来:"爸爸,爸爸,你从哪儿捡到这半把破伞?干嘛不买把新伞给我?!"

书记官把这几句话偷偷记录下来。

这时,伞的主人垂头丧气地走进了自家屋子。他老婆和孩子见他手中的半把破伞都叫了起来:"啊!你把咱们家里的雨伞拿去干什么了?怎么弄成这样子?"

跟在后边的书记官把这话记了下来。两名书记官同时回到菩提萨瓦那儿,把他们听到的都一五一十地讲了一遍。他们的记录清楚地表明了谁是伞的主人,谁是偷伞的人。法官再次传讯这两个人,判那个偷伞的人赔把新伞给那把伞的主人。

顾客刁难高尔基

大文豪高尔基在童年时,曾在一个食品店干过活。

有一次,一个刁钻古怪的顾客送来一张奇怪的订货单,上面写着:"订做九块蛋糕,但要装在四个盒子里,而且每个盒子里至少要装三块蛋糕。"

大伙计看了订货单,很为难:"先生,这,这哪行呀?"

顾客傲慢地说:"贵店不是以讲信誉闻名远近吗?如果连这点小事都办不成,今后还是把招牌砸掉拉倒!"说罢扬长而去。

大伙计不敢再说什么,马上向老板汇报。老板也觉为难,只是含糊地说:"装了再说罢。"大伙计伤透了脑筋,碰坏了好几块蛋糕,也没法照订货单的要求装好。

"老板,让我来试试吧。"高尔基拿起那张订货单,认真读了一遍,终于鼓起勇气这么说。

"你?不做错生意就不错了,还想逞能!"大伙计对高尔基嗤之以鼻。

高尔基坚定地说:"这有什么难,比点钞票还便当,我来装吧!"他先将九块蛋糕分装在三个盒子里,每盒三块,然后再把这三个盒子一齐装在一个大盒子里,用包装带扎紧。

大伙计不服气地摇摇头说:"怎么能用不一样的盒子装呢?而且还有

一个盒子没装蛋糕。"

高尔基反驳道："难道订货单上限制盒的大小和不能套装吗？"

大伙计无言以答。老板也不知顾客是否满意，怀着惴惴不安的心理等着验收。

不久，顾客来到柜台边，以挑剔的眼光仔细检查了一遍，的确无懈可击，便怏怏地提着蛋糕走了。一向把顾客当做上帝的老板和大伙计，终于松了一口气。

巧断金币失窃案

巴格达城有个名叫阿里的单身汉，有一天，他决定出外旅行，可是总不放心手头积蓄的一百枚金币，放在家里怕人偷，带到路上怕人抢。他只得把全部金币放到一个坛子里，上面再装满绿豆，坛子封好后交给邻居的米店老板，请他帮助保存。

阿里一走竟是七年。一天老板娘做饭想用绿豆，老板心里想阿里说不定死在外面，不会回来了。于是，他去库房找阿里的绿豆坛子。他打开坛子后，发现绿豆已经变质，便继续往下翻，翻着翻着发现了下面的金币，不禁喜出望外。第二天一早，老板就悄悄地把坛子里的金币全部偷掉。并买了些绿豆装满，照原来的样子封好。

没过几天，阿里旅行归来。把坛子拿回家后，发现坛子里一枚金币也没有了，于是去找老板，客气地说道："要是你把我坛子里的金币拿去用了，请你写一个借条，什么时候有了再还给我。"

老板死不认账："你里面放的全是绿豆，哪里有什么金币！快给我滚开！"

阿里便去找哈里发告状，哈里发问他："你在往坛子里放金币时，有人看见没有？"阿里说没有，哈里发说："既然没有人看到，我怎么能相信你的话是事实呢？你还是回去吧！"

关于阿里丢钱的事，巴格达城里议论纷纷，人们都说阿里是老实人，而老板是一个偷奸耍滑的家伙。百姓的议论一下子传到哈里发的耳朵里，哈里发便打扮成平民，走街串巷去探听虚实。某晚，他看到路边有三个男孩子在演一出"戏"；一个扮成阿里，一个扮成老板，另一个头裹头巾扮成哈里

发。

"哈里发"指着坛子问"阿里"和"老板"："里面现在放的是绿豆吗？"

"是的。"两人同时回答。

于是，"哈里发"从坛子里分别拿了几颗绿豆放在嘴里嚼，发现有的豆子发硬变质，有的豆子新鲜发甜。最后，"哈里发"指着"老板"的鼻子说："你在撒谎！你是偷阿里钱的贼！"

哈里发看到这出"戏"后又惊又喜。第二天便派人让阿里带着绿豆坛子到王宫来。同时叫去的还有老板、绿豆商人和扮演哈里发的那个孩子。哈里发对那个男孩说："今天，我要让你来审阿里的案子，我相信你既公正又聪明，一定能判断出谁在撒谎。"

那孩子俨然变成一个真正的哈里发，对站在一旁的绿豆商人说："你看看坛子里的豆子放了多久？"

商人从坛子里取出几粒豆子分别在嘴里一一品尝，然后得出结论说："发硬变质的豆子有七年之久，松软的豆子是新鲜的。"

话音一落，小"哈里发"指着老板大喝道："是你把金币偷走之后，又往坛子里添满绿豆——这一切不是很清楚吗？"

老板一听脸色发白，瞠目结舌，跪在地上求饶。阿里站在一旁笑了。

法官断案

一个阿拉伯王子想考察某城一位法官的能力，于是化装成商人，骑马出王宫来到那法官住地附近。一个乞丐向他讨了些钱后说："你能不能让我骑上你的马，到城里去呢？"王子让乞丐上马坐在他后面，可是来到那个城市后，乞丐却说马是他的，竟要赶王子走。两人争吵不休，围了一大群人，最后有人建议他们去见法官。他们来到法官面前，可是前面还有几个案子。

一个很有学问的人和一个不识字的农夫都声称那个女仆是自家的，听完他俩的申诉后，法官说："把女仆留下，明天再来吧。"

下一个案子涉及一个卖肉的人和一个卖油的人。卖肉的说道："我到那人铺子去买油，当我拿出钱来时，他想把钱抢去。"

"他说谎！"卖油的说，"他来买油，并要我给他换开一枚金币。当我拿出钱时，他想把钱抢走。我抓住他的手，拉他一起到这儿来解决问题。"

"把钱留下，"法官说，"明天再来吧。"

接下来轮到王子与乞丐。他们把事情经过讲了一遍，都说马是自己的。

法官说："把马留下，明天再来吧！"

第二天，当那个有学问的人和那个不识字的农夫出现时，法官对有学问的人说："这个女仆是你的，把他带回去吧。这个农夫将挨50鞭子，以示惩处。"下一个，他叫来卖肉的："钱是你的，卖油的是个贼，他将受到惩处。"

接下来，他问王子和乞丐是否能在许多马中认出自己的马，两人都说能。法官于是分别把他们带到马厩里，那里有许多马，他们都不费力地认出了那匹马。当他们回到堂上时，法官对王子说："把马牵走，它是你的。"法官然后又下令打乞丐50鞭子。

王子问法官说："你能否告诉我，这些案子你是怎么定的案？"

法官说："今天早上我把那个女仆叫来，我要她在我的墨水瓶里灌满墨水，她拿起墨水瓶仔细地擦干净，然后灌满了墨水——一共只用了几分钟时间，而且干得又十分出色。显然这样的差使对她来说并不是新的。假如她是不识字的农夫家的女仆，是不会干得那么干净利索的。至于讲到那个卖肉人的钱，我把钱放在水里，今天早上我注意看水面上是否有油花。如果钱是属于那个卖油的人，那么钱上一定会有油的痕迹，正像我发现的，他双手沾满了那种油，然而水面并没有那种油花。马案是这样断的：当你走进马厩时，我看到那匹马把头转过来看你。而当乞丐走近马时，那匹马却踢着一条腿，头转向另一个方向，这样我就知道那匹马是属于你的。"

蚂蚁助侦探

1978年8月的一天夜里，希腊某市的一家糖果厂的仓库门被撬开，仓库内的芝麻全部被窃。狡猾的盗窃犯没有在现场留下任何痕迹，警员们侦查了10多天，毫无结果。罪犯盗窃了那么多的芝麻，无疑是要出售的，于是，警察局派警员在码头、车站和交易市场上进行拦截和搜索，然而也无济于事。工厂主只好求助于大名鼎鼎的私人侦探皮克得。

半个月后，皮克得打电话告诉工厂主："已经侦查确实，被盗窃的芝麻

藏在某村的一个地下仓库里,速请警方派人前往处理。"

警察局局长带了几名警员赶往皮克得所说的村子,果真在一户农家贮存马铃薯的地下仓库里找到了大量芝麻。

经审讯,地下仓库的主人供认了与另外三名罪犯合伙盗窃芝麻的事实。这三名罪犯中,有一名是糖果厂的雇员。他们是趁着天黑,里应外合作案的。

出于好奇心,警察局局长特地去拜访皮克得,问道:"不知你是怎么查到赃物的?"

"这是我的助手们的功劳。"皮克得得意地说,"它们的名字叫蚂蚁!我在侦查时,有一次在那个村口大树下发现了一队蚂蚁,每只蚂蚁都在搬运着一粒芝麻。于是我顺藤摸瓜,发现芝麻是从村里运出来的。我忙向村民们打听,知道那里从来没种这芝麻,我感到这芝麻很可能就是糖果厂失窃的那些芝麻中的一部分,可能是被罪犯们窝藏在那个村子里了。经过跟踪,发现蚂蚁们的芝麻是从一间农舍里背出来的,那间房子有一个地下仓库。你说,是不是蚂蚁帮了我的忙呀?"

原来,蚂蚁能互通信息,它们的活动往往是通过触角来联系的。并且,同族蚂蚁身上有一种其家族特有的气味,当第一个报讯的蚂蚁在返回蚁巢的时候,它沿途会留下一些气味。即使这只蚂蚁不带路,它的同伙们也能追随这种气味,而能准确地找到食物。本案中蚂蚁成群结队搬运芝麻,是因为地下仓库的芝麻袋子裂开了,才泄露了秘密。

还钱遭诬陷

从前,西班牙有个穷苦的樵夫到山上去打柴,准备用打来的柴去换钱买面包给他的几个孩子充饥。在路上,他捡到了一只口袋,里面有 100 个金币。

樵夫一边高兴地数着钱,一边在脑子里盘算,展现在自己面前的将是怎样一幅富裕、幸福的前景。但接着他又想到那钱袋是有主人的,他对自己的想法感到羞愧。于是把钱袋藏了起来,到山里去劳动。

直到晚上柴也没卖掉,樵夫和他的全家只好挨饿。

第二天早上,钱袋失主的名字在大街上传了开来,把钱袋交还给他的人将能得到 20 个金币的赏金。

失主是一个佛罗伦萨的商人。好心的樵夫来到他面前:"这是你的钱袋。"但是这个商人,为了赖掉许诺的酬金,仔细地查看了钱袋,数了数金币,假装生气地说:"大好人,这钱袋是我的,但钱却缺少了。我的钱袋里有130 个金币,但现在只有 100 个了,毫无疑问,那 30 个,是你偷去了。我要去控告,要求惩罚你这个小偷。"

"上帝是公正的,"樵夫说,"他知道我说的是实话。"

两个诉讼人就被带到当地的一个法官那儿。法官对樵夫说:"请你把事情的经过如实地向我简述一下。"

"老爷,我去山上的路上拾到了这个钱袋,里面的金币只有 100 块。"

"你难道没想到有了这些钱,可以生活得很幸福吗?"

"我家里有妻子和六个孩子,他们等着我把换钱买面包的柴带回家。老爷,您原谅我吧!在这种情况下,我是想过要用这些金子的,但后来我又考虑到钱是有主人的,他比我更有权用这个钱。于是,我把这钱藏起来了,我没有回家,而是径直去山上劳动了。"

"你把拾到钱的事告诉你妻子了吗?"

"我怕她贪心,所以没告诉她。"

"口袋里的东西,你肯定一点都没拿吗?"

"老爷,我妻子,我可怜的孩子连晚饭都没吃,因为柴没能卖掉。"

"你有什么说的?"法官问商人。

"老爷,这人说的全是捏造的。我钱袋里原先有 130 个金币,只有他会拿走那缺少的 30 个金币。"

"你们双方都没有证据。"法官说,"但是,尽管如此,我相信这场官司还是容易裁决的。你,可怜的樵夫,你讲的是那么的自然,根本无法怀疑你说的事。更何况你既然能拿走一小部分钱,也完全能够留下所有的钱。至于你呢,商人,你享有这么高的地位和信誉,根本就不容我们怀疑会行骗。你们两个人说的都是实话。很明显,这个樵夫拾到的这个装着 100 块金币的钱袋不是你的那个有 130 块金币的钱袋。拿着这个钱袋吧,好心的人。"法官对樵夫说,"你把它带回家里去,等它的主人来取吧!"

计开百宝箱

　　康熙皇帝亲自执政后，一方面惩治奸臣，攻打军阀，抵御外侮；另一方面用珠宝奖赏各地对清王朝忠诚的官员。可是，在不断征战过程中携带这些珠宝很不安全。为此康熙皇帝命人打造了 10 只结实的大铁箱，里面分别装上不同珠宝。在每只铁箱上各配上一把不同型号的锁，每把锁只有两把钥匙。

　　康熙皇帝挑选了 10 名最可靠的近臣，一人给一把钥匙，要他们仔细保管，需要开箱取珠宝时，由他们各自动手开箱拿取。

　　这 10 只大铁箱跟随征讨大军南征北伐，的确发挥了奖励作用。但是过了一段时间，康熙皇帝便感到很不方便了。因为近臣们经常换班跟随他，有时身边只有一个，一旦需要拿取某种珠宝奖励功臣时，往往要耽误一些时间叫人拿钥匙。怎样才能让 10 个近臣各自都能用自己保管的那把钥匙，把 10 只铁箱同时打开呢？康熙皇帝握着剩下的 10 把钥匙，一筹莫展。

　　第二天，康熙皇帝把 10 个最得力、最有谋略的大臣和将军叫来，说："众爱卿，今天这个难题谁能答出，朕就把稀世珍宝夜明珠赏赐于他。"

　　10 个大臣争先恐后地答道："另配钥匙。"

　　"每个近臣都掌握 10 把钥匙。"康熙皇帝都摇摇头。大臣们面面相觑。

　　这时，传来一个童稚脆嫩的声音："皇上，奴才知道开箱办法。"众大臣循声而望，见说话的是新来的小太监布扎拉。

　　布扎拉不慌不忙地说道："原来的 10 把钥匙仍然分别由 10 个近臣携带，剩下的 10 把钥匙与箱子对应，分别编为 1 至 10 号，然后，将 1 号钥匙放到 2 号箱子里，2 号钥匙放到 3 号箱子里。依此类推，10 号钥匙放到 1 号箱子里。这样，任何一个近臣都可用自己的钥匙打开自己的箱子，连环进行，所有铁箱都可以打开。"

　　康熙皇帝见布扎拉如此聪慧，惊讶不已。后来，布扎拉做了康熙的贴身太监。

智驳有神论

古希腊有一位著名的无神论哲学家，叫伊壁鸠鲁。一天，他对几个相信神的人雄辩地证明神的不存在。

他说："听你们说，世界上有神的存在，对吗？"

那几个信神的人鸡啄米地连连点头说："是的是的。"

伊壁鸠鲁说："那么，神只能有这么三种可能性：神或是愿意但没有能力除掉世间的丑恶；或是有能力而不愿意除掉世间的丑恶；或是既有能力而且又愿意除掉世间的丑恶。"

神，到底存在不存在。哲学家先不结论，而提出了关于神的解释的三种可能性，使对方首先承认其中的某一论题，进而一一推论。

伊壁鸠鲁又说："如果神愿意而没有能力除掉世间的丑恶，那么，它就不算是万能的。而这种无能力，是和神的本性相矛盾的。如果神有能力而不愿意除掉世间的丑恶，那么，这就证明了它的恶意，而这种恶意同样是和神的本性相矛盾的。如果神愿意而且有能力除掉世间的丑恶（这是唯一能够适合于神的本性的一种假定），那么，为什么在这种情况下世间还有丑恶呢？"

至此，"神，根本不存在"这一结论使那几个有神论者纵然有万张嘴也难以否认了。

农民过招

在捷克人居住的某城里，住着三个年轻的商人。他们是兄弟仨，一起做买卖，平分利润。

有一次，这三个商人准备到很远的地方去做生意。可是，家里的钱怎么办呢？老三说："我认识一个农民，他很穷，但很诚实。他就住在离城不远的地方，请他给我们把钱保管一下，回来再取。怎么样？"

老大老二表示同意。于是他们就把钱交给农民，并且说定：只有他们兄弟三个一起来取钱时，才能把钱交还。

85

这三个商人放心地去了。他们到了很多地方，做了很多买卖，赚了很多钱，然后回到家里，来到替他们保管钱的那个农民住的村子。

老大说："这个农民为我们做了好事，我们怎么向他表示敬意呢？"

老三说："明天是礼拜天，我知道，每逢礼拜天他总是坐在窗前看大街。明天一早我们从他窗前走一趟，路过窗口时脱下帽子，向他深深地鞠一躬，然后就可以去拿钱了。"

两个哥哥觉得这个主意不错，因为一个铜子儿也不必花。

老三心里可早打好了算盘。他当天晚上就跑到农民的家里，对他说："我们兄弟三个想在附近买些田产，你明天就得交还钱。我的两个哥哥派我来把情况向你说一说，让你把钱交给我。我是不骗你的，明天一早我们兄弟三个一块到你窗前来一下，向你脱帽鞠躬为证，然后我再来你这儿拿钱。"

第二天一早，农民就坐在窗前等候。一会儿，这三个商人果然一起来到了他的窗前，摘下帽子，向他深深地鞠了一躬。然后，三人各自分头干自己的事去了。分手前约定：中午时分，他们一起在饭店吃饭，饭后一起去找农民取钱。分手后老三很快又到了农民家里。农民以为真是他哥哥派来的，就把钱给了他。老三拿了钱，却逃走了。

两个哥哥在饭店里坐着，等呀，等呀，可一直不见弟弟来。就跑到农民家里，问他看见他们弟弟没有。当知道弟弟已取走了钱时，气得要死，狠狠地骂了农民一顿，然后到法院告了他。法官判决农民赔钱，不然就要他拿出全部家产作抵押，农民心里难受极了。

一个邻居说："你不用怕，我去法庭为你辩护。"

农民的辩护人说："法官先生，刚才商人的辩护律师所说的都是废话，一钱不值。商人们的钱就在农民的口袋里，他可以马上还给他们，只是他们之间有这么一个约定：只有他们兄弟三个一起来的时候，才能把钱交还。这样吧，让他们兄弟三人一起来，他们马上就可把钱取回去。"

法官要老大老二去找老三，而老三早已失踪，两个商人什么也没有捞到。

巧开秘密金库

第一次世界大战期间，荷兰的女间谍玛塔·哈莉来到法国巴黎。这个

舞蹈明星利用她那迷人的容貌、健美的身材和高明的手腕，很快就和一个名叫莫尔根的将军谈到了一起。

后来，玛塔·哈莉弄清了莫尔根将军的机密文件全放在书房的秘密金库里，便在他熟睡后开始活动。但是，十分困难的是，这秘密金库的锁，用的是拨号盘，只有拨对了号码，金库的门才能启开，而这号码只有将军一个人知道。不过，她想：莫尔根将军年纪大了，事情又多，近来特别健忘，常常丢这忘那。因此，秘密金库的拨号盘号码，可能是记在笔记本或其他的什么地方。当莫尔根熟睡后，她就检查他口袋里的笔记本和抽屉里的东西，但都找不到那个号码。

一天晚上，她用放有安眠药的酒灌醉莫尔根后，蹑手蹑脚地走进书房。秘密金库的门就嵌在一幅油画后面的墙壁上，拨号盘号码是六位数，她从 1 到 9 逐一通过组合来转动拨号盘，都没成功。她发现来到书房的时间是深夜两点钟，而挂钟上的指针指的却是 9 时 35 分 15 秒。这会不会就是拨号盘上的秘密号码呢！否则挂钟为什么不走呢！但是，9 时 35 分 15 秒应为 93515，只有五位数呀。玛塔·哈莉再仔细地想了想。如果把它译解为 21 时 35 分 15 秒，不就变成 213515 了吗？她随即按照这 6 位数字转动拨号盘，金库的门果然被打开了。里面藏有在英国建造的一九型坦克设计图。她取出微型照相机偷拍了，又放回原处，而这时，莫尔根将军还在呼呼大睡呢！

古董商上当

哈勒是个大商人。听说埃及有很多价值连城的古董，便去埃及经商。

有一天，他牵着小毛驴去赶一个热闹的集市。集市上人流如潮，小摊上货物琳琅满目，应有尽有。哈勒背着手转来转去，却一件东西都不中他的意。

忽然，他的目光洛在一只小猫身上。小猫的主人是一位老人，他正微笑着吆喝卖猫。那只漂亮的小猫正在有滋有味地吃食，食物装在一个极粗糙的旧碗里。

哈勒停下脚步，弯腰抱起小猫抚摸，显得漫不经心的样子端起小碗，给小猫聚精会神地喂食。他见小猫正吃得乐颠颠的，便连续不断地伸出右手

拨弄小碗转动。这下子,小猫给逗得"妙呜,妙呜"乐个不停,边叫边围着小碗转圈。

哈勒微笑着说:"老人家,我想买这只可爱的小猫,要多少钱?"

老人答道:"3个金币!"

哈勒突然伸出舌尖咂咂嘴:"哇,这么贵!不过它太讨人喜欢了,还是买下吧。"哈勒边说边摸出了3个金光闪闪的金币。"这只碗这么旧,也该换个新的啦。你没用,这碗就送给我吧!"

老人一下子站起身子,不慌不忙地收起小碗发话:"先生,它是个聚宝盆。我就靠它卖猫呢。"

哈勒心中暗暗叫苦不迭:自己看出小碗是件极珍贵的文物,值很多的钱,才借口买小猫,想乘机拿走小碗啊。

卖猫的老人以猫碗作诱饵,居然让精明的哈勒乖乖地上当。

消防车寻址救人

一位独住的老婆婆,不慎在家中跌倒,一头撞在桌子的棱角上,再也爬不起来。绝望中,她看到了电话上的报警号码"09"。她忍着剧痛,抓起话筒,拨了这个号码。

这是1953年11月13日凌晨2时发生在丹麦首都哥本哈根的事。消防支队的值班员拉斯马森听到报警的电话铃声后,立即拿起话筒:"喂,我是消防支队,请讲。"

可是老婆婆处于昏迷状态,无法很快地回答拉斯马森的问题。这样,拉斯马森只能从话筒里听到那艰难的喘息声,他耐着性子呼叫许久,终于,一丝微弱的声音传了出来:"我不行了,快来救命……"

"你是谁?在哪里?"

"我是孤老婆婆,在家中,跌倒了。"

"请告诉我门牌号码,我们立即就去!"

"我……我记不清。"

"是在市区吗?"

"是,是的。靠马路,灯太亮……我受不了……快来呀……"

老婆婆大概昏迷过去了,只有电话里那喘息声还能隐约分辨出来。救命如救火！但必须先查出老婆婆的住址才行。

拉斯马森望着手中无人答话的话筒，望着车库里严阵以待的十几辆救火车，果断地作出决定：让消防车拉响警笛沿街奔驰，因为老太太的电话未挂，消防车一旦经过老太太所住的街道，警笛声就会通过老太太的电话传到值班室，一旦传入，即用报话机命消防车上的队员就近查找亮着灯的人家。

这样，孤老婆婆终于被及时送往医院抢救，从死神手里逃了回来。

贝都因人远见卓识

一个阿拉伯人在北非沙漠里失去了骑骆驼的同伴，找了一整天也没有找到。晚上遇到了一个贝都因人。阿拉伯人开始打听失踪的同伴和他的骆驼。

"你的同伴不仅是胖子而且是跛子，对吗？"贝都因人问，"他手里是不是拿一根棍子？他的骆驼只有一只眼，驮着枣子，是吗？"

阿拉伯人高兴地回答说："对，对！这是我的同伴和他的骆驼。你是什么时候看见的？他们往哪个方向走？"

贝都因人说："从昨天起，我除了你再没看见过其他人。"

阿拉伯人生气地说："你刚才详细说出了我的同伴和骆驼的样子，现在却说没有见到过，这不在欺骗我吗？"

"我没骗你，我确实没看见过他。不过，我还是知道，他在这棵棕榈树下休息了很长时间，然后向叙利亚方向走去了。这一切发生在 3 个小时前。"

"你既然没看见他，那么这一切又是怎么知道的呢？"

"我确实没看见过他。我是从他脚印里看出来的。"贝都因人拉着阿拉伯人的手，走到沙漠上，指着脚印说："你看，这是人的脚印，这是骆驼的脚掌的印了，这是棍子的印子。你看人的脚印：左脚印又比右脚印大和深，这不是明明白白说明，走过这里的人是个跛子吗？现在再比一比他和我的脚印，你会发现，那个人的脚比我的深，这不是表明他比我胖？你看，骆驼都吃它身体右边的草，这就说明，骆驼只有一只眼，它只看到路的一边。你看，这些蚂蚁都聚在一起。难道你没看清它们都在吮吸枣汁吗？"

阿拉伯人问："那么你怎么确定他们在3个小时以前离开这里的呢？"

贝都因人说："你看棕榈树的影子，在这大热天，你会认为一个人坐在太阳光下吗？所以可以肯定，你的同伴是在树荫下休息的。可以推算得出：阴影从他躺下的地方移动到现在我们看到的地方，需要3小时左右。"

后来阿拉伯人找到了他的同伴，事实证明贝都因人说的一切都是正确的。

第3章

发明：抓住一瞬间的灵感

治虎害以电防卫

桑德邦地区从 1972 年起被政府划为国家一级自然保护区。这里古木参天，风景气候都极适合印度虎栖息。自宣布严禁捕杀印度虎之后，老虎尽情繁殖，总数竟增加了一倍！然而，老虎每年要吃掉近 50 个村民。

小伙子拉甘尔是个有心人，经过仔细观察，发现老虎对人猛扑时，利爪和獠牙总是首先攻击人的颈脖部。于是他就研制出了一种玻璃纤维套子。这种套子质地坚硬，老虎无从下口，确是一种防虎办法。

很快，当地男女老少都得到了这样的一个脖套子。但是这种套子用后不久，村民们纷纷反映，雨季一到，戴上这种脖套子，闷热得要死，叫人苦恼极了。发明脖套子的拉甘尔也深深感到，社会已发展到现代文明阶段，仍然采用这种消极的防虎办法，是不尽如人意的，应该采用更科学的办法来解决这个难题。拉甘尔一头钻进了实验室。一个多月后，他终于研制成功了一大批胆大包天的"村民"。

在悬崖下，在巨石旁，在大树下，在老虎出没的地方，一个个大胆的"村民"出现了。老虎高兴极了，向这些"村民"袭击，可扑上去就很快跳开，发出一串怒吼，旋身逃窜。原来，那些"村民"是穿着村民衣服的"电人"。在假人腹内装有蓄电池及变压器，假人脖子上装有金属电极。当老虎咬假人的脖子时，电极就发出 230 伏的电压，老虎突遭电击又不会致死。一次次的可怕遭际使老虎恐惧极了，从此就少听到老虎伤人的事了。

拉甘尔得到了政府隆重颁发的国家自然保护区科学发明奖。

邮票的诞生

1840 年的某天。英国。一辆邮寄马车驶进一个小村庄。那时是先交出昂贵的邮资，再取走邮件。有个姑娘兴奋地吻了一下未婚夫从伦敦寄来的信，却说："对不起先生，请把信退回去吧，我没有那么多钱付邮资。"邮差不答应。有个名叫罗兰·希尔的青年慷慨解囊相助，可是那姑娘却婉言谢绝了。

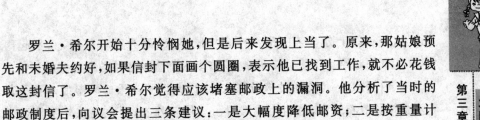

罗兰·希尔开始十分怜悯她，但是后来发现上当了。原来，那姑娘预先和未婚夫约好，如果信封下面画个圆圈，表示他已找到工作，就不必花钱取这封信了。罗兰·希尔觉得应该堵塞邮政上的漏洞。他分析了当时的邮政制度后，向议会提出三条建议：一是大幅度降低邮资；二是按重量计费；三是邮资改为寄信人预付。他的建议很快受到政府的采纳。

罗兰·希尔进而又想："寄信人预支了邮费，怎样在邮件上表示出付了邮费，并知道付了多少呢？做简单的记号？那还会给一些人造成可钻的空子。做复杂的记号？不同重量的邮件费用不同，许许多多的记号又会带来混乱啊！"经过苦苦思索，他终于设计出能表示邮资的凭证——邮票。

1840 年 5 月 6 日，英国首次正式发行邮票。邮票上是英国女王维多利亚的肖像，票面是黑色的，价值一便士，又称黑便士邮票。邮票一问世，很快为全世界所接受。

邮票给通讯事业带来了极大的方便。但是，一开始时邮政人员身边必须备有裁纸小刀，可随时把几十枚连成整张的邮票裁开出售，寄信人有时买了大张的邮票，临到用时，也要自备小刀以便裁割。不但麻烦，还不易裁整齐。

1848 年的一天，英国发明家亨利·阿察尔在某家小酒吧喝酒时，看见旁边一个顾客写完一封信后，摆弄一大张邮票，因为没有小刀，他取下了别在西服领带上的一枚别针，在各枚邮票连接处刺了一行行小孔，很整齐地把邮票扯开了，亨利·阿察尔见了，眼前猛然迸发出一束灵感的火花。

不久邮票打孔机在亨利·阿察尔的实验室里制造出来了。它会给每一大张邮票中每枚邮票之间都打上一行行整齐的小孔。这样，要把每枚邮票扯开十分方便。英国邮政部门立即采用，并且，把这种打孔机推广到世界各国。

雨衣的来历

英伦三岛是欧洲最潮湿多雨的地方。因为常年云雾笼罩，伦敦便成了世界上有名的"雾都"。而比起"雾都"，苏格兰的天气就更糟了，这里常常一连数月阴雨连绵，不见天日。因此人们戏称，苏格兰是个"天漏"的地方。

在苏格兰，有着许多规模很大的橡胶园，在橡胶园里刮胶只能在露天

劳作，这是一件十分辛苦的事。许多橡胶工人，因为家境贫困，买不起雨伞，只能冒雨赶路上下班。天长日久，许多人都患了各种各样的疾病。

麦金托什是一位贫穷的橡胶工人，也因此得了严重的风湿症。妻子背着麦金托什节衣缩食，悄悄为他添置了一件新外衣，让丈夫在外工作可少受风寒之苦。

这天，麦金托什穿着新外衣，兴冲冲地上班去了。准备休息，一不小心，一大滴橡胶液溅到他的新外衣上了。

麦金托什连忙用手指去抹沾在衣服上的橡胶，可哪里抹得掉啊！橡胶是一种十分稠粘的液体，麦金托什几次揩抹，结果反而弄脏了一大片。

下班路上，下起雨来了。麦金托什加快了步伐。可雨点越下越大。麦金托什没有雨伞，冒着大雨在路上奔跑。

到家时，麦金托什发现外衣有一片并没有湿。他拿起外衣一看，奇怪，外衣后背的干处正好是被那滴橡胶液弄脏的地方。"难道说用橡胶液涂在衣服上可以防雨？"麦金托什不由自主地做起实验来——在一件旧外衣上全部涂了橡胶，当他在雨中一试，果然灵验。橡胶确实可以用来防雨呢。

世界上第一件雨衣，就这样在麦金托什手中诞生了。这个故事发生在1823年。后来，人们为了感谢麦金托什，便把这种雨衣叫做麦金托什。现在，英语中"雨衣"这个词，还叫麦金托什。

自行车轮胎的发明

世界上第一辆自行车在1817年前后诞生时，外形粗劣，而且车架和轮子都是木头的，没有轮胎。骑着它十分费劲，还颠簸得十分厉害。人们讥讽这种自行车是"震骨器"。直到1887年，人们才开始在轮子上装轮胎，改变了自行车"震骨"的局面。这里，还有个趣味盎然的故事呢。

苏格兰有个名叫邓禄普的医生。一天在诊所看病。门外跌跌撞撞地跑进一个头破血流的年轻人，仔细一瞧，大吃一惊，伤者竟是他的儿子。

后来，邓禄普明白儿子是骑自行车摔下来的。

邓禄普有个喜欢养花种草的嗜好。一天，他用橡胶水管在花园里浇花。

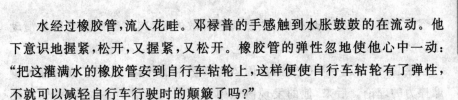

水经过橡胶管，流入花畦。邓禄普的手感触到水胀鼓鼓的在流动。他下意识地握紧，松开，又握紧，又松开。橡胶管的弹性忽地使他心中一动："把这灌满水的橡胶管安到自行车轱轮上，这样便使自行车轱轮有了弹性，不就可以减轻自行车行驶时的颠簸了吗？"

想到这里，邓禄普决定试试。他放下浇花的水管，把儿子的自行车推到花园，拆下轮子，量好尺寸，配上橡胶管，灌足水。一遍又一遍地试验，终于把橡胶管装到了车上。

试验成功了！邓禄普用橡胶水管制成了世界上第一个轮胎。

轮胎先是灌水，后来又用充气代替了灌水。"邓禄普轮胎"一下子风靡全球，成了畅销产品。

茶碗碟子和润滑油

英国著名的物理学家瑞利，从小对生活就具有很强的观察能力，并勤于思考，从中发现有价值的东西。

一天，瑞利家来了几位客人。瑞利的母亲由于上了年纪，手脚不太灵便，端碟子的手不小心颤抖了一下，光滑的茶碗在碟子里滑动了一下，差点把茶洒出来。为了防止把茶弄洒，她就格外小心地捧着碟子。她走到客人面前时，茶碗一滑，茶还是洒了出来。瑞利是个有礼貌的孩子，但他这次却没有上去帮助母亲端茶招待客人，而是专心致志地望着妈妈的一举一动，他完全被母亲手中的碗碟吸引住了。

他发现：母亲起初端来的茶碗很容易在碟子中滑动，可是，在洒过热茶的碟子上，茶碗就不滑动了，尽管母亲的手仍旧摇晃着，碟子倾斜得更厉害，茶碗却像吸在碟子上似的，不再移动了。

"太有趣了！我一定要弄清楚这是为什么！"瑞利非常好奇，脑子里产生对物理学中摩擦力研究的欲望。客人走后，他用茶碗和碟子反复实验起来，他还找来玻璃瓶，放到玻璃板上进行实验，看看玻璃板慢慢倾斜时瓶子滑动的情况。接着他又在玻璃板上洒些水，对比一下，看看有什么不同。

经过多次实验和分析，他对茶碗碟子之间的滑动作出了这样的结论：茶碗和碟子表面总有一些油腻，油腻减小了茶碗和碟子之间的摩擦力，所

95

以容易滑动。当洒上热茶时，油腻就融解散失了，碗在碟中就不容易滑动了。

接着，他又进一步研究油在固体物摩擦中的作用，提出了润滑油减少摩擦力的理论。后来，他的发现被运用到生产和生活中去，在有机器转动的地方，几乎都少不了润滑油。1904年，瑞利获得诺贝尔物理学奖。

朝圣针定向获暴利

在阿拉伯国家，有很多人是穆斯林教徒，他们每天都要虔诚地进行祈祷，即跪在地毯上向着圣地麦加朝拜。这种仪式是神圣而庄严的，不允许有半点差错，甚至跪拜的方向都不能有半点偏差。由于各地的房屋建筑并非划一，朝拜时如何对准圣地的方向，使这些教徒大伤脑筋。

比利时有个名叫范德维格的地毯商，根据穆斯林这个习俗，设计了一种专供他们朝拜使用的地毯。这种地毯并无其他长处，只是巧妙地将一只扁平形的"指南针"缝制在地毯上。这只"指南针"实际上并非指南指北，却能准确地指示出圣地麦加的方向，因此称为"朝圣针"。使用这种地毯，不管在什么地点的房屋，什么方位的场所，都能使穆斯林教徒准确无误地完成他们的宗教仪式，这种地毯一上市，就成为抢手货，很快就卖掉了25000条。

范德维格当然由此获得了巨额利润。

化学家发现糖精

19世纪70年代，俄国化学家法利德别尔格到美国做访问学者，在巴尔的摩大学进行芳香族磺酸化合物的实验，目的是提取香料。实验相当复杂，他常常在实验室工作到晚上才回家。

这一天，是法利德别尔格的生日。上班之前，他的妻子特地提醒他，今天有客人，希望他早一点回家。但是，法利德别尔格进入实验室以后，就专心致志地从事实验，直到夜幕沉沉，他才匆匆赶回家。在向久等的客人打过招呼后，为了说明回家迟的原因，他又介绍起自己的实验来。他还摸出

那支应留在工作台上做记录用的旧铅笔,一边写一边解释他的实验。直到他的妻子提醒他,客人还饿着肚子,他才恍然大悟,连手也没顾得上洗,就跑进厨房帮助妻子端盘上菜,并亲自分切妻子精心烤制的香酥鸭、牛排。

吃着吃着,有位客人忽然说:"我们俄罗斯人烤鸭子是不加糖的,这烤鸭加了糖,倒是别有风味,可惜糖加得多了点。"另外几位客人也感到菜有点甜。

法利德别尔格的妻子连忙解释:"除了还没有上来的甜点以外,任何菜我都没有放过一点糖。我做菜的技术不高,请多包涵。"

客人纷纷说:"真的很甜,只是甜得不均匀,你自己尝尝。"法利德别尔格和妻子尝了鸭和牛排,果然有的部分很甜,比加了糖还甜,法利德别尔格看到客人都惊愕不止,打趣地说:"大概是什么精灵要让我的生日过得更甜蜜些吧!"他随手把一块捏了半天的面包送到嘴里,刚嚼了两口,就惊奇地喊起来:"面包更甜,甜得发苦,真见鬼。"

客人走后,法利德别尔格便要寻个究竟。他习惯性得把手伸进口袋,摸出那支铅笔,准备写下全过程,再一一分析。他忽然想起,在用铅笔向客人介绍自己的实验后,没有洗手就去端盘子,难道铅笔有问题?他用舌头舔了下铅笔,果然甜得发苦。他把铅笔拿到灯下端详,笔杆上附着一层粉末,甜味就来自粉末。

法利德别尔格眼前一亮,这发甜的粉末,必然是实验中挥发出来的衍生物。平时,每天工作以前,都由清洁工把仪器、工作台、记事本的封面等揩拭得干干净净,只有这铅笔是"漏网之鱼",因而成了甜味的携带者。

法利德别尔格又改进试验,专门设置了收集衍生物的设备。一天,二天……几天下来,果然获取了一些粉状物。他取了一撮放到嘴里一尝,竟苦得难忍,便连忙吐出。吐了几口以后,嘴里忽然甜起来。他立即猜出,这是一种比糖甜得多的物质,经过稀释、分析,果然比糖甜数百倍(后来经精确分析,比食糖甜 500 倍)。他知道,俄罗斯为了制糖,每年要种植大片大片的甜菜,如果能采用工业生产获取很甜的物质该有多大的意义呀。

于是,法利德别尔格放弃了还没有摸出头绪的提炼香料的实验活动,一心一意从事起从煤焦油中提取糖精的新实验。不久后,获得成功。1879年,他获得了生产糖精的专利。1886 年,他迁往德国,创办了世界上第一家糖精厂。

防毒面具的诞生

第一次世界大战中，德军在伊布尔与英法联军作战，首次使用了秘密武器——毒气。这使联军的许多士兵丧失了性命，阵地上乱作一团，不战自溃。

毒气投入战场后，德军气焰嚣张，令英、法、俄等协约国惊恐不安。为此，这些国家都派出了本国著名的化学家来到前线，研究对付毒气的对策。

俄国著名化学家泽林斯基来到前线，立即进行细致调查。他到部队了解毒气弹爆炸时的情况，并向从毒气弹下死里逃生的士兵询问，结果发现，这些侥幸保命的士兵，是在毒气袭来之时，把头蒙在军大衣里，或者把脸钻到松软的泥土里才死里逃生的。经过考证，泽林斯基意识到：毒气之所以没能夺去这部分士兵的性命，是由于军大衣的毛和松软土壤把毒气吸收了的缘故。

那么，什么东西吸附能力最强呢？泽林斯基做了几种试验，认为木炭具有吸附气体的奇特作用。实验证明，木炭不仅能够吸附气体，而且因为它有多孔的结构，还能够使新鲜空气畅通无阻。事不宜迟，泽林斯基凭着他的博学，立即采用一种特殊的化学处理方法，制出了一种防毒效能很高的"活性炭"来。在另一位俄国同事的协助下，经过多次论证，很快设计制成了一副能戴在头部的防毒面具：在一个面罩前安上一个短粗的小罐，罐中装着特制的活性炭，让它恰好罩在鼻子上。当毒气袭来通过活性炭时，毒气被过滤掉，新鲜空气却能保证供应，不致令人感到难受。

泽林斯基的发明被迅速送到协约国的最高指挥部，正为如何防毒绞尽脑汁的军事长官和化学家们欣喜万分，可又不敢相信这小玩意儿真能防毒。便小批量生产了部分面罩送往前线试验。

那天，联军部分士兵装备了防毒面罩摸到德军前沿，德军见状大惊，抵抗不及便撤退。联军士兵亦不追击。片刻，只听空中传来爆炸声，接着是一片黄绿色的烟雾腾空而起，朝联军阵地飘来。奇怪，联军士兵安然无恙。

于是，联军立即批准泽林斯基此项发明。联军广泛使用防毒面具后，德军的毒气战终于再也无法显威。以后，防毒面具也成了士兵们的常备武器。

发明新式扣子

1948 年秋天，瑞士发明家乔治·德梅斯特拉尔带着猎犬与友人们一起外出打猎。这一天，天气晴朗，和煦的阳光照耀着旷野和山地，秋天的野外到处荡漾着清新的芬芳，使人迷醉，流连忘返。

中午时分，乔治和他的朋友们在山坡的草地上野餐。刚坐下，他觉得臀部有点儿疼痛，好像被无数小针扎了的感觉。他站起来仔细一看：原来山坡上长着牛蒡草，草上有着一个个刺果，自己坐在"刺窝"上了！他低头看了看，又发现自己的裤脚上和猎犬的毛上都沾满了这种附着力很强的刺果。回到家以后，他花了许多时间，想了许多办法，还是除不净裤子上和狗毛上的刺果。他正要发火，咒骂一下这死皮赖脸缠住人不放的牛蒡果。但好奇心平息了他的火气，牛蒡果为什么会有这么大的附着力？这里有什么奥秘呢？他用显微镜观察，发现牛蒡果上有无数小钩子钩住了衣服的绒面和狗毛。放下显微镜，他突然产生了一个灵感：如果仿造牛蒡的结构，能否生产出一种新颖的纽扣和别针之类的新产品呢？

由好奇心触发了他的创造欲。于是，他埋头于新式扣子的发明试验中。

经过一次又一次的试验，一次又一次的失败，半年之后，他终于搞成了一种合起来就不易分开的布。在 A 布上，织有许多钩状物，在 B 布上织有许多小圆珠，只要把两者对贴在一起，钩子就钩在圆珠上，就可以起到拉链或者扣子的作用。多年以后，人们把这种新式扣子叫做"纬格罗"。这种用尼龙制成的扣子用途十分广泛，衣服、窗帘、椅套、医疗器材、飞机和汽车上都用得着它。乔治·德梅斯特拉尔为他的发明申请了专利。不久，"纬格罗"被推广到世界各地，成为一种世界性的实用小商品。

"纬格罗"传到日本之后，大阪有个人仔细研究了它以后，把"钩子"改进成为圆球，两面圆球的新产品的扣紧力可以提高三倍以上。目前，中国流行的尼龙"刺毛花"，也是另一种改进型的"纬格罗"同类产品。

降落伞的发明趣事

降落伞为什么叫"伞"呢？谁都知道它是一种空降器具。不具备伞的挡雨遮阳作用。但它确实跟伞有着渊源关系，是从伞发展而来的。世界上第一把降落伞就是由雨伞制成的。

1638年，有个叫拉文的人被意大利当局抓进了监狱。拉文忍受不了监狱的生活，几次想越狱出逃，但总想不出合适的越狱办法。监狱的围墙非常高，要想爬上去很不容易。有一天放风，他装作散步的样子，沿着围墙走了一圈，终于找到了一个可以攀登的地方。他心中暗暗记住了那个地方，打算找个机会从那儿爬出去。可是，回到牢房后仔细一想，心又凉了半截："那么高的围墙，就是爬上去，怎么下去呢？如果从墙上往下跳，不摔死也得摔断腿。"

监狱里既找不到绳子，也找不到其他的工具，拉文在牢房里苦苦地想了半夜，还是想不出什么好办法。

过了好多天，在一个可以探监的日子里，他的亲戚来探望他，临走时，无意中给他留下了一把伞。管监狱的人也没多管，以为那是普通的生活用品。

因为无法逃出监狱，拉文的情绪相当低落。监狱的生活非常枯燥，无聊之际，拉文玩起那把雨伞来。他将雨伞打开。收起，打开，收起，再打开，举在空中转来转去。当他将伞举高，猛地往下一拉时，那伞因受空气的阻力拉起来变得重了许多。玩着，玩着，他突然受到了一个启发："能不能用伞在空气中的阻力做跳墙的越狱工具呢？"

这是一个风雨交加的夜晚，拉文开始行动了。他躲开了看守监狱的人，带着那把雨伞溜到自己早已选定的地点。那把伞他事先已进行了加固：前几天，他撕破衣服做成了布绳，一条条布绳就是最早的伞索，一头系在伞骨的边缘，一头拴在手握的伞把上。

一看四处无人，拉文迅速地爬上了又高又陡的围墙。雨还在下着，风还在刮着，看守们都躲雨去了，谁也没有发现墙头上站着一个准备越狱的人。

拉文撑开伞，握紧带着十几根布绳的伞把，纵身往下一跳。伞吊着他慢慢地落了地，他没受到任何碰撞，也没有跌伤。跳伞越狱成功了！

因为再次被抓，人们才知道了他越狱的全部秘密。他的这次"跳伞"成功，启发了后人，增强了后人设计制作降落伞和实际应用它的信心。

治脚气病发现维生素

1883 年，艾克曼从阿姆斯特丹大学医学院毕业后，赴荷属东印度任军医。1886 年，艾克曼参加了荷兰政府组织的脚气病研究委员会。1893 年，他从故乡坐船到达印度尼西亚的爪哇岛，考察这里正流行着的脚气病。

这是一种很严重的脚气病，人得了此病，吃不下饭，睡不好觉，浑身没力气，走路也不方便。奇怪的是，当地的许多鸡竟然也患上了这种病。艾克曼是个细菌学专家，他想："脚气病这样普遍，是不是由细菌传染引起的呢？"

他养了一群鸡，对鸡进行了研究。他用显微镜仔细观察从鸡的各部位上弄来的取样涂片，几年来都没发现任何脚气病菌的踪影。而他自己却得了脚气病，他用来做实验的一些鸡也得了这种病。鸡成批地死去了，只有一小部分存活。艾克曼曾用多种方式治疗过那些生病的鸡，但都没有成效。奇怪的是，那些活下来的鸡，未经任何治疗，几个月后脚气病却自然而然地好了。

"这是怎么一回事呢？"艾克曼天天守在那几只鸡旁，想找出其中的原因。

有一天，艾克曼正蹲在鸡栏里观察鸡的活动情况，这时，新雇来的饲养员走过来喂鸡。艾克曼望着鸡群纷纷抢食的劲头，脑子里忽然冒出了一个想法：这些鸡都是这位饲养员喂的，而这位饲养员来了只有两个多月。值得注意的是，正是这个饲养员来了两个多月以后，鸡的病才好了起来。这两件事情是偶然的巧合呢？还是存在必然的某种联系？

艾克曼仔细调查了前后两个饲养员的情况。原来，前面的那个饲养员只图省事，总是用人吃剩的白米饭喂鸡；而新来的饲养员非常勤快，总是用一些拌着粗粮的饲料喂鸡。

"原因是不是出在饲料里？"艾克曼脑中闪出一个念头。于是，他重新买了一批健康的鸡，分成两组饲养：一组鸡用白米饭喂食；一组鸡用粗饲料

101

喂养。过了一个多月，预计的情况果然发生了：用白米饭喂养的鸡患了脚气病，而用粗饲料喂养的鸡却一直很健康。

"问题就出在饲料上！"艾克曼作出了判断。接着，他又问自己，"吃粗粮能不能治好人的脚气病呢？"

"这个实验从我身上做起。"艾克曼坚持吃起粗粮来，不多久，他的脚气病果然渐渐好了。艾克曼非常高兴，把这个方法推广开来。爪哇岛的居民都吃起粗粮，脚气病果然也一个个地好起来了。

艾克曼并不满足于表面上的成功和收获，而是冷静地分析起来：爪哇岛的人们习惯吃精白米，而把米糠丢掉了，会不会就在扔掉的米糠中有一种重要物质，人缺少这种东西就会得脚气病？艾克曼于是对米糠进行了化验，最后终于发现和提取出一种不为人知的特殊物质——"维生素"。艾克曼因发现维生素而获得了 1929 年的诺贝尔医学奖。

世界上最早的自行车

1813 年，一位名叫德莱士的德国人在一片林区当森林监督。一天，他在森林里走累了，就坐到一根被伐倒的圆木上休息。他唱着歌，身子不由前后来回晃动着。然而，身下的那根圆木便随着他身子的晃动而来回滚动。德莱士常年在山地林区工作，滚动的现象对他来说并不陌生。他想："无论是山石还是圆木，只要滚动起来，朝前运动的速度就会成倍地加快。"一个新奇的念头在他的脑海里闪了出来：要是利用滚动的原理制造出一种既不用任何燃料，又方便灵活的车子来帮助自己行走，该多好啊！

回家后，德莱士动手研制起这种滚动式的自行车来。几天后，车子造好了。他制造的车子有一个木架，架子中间有一个座椅，座椅前安上一个把手。木架下是一前一后可以滚动的两个轮子。

不久，人们看到德莱士坐在一个带轮子的木架上飞快地"奔跑"着，这时，一位好胜的年轻人拼足力气跟德莱士赛跑，追了好长时间，怎么也跑不过德莱士。看热闹的人纷纷欢呼起来，为德莱士喝彩："飞毛腿，飞毛腿！"

对于今天的人们来说，德莱士骑车的模样和动作真有点儿滑稽，只见他手扶把手，两脚一左一右不停地蹬着，仿佛划船一样，由于脚的蹬动，两个轮子便飞快地滚动起来，载着德莱士快速向前。显然，骑这种车子要比一般的跑要快并且省力得多，特别是下坡的时候，不用脚蹬地，车子照样可以快速前进。

德莱士给自己发明的车子起名叫"奔跑机"，这就是世界上最早的自行车。

垃圾桶开口说话

一天，某国元首访问荷兰的一座城市，当访问行将结束时，市长设盛宴欢送贵宾。席间，市长不无诚意地对客人说："总统阁下，这几天中，您访问了本市的许多地方，一定发现了不少我们在市政建设及其他各项工作中存在的弊端吧，恭请总统阁下直言不讳予以指点。"

这本是一句体面的客套话，出乎意料的是这位总统先生不客气地讲开了："市长先生，我曾听说过，荷兰是个花园之国，文明礼仪之邦。可是，此次访问贵市，所到之处，看到的却是垃圾堆多于鲜花丛。"

这位外国总统的话音刚落，立刻引起了在座众多新闻记者的哄堂大笑。市长脸红耳赤，狼狈不堪。

从此，解决由于乱丢垃圾而引起的城市环境卫生问题，成了该市政局的首要工作，由市长亲自责成市卫生局具体来抓。

卫生局采取的第一个办法是，对乱堆乱放垃圾者罚金25元。可是，许多居民并不在乎这些小钱，垃圾还是照样乱抛不误。于是当局把罚金提高到50元。一些人白天怕罚款，就晚上偷偷跑到街上一倒了事。

看来，靠罚款解决不了问题。于是，卫生部门采取了另一个方法，增加街道巡逻人员，采取强硬措施，勒令倒垃圾者务必把垃圾倒入垃圾桶里。然而街道上地域宽广，卫生巡逻人员的人数也毕竟有限。不自觉的居民像是在跟巡逻队员捉迷藏，你在东街巡逻，他在西街把垃圾乱倒一番；你在西街巡逻，他又在东街把垃圾乱倒一番。显然这种带强制性的措施，效果也不理想。

"究竟如何才能根除这个垃圾祸害呢？"该市的卫生工作人员可谓绞尽了脑汁，他们又用了其他几种办法，结果也都不行。弄得卫生局局长整日愁眉苦脸。

第三章　发明：抓住一瞬间的灵感

"局长,我倒是有一个办法能解决目前的垃圾问题。"一日,卫生局局长的办公室里来了一个潇洒的年轻人,他是专程来献计献策的……

过了几天,该市的居民奔走相告着一桩奇事:本市的垃圾桶会讲话,而且,会讲故事,十分有趣。

这消息像插了翅膀在街头巷尾流传。许多不知情的人,都怀着好奇心,宁愿多走几步也不肯把垃圾随地乱倒了。每次,他们在倒垃圾时往往会被垃圾桶讲的笑话逗得前仰后合,一到家便转告给家人听。

原来,那位年轻人的办法是:设计一种电动垃圾桶,在桶上装个感应器,每当垃圾丢进桶里,感应器就启动录音机,播出一则事先录制好的笑话,笑话经常变,不同的垃圾桶的笑话也不同。于是充满幽默感的垃圾桶,逐渐使市民养成了扔垃圾入桶的好习惯。

伪装色立功

19世纪末,英国殖民主义者侵略南非时,遇到了布尔族人民的顽强反抗。可是,一开始由于双方力量悬殊太大,布尔民族军不断失利。

"这些该死的英国佬,他们凭人多马壮取胜。"布尔族军队的指挥官马丁愤愤地想,"看来,如果我们与侵略军拼消耗,我们是拼不起的,要想获胜,必须智取。"

这天,马丁领着几十个部下在前沿阵地观察敌营,突然听到身后有人喊:"指挥官先生,迈克回来了。"

马丁立刻转过身来,径直朝指挥所走去。当马丁跨入指挥所时,侦察员迈克已守候在那儿了。"小伙子,敌人又有什么新动向?"马丁一面慈祥地问,一面打量着小伙子身上有趣的打扮。

迈克身上的衣服,也不知他是怎么搞的,已完全改变了本来的颜色,而换成了深浅不一的草绿色。

"喔——你居然一下避过敌人四道岗哨,而没被发觉,你是怎么进去的?"马丁听着迈克的汇报,对他传奇式的经历产生了兴趣。

"不靠别的,就靠这身衣服。"迈克笑呵呵地说着,并指了指身上的衣服。

本来马丁就已在研究迈克的衣服颜色的作用了,经他这么一提醒,立

刻明白了。同时,他联想到:如果让我们的士兵全都换上这种颜色的衣服,在丛林中就不易被敌军发现啦!于是,一道新的命令在布尔族军队中下达了:军装全部染成草绿色后才能上战场。

布尔人的军服颜色这么一改变,在战场上的情势就大不一样了:他们躲在丛林中很容易发现身着红色军装的英军,并发起突然袭击;而英军却很难找到丛林里的布尔人,他们在丛林里穿行,简直像摇晃着的树木,让人很难识别。

布尔军在马丁的指挥下不断发起进攻,英军防不胜防,损失惨重。在这场战争中死伤了9万多人。布尔人在庆祝胜利的时候,风趣地宣称,他们的胜利,是"草绿色"的胜利。

此后,全世界的军队都注意军服的伪装色了。

牧羊人制作咖啡

大约1000年以前,在非洲埃塞俄比亚境内,有个名叫凯夫的小镇,镇上有一个牧羊老人。有一天,他放羊来到一个陌生的地方,只见山坡上长着一丛丛茂盛的青草,草丛中还有一种开着白花、结着紫色浆果的灌木。许多羊挤着跑往青草地里,一只只低着头吃了个痛快,把那种小灌木也吃了个精光。

在回去的路上,每只羊都兴奋异常地叫着,奔着,跳着。回到了家,它们却不肯往羊圈里去。好不容易赶进了圈,直到深夜,羊还是吵着叫着,仿佛一点也没有睡意。

是什么原因使这些羊如此兴奋呢?牧羊老人感到很奇怪。会不会是吃了那种开着白花、结着浆果的灌木的缘故呢?

他再一次去那个地方放羊,还是让羊吃那种白花紫浆果灌木,并观察着羊的动静,这一天的情况与上一次完全一样。

他又把羊群带离这个地方,不让它们吃那种小灌木。接着,每只羊跟往日一样,回家后,很快进羊圈,安宁地睡觉。老人明白了,羊的兴奋很可能是吃了那种小灌木的缘故。

有一次,他又遇到了这种小灌木。采了一些叶子和浆果,把叶子放在嘴里,有一丝淡淡的清香和苦涩的味道。他又咬了一口浆果,嘴里感到一

阵苦味。嚼了一会,又感到了一种回味。把浆果放到炉火上,散发出一种香味。老人嚼了几个浆果,这一夜感到精神出奇的好,一点也没有睡意。

牧羊老人把自己的体验告诉了凯夫镇上的人们,人们也都试着咀嚼这种浆果。有的人还把这种浆果磨成粉末,冲上开水,放上糖,使它发出诱人的香味,吃了它能提神醒脑,解除疲劳。这种饮料后来传到了欧洲,传到了世界各地。人们称它为咖啡,因为它是在凯夫这个地方发现的。

咖啡成为一种世界性的饮品,这是一个多么伟大的发现啊!

第4章

反击：以其道治其身

以牙还牙智斗徐尚书

袁崇焕是明末大将，抗击异族侵略的民族英雄，因后金使用离间计，被明朝皇帝凌迟处死。这位进士出身的督师辅臣，是广东东莞人，年幼时就胆略过人。

袁崇焕10岁时，他居住在石龙镇。祖父开设了一个规模很大的杉木店。一天，当地有个退休的徐尚书带领家人来到杉木店，要购买大批杉木，整修他的"尚书府"。徐尚书自恃势大气粗，借用石龙地方的方言"跳"和"条"同音，命家人将店里的杉木放成一堆堆，然后跳过一堆就算作一跳，结账时又把一跳当做一条，其实一跳杉木有几十条之多，他想用这个方法来捞取便宜。跳完杉木，徐尚书说："明天到府里来取银子。"就带领家人扬长而去。

面对徐尚书这种欺行霸市的恶劣行径，袁记杉木行上下都急得一筹莫展。这时，袁崇焕正放学回家，向愁容满面的祖父问明了原委，便心生一计，说道："爷爷不必忧虑，孙儿自有办法。"

第二天，爷孙俩来到徐尚书家中取杉木钱。徐尚书便命家人拿秤来称银子，此时袁崇焕不慌不忙地拿出一根竹筒放在桌上说："且不要拿秤，本店收银不用秤，而是用竹筒来量的，一条杉木一筒银子，请往竹筒里边装银子吧！"

袁崇焕这个办法是利用了徐尚书昨天买杉木时，没有讲明价格和收款方式这一漏洞。徐尚书当时心想，我一跳就是几十根杉木，你价格再高，还是我占便宜。谁知袁崇焕这个小小的孩子会使出这种办法来，所以，他气急败坏他说："哪有如此收银子的？"

袁崇焕立即以其人之道还治其人之身，理直气壮他说："哪有你那样计算杉木的规矩？"

徐尚书自知理亏，无可奈何，只得如数付了杉木款。

讨工钱巧用借田计

从前，毛南族有个员外，虽说家财万贯，但为人非常吝啬。他雇长工，把工钱勒得很低很低，所以每年开春后，常请不到长工。

这年春天，突然有人自己找上门当长工，讲好工钱一分不要，只要吃饱穿暖，到收割时选一穗最长最好的谷穗。

员外一听，说："行，两穗三穗都行。"

"一穗就够了，用它做种子。再借点田给我，一年一年，把种得的谷子再种下去，你只要包田够我种就行了。"

员外想："一穗谷能用多少田？比起工钱来便宜多了。"于是双方订了契约。

到了收割时节，那长工选了一穗谷，搓下来足有三把谷粒。第二年开春，向员外要了一个四角种下。这一年收了三捆谷子。第三年跟员外借一亩田。这一年长工收了 3 担谷子。第四年开春长工去对员外说："今年 3 担谷种，少说也要 10 亩才够种。"

员外觉得可怕了："我这全部田产还够你要几年？"于是想要赖，准备付点工钱打发他走。

那长工亮出契约说："按这个契约上写的，谁反悔，就加倍处罚。你现在毁约，就得按常年工钱加一倍，不然我就告官。"员外只好答应加倍付工钱。

老和尚藏药浆

有一天，邻家送给寺庙一罐糖稀。长老想，如果给那帮小和尚知道了，非吃光不可。他就将糖稀罐子藏起来。这事不知怎么的被小和尚知道了，他们就来向长老要糖稀吃。长老见隐藏不住，就将糖稀罐子拿了出来，说："哪来什么糖稀呀，这是我治高血压病的药浆，你们年纪小，吃了可要七窍流血中毒而亡的啊！"

晚上，一休带着小和尚，将糖稀罐子偷了出来，他说："大家快吃罢。长老追查起来，由我一个人顶罪。"几个小和尚不一会就把糖稀吃光了，他们把空罐放回了原处。

第二天清晨，长老发现一休一个人在走廊里哭泣，便问道："一休，你为什么哭？"

一休道："长老，我做了一件错事，我本想把长老的砚台擦洗一下，谁知一失手，把砚台跌碎了。"砚台是长老的心爱之物，长老听了大惊失色："这

可不得了啦!"

"我自知罪孽深重,所以想一死谢罪。"一休哭得更加伤心,"我就去把那罐子药浆吃了,哪知道吃了毒药也不死,我就全吃光了,在这里等死!"

长老毕竟是个慈悲为本的出家人,想不到自己的谎言竟引起了这么严重的后果,便承认道:"孩子,那罐子里装的不是毒药,是糖稀,昨天我是欺骗你们的。"

一休也立即承认:"长老,刚才我说的话也是欺骗你的,砚台并没有打碎,我已磨好了墨,恭请长老去写字。"

三次住店

一年夏天,日本佐川有个叫三次的人到山分去办事。途中住进一家旅店。跳蚤非常多,咬得他整夜不能入睡。他想,回来时还要在这儿住,再这样的话那可实在受不了。临走时,他对旅店老板娘说:"在佐川,有个药店里收购跳蚤,价钱还很高呢!再过三天我回来还住这里,您该把所有的跳蚤都捉起来,我可以帮您带到佐川去卖。"说完就走了。

过了三天,三次又来到旅店住下。一夜都睡得很好,一点儿没感到跳蚤咬。第二天早晨,老板娘说:"客官,我已经把跳蚤全部抓起来了。"说着,打开纸包给三次看。哎呀,真的抓到了成千上万只跳蚤。

三次对老板娘说:"哎呀,上次我忘了告诉您,应该把这些跳蚤都给串起来,每20个一串,这样好算账,就不用再数了。不久我还来,您串好放在一起吧。"说完三次出了旅店又上路了。

头顶撒尿

很早以前,在日本的一个寺庙里,有个聪明的小和尚,名字叫椿年。

庙里的老和尚对待椿年很刻薄,他把椿年当个仆役使唤,村上人施舍些好的吃食,他就一人独吞;出门做法事,却让这个小小的孩子像马一样背着沉重的包袱;平日里,还要对椿年管头管足,差东差西,使得椿年苦不堪言。

有一次，老和尚带着小和尚出门办事。走了一段路，椿年站在路边要撒尿，老和尚指责说："你没听见说有守路神吗，不能在路神上面撒尿。"

椿年只好将尿憋住。可是过了一会儿，他实在憋不住了，就问道："我可以在地里撒尿吗？"

"不行，地里有地神，千万使不得！"老和尚威严地说。

可是漫长的乡道上又没有厕所，椿年感到十分为难，他就说："那么，我往河里去尿吧！"

老和尚斥责得更加严厉了："你真糊涂，河里有水神，你在河里撒尿，岂不亵渎了水神？"

这时，椿年再也憋不住了，他突然抢前两步跑到路旁的一个高墩子上，等候着老和尚经过土墩时，将尿撒在老和尚的头上。

"哎呀！椿年，你想干什么？"

椿年不慌不忙地回答："你的头顶上没有神，所以我不会遭到报应的。"

三 解难题

从前，有个残暴无道的国王统治着一个名叫古芒的国家。

有一次，一位聪明的婆罗门（印度四个种姓中最高的种姓，掌管文化和宗教事务），远道来到古芒国化缘。他一进王宫，暴君马上对他说："我的所有大臣都非常有学问。你向他们提三个问题，如果大臣们能够正确回答，我就罚你三千卢比；如果大臣们回答不上，那我就砍下他们的脑袋！"

婆罗门想："国王准是在开玩笑。"于是，他提出三个问题。第一个问题是，古芒国的中心在什么地方？第二个问题是，天上一共有多少颗星星？第三个问题是，神王因陀罗是干什么的？

没有一个大臣能回答出这三个问题。当第一个大臣的脑袋被砍下时，婆罗门立即央求说："大王陛下，您罚我三千卢比吧！千万别杀这些无辜的大臣！"

可是国王不听，十个大臣统统被杀掉了。这时，国王的祭司来了。国王心里很恨这位祭司，因为他反对国王的残暴和无道。

国王要祭司来回答这三个问题，祭司请求国王给他一天期限。国王答应。

祭司回到家里，满面愁容。他家的牧羊人知道他犯愁的原因后，说："明天早晨您带我去见国王，这三个问题都由我来回答。"

第二天早晨，祭司领着牧羊人来到国王的大殿。

国王问牧羊人："我的国家的中心在什么地方？"

牧羊人用放羊杆往地上敲了敲，说："大王，您的国家的中心在这儿。不信您自己亲自去量一量。"

国王哑口无言，只得说："你讲得对，牧羊人！现在你回答我，天上一共有多少颗星星？"

牧羊人把披在自己肩上的毯子往地上一扔，说："大王，请您先派人数数这块毯子里有多少根羊毛吧。这毯子有多少根羊毛，天上就有多少颗星星。等您派人把羊毛数清了，再派人数天上的星星，看我说的到底对不对。"

国王呆住了。过了一会儿，他才问第三个问题："神王因陀罗是干什么的？"

"大王，如果您把王冠戴到我的头上，再把您的权杖交给我，然后让我坐到您的宝座上，那么我才能回答您的问题。"

国王就把自己的王冠、龙袍给他穿戴上，让他坐上宝座，并且把权杖也交给了他。

现在，牧羊人成了古芒国的国王。他一登上国王的宝座，就立即下令："把这个暴君抓起来。"等卫士们把国王捆绑结实，牧羊人告诉他："神王因陀罗干的工作就是我现在干的工作，就是把老百姓从暴君的暴政下解放出来！"牧羊人说完，就向卫士们吩咐，"把这家伙拖到我们国家最高的山上，然后把他扔下去！"

卫士们忠实地执行了命令，大臣们拥戴聪明的牧羊人为古芒国的国王。

神童慧心索赏

一天，国王在大街上散步。一群小学生放学回家，他们见着国王，都很礼貌地立正，鞠躬。其中有个小学生长着一张红苹果似的脸，一双滴溜滚圆的黑眼珠。国王非常欢喜他，把他叫住，问长问短。小男孩对答如流，并井有条。国王大喜，便从袋里掏出一枚金币，奖赏给他。

小男孩连连摇手不要。国王旁边的大臣很奇怪，问他为什么不要。男孩答道："我担心妈妈怀疑是我偷的！"

"嗳，小傻瓜！你只管说是国王奖给你的。"

男孩还是摇手，说："不行。妈妈会说，如果是国王奖赏，哪会只有一枚金币呢？其余的你藏到哪里去了？"

国王听罢哈哈大笑，认为男孩说得有理，便示意大臣掏出一大把金币，送给男孩，并约定日期叫他到王宫去玩。

到了约见的日子，小男孩到王宫去。可是宫门卫兵不放他进去。他说了许多求情的话，卫兵还是不放他进去。不得已，男孩便把国王如何赏他金币，如何约他晋见的事一股脑儿地倒了出来。

卫兵听到"金币"，羡慕万分，便对男孩笑嘻嘻地说："好，我放你进去。不过，国王要是再赏给你什么礼物，可别忘了我，也得分些给我呀！"

"好，无论国王给我什么礼物，我只拿百分之一，其余统统给你，总好了吧？"男孩说。

卫兵顿时心花怒放，可又不放心，再三追问："你小小年纪说话可要算数啊！"

"当然算数！"男孩指天发誓道。卫兵这才放他进去。

小男孩拜见了国王。国王高兴地拉着他的手，问了一些国家时事和史地知识，谁知男孩竟有问必答，滴水不漏。国王大为惊喜，认为遇到了神童，又要奖赏他礼物，问他喜欢什么东西。

小男孩立即说："请往我身上打100棍子。"

国王非常奇怪，要他收回这个要求。无奈男孩坚持要打，只得吩咐侍卫取来木棍。

男孩说："国王陛下，请打我一棍，其余99棍都赏给那个宫门卫兵。"

国王和大臣惊诧地问："这是为什么？"

男孩便把自己如何在宫门受阻，后来答应把国王礼物的百分之九十九送给他才得以进宫的事一五一十地说了出来。

国王听罢大怒，便传令侍卫将木棍轻轻地打了一下小男孩，唤进宫门那个索贿的卫兵，重重地打了99棍子。

从此，国王将小男孩留在宫里，专门请名流学者教给他各种知识。这个男孩长大后当了宰相。

以其道治其身

　　蒙古国有一个贪婪、残忍的大喇嘛,就在他居住的旁边还住着一位小木匠。一次,喇嘛遇到木匠,就对他说:"所有的人都应该互相帮助,你如能为我造一间房子,我就会请求神仙给你降临幸福。"木匠没理他,喇嘛从此对木匠怀恨在心,因为他已习惯别人白白地替他干活。他开始想怎样才能断送木匠的生命。他想呀想,终于想出来了。

　　一天,大喇嘛来到皇帝那儿说:"今天夜里,我曾在天上看到了你已故的父亲。他命令我转交你一封正式信函。"

　　皇帝拿了信就读了起来:"我想在天空里建造一所庙宇,但这里没有木匠,给我派一位好的木匠来!喇嘛将告诉木匠怎样到我这儿来!"

　　皇帝招来了木匠,对他说:"我父亲想让你为他在天空上造一所庙宇。"

　　木匠问:"我怎样到天上去呢?"

　　"这很简单,"喇嘛说,"天皇命令将你锁在一间草房子里面,然后点燃草房。这样火烟直上云霄,你就一直飞上天去了!"

　　"就这样定了吧,"木匠说,"明天中午你来陪我上天吧!"

　　木匠回到家中,和妻子在住房与草屋之间挖一条地道,直到早上他们才挖好。到了中午,皇帝和随从来到了木匠的家,喇嘛和兵士也来了。士兵们将木匠锁在草房子里,喇嘛拖来几捆干柴,然后点燃了干柴,但木匠从地道里回到自己的家。

　　木匠在家里整整待了一个月,哪儿也没有去。他一天三次用酸马奶洗脸洗手,不久脸和手比天上的白云还要白。过了一个月,木匠穿上了白绸缎的衣服,来到皇帝那儿说:"老皇帝命令我到人间来,将一封书信交给你。"

　　皇帝拿了正式信函,读了起来:"木匠为我造了一所很好的庙宇,你为此要奖赏他。三天内你要派喇嘛到我这儿来!照木匠来的路子走。"

　　皇帝赠给了木匠装满货物的骆驼,并命令叫来喇嘛,将天皇的信给喇嘛看,并命令喇嘛赶快动身。

　　第二天中午,皇帝和随从来到喇嘛身边,木匠和士兵们也来了。卫兵们将喇嘛锁在一间草房子里,木匠也拖来了几捆干柴,然后点燃了干柴。不一会儿,喇嘛就倒在了浓密的烟雾中。

学徒斗师傅

有个裁缝师傅,收了一个姓宋的男孩当学徒。这个裁缝又贪心又吝啬。一般说来,师徒俩到一家人家去做衣服,主人就端出两碗饭:一碗大的,给师傅吃;另一碗小一些,给学徒吃。但学徒刚伸手拿饭碗,师傅已经把徒弟的那碗饭拿到自己面前,对主人说:"他今天吃过了,我从昨天起一直没吃过饭。"学徒饿得很难受,决定教训一下师傅。

一天,裁缝要为一个大官做一件朝服。在量衣服尺寸那天,师徒俩到官府去,一个仆人说:"裁缝师傅到厨房里去,那里已为你们准备好了点心。"

裁缝马上说:"小学徒今天已经吃过了,我从昨天起就没吃过饭,一直在干活。"裁缝说完,把针别在草席上,就到厨房里去了,而学徒肚子饿得直叫。

这时,大官进来了,问:"你的师傅呢?"

学徒叹了口气说:"我的可怜的、不幸的师傅现在在厨房里吃点心。"

"你为什么说他是不幸的?"

"我的师傅每星期要发一次疯,他发疯时就把顾客的衣料剪碎,幸好我总是能事先知道我的师傅是否会疯——如果师傅不是吃一碗,而是吃两碗饭,那么他的毛病又要发作。如果他吃饭后用手在席子上摸,就是说,过10分钟他要开始剪顾客的衣料了。"

"他发疯的时间长吗?"大官不安地问道。

"不长,只要用竹棍往他脚后跟敲20下,他就马上能恢复正常。"学徒说完后,就悄悄地从席子上拿走了师傅插着的针。这时,师傅从厨房里出来向大官鞠了躬,说:"感谢大人,我从来没吃到过那么好吃的点心。"

大官提防地问:"你吃了几碗?"

"大人,我吃了两碗,正好两碗。"裁缝说完,就坐在席子上,开始寻找针了。但针没有了,于是近视的裁缝就急忙用手在席子上摸。

大官一见,吩咐仆人们说:"抓住他!把他的手缚起来!否则他会剪坏我们这么好的料子的!"

仆人们完成了大官的命令后,大官又对学徒说:"现在,你去把角落里

的竹棍拿来,往师傅的脚后跟打 20 下!"学徒满意地执行了大官的命令。

"你们为什么打我?为什么打我?"裁缝呻吟着说。

"让你的病好得快些。"大官说。

"什么病?我从来不生病的!"

"怎么不生病?你徒弟说,你每星期要发一次疯。"

裁缝抓住学徒的衣领,叫道:"你竟敢说我会发疯吗?"

"难道不是吗?"学徒说,"你自己去想想吧,每次我饿的时候,你说我已经吃过了,难道一个神经正常的人会说一个饿的人已经吃饱了吗?"

从此,裁缝师傅再也不敢吃学徒的一份饭了。

编谎言财主失家财

从前,朝鲜有个财主特别喜欢听故事,他贴出布告说,谁能用三句谎言叫他说出那是扯谎,他就分给他一半家产。如果不会说谎的,还得倒交饭钱。

贴出布告后,讲故事的人果然从四面八方赶来。可是即便是最能说会道的,当你讲了一个月的故事,也听不见主人说这是说谎,所以许多人倒交了饭钱,狼狈地走了。

崔先达很会讲故事。他到财主家头十来天里,每个晚上都讲故事,一点没说谎,一味地讲了许多有趣的故事。他发现,财主对发财的故事格外注意听。

一天清早,财主搬来账本和笔墨准备记账。崔先达顺手拿过一杆毛笔瞧了瞧,连声称赞是一杆好狼毫笔,接着又漫不经心地说:"从前我们爷爷捉黄鼠狼可赚了不少钱。"

财主一听是赚钱的事儿,马上竖起了耳朵。

"我爷爷每年晚秋时,就到黄鼠狼经常出没的地方,找根胳膊粗的木桩子,往地上打许多小洞。等到地冻上了,他把老鼠肉烤得香喷喷的,丢进洞里。黄鼠狼夜里出来寻找食物,闻到肉香味,就钻进洞里去吃肉。不过吃完了再想爬出来就不行了。小洞冻得又硬又滑,黄鼠狼的头朝下尾朝上,哪能出得来呀?第二天就会看见黄鼠狼的尾巴像一片谷穗似地被风吹倒。我爷爷就用镰刀把尾巴一条条割下来,一割就是一大捆,一冬就堆成一座

小山，这可是一笔钱啊！"

用黄鼠狼的尾巴堆成小山？财主听了垂涎三尺，可细细一琢磨，哪儿有这么便宜的事，就顺嘴说了一声："你胡说，我不信！"财主说完马上后悔自己说走了嘴。原来，平常这会儿不是讲故事的时间，而且讲的又是发财的故事，使他失去了警觉。

崔先达却哈哈大笑着说："主人家，我是在撒谎哩！"

这天中午，吃饭时有一碗猪肉，崔先达对主人说，他好多日子没吃肉了，今天吃的肉特别香，并道了谢。接着，他好像在无意中说道："在我们老家只要养一头猪，就不愁每天没肉吃了。"

"养一头猪可以天天吃肉？"财主的耳朵顿时竖起来。

"您先把猪喂到一定的个头就不再喂了，让它变瘦。等到猪瘦成皮包骨头了，就用铅丝织成紧身的网子，套在猪身上。套好网子之后再拼命喂它，喂得猪长膘了，就从各个网眼里挤出拳头大的肉块，家里每天随吃随割，割过肉后的伤口上别忘了抹上点药。"

贪婪的财主仿佛看见了网眼里挤出的一串串猪肉。妙啊！但一想，天天从猪身上割肉，它还能活吗？他说："你胡扯！"

崔先达哈哈笑了："我已经撒了两次谎了。"

打这以后一连几天，崔先达讲了许多故事。一天他在家闷着无聊，就跟着财主下地看庄稼。只见庄稼地里野草丛生，根本没锄过地似的，财主气得骂长工和佃户。

崔先达说："这些人压根儿就不会种地，我爷爷种地似乎从来不费什么力气。他在开春时整地撒种，撒完种盖上芦席。等种子一发芽，全部从席子眼里钻出来。您知道稗子和草都比稻子长得晚，席子缝和小眼儿已经被稻子占了，别的草就压根儿钻不出来，这么着，一个夏天不用除草，只等秋天稻子熟了，两个人一抬席子，稻穗就脱了粒，席子上就只留下稻谷。这样又省了打场，收获也大。"

财主一听：真是新鲜极了，又省锄地、又省打场。不过他细细一琢磨：不对呀！草席在水里过整整一个春夏，沤也沤烂了。他大声说："你胡说！"

糟了！他曾发誓不再讲"说谎"一类的言辞，但嘴不争气又惹祸了。财主只得付出昂贵的代价。

掷钱听声判酬劳

土耳其机智人物霍加·纳斯列丁去见州法官,自我推荐说要当一名法官。州法官为难地说:"很抱歉,各地法官的位置都满了,我没法委任您当一名法官。"

霍加·纳斯列丁说:"那好吧,您任命我在您身边当个影子法官吧——当您有什么案件无法处理的时候,您就让我来处理好了。"州法官说:"可以,这是你的办公室。"

于是霍加·纳斯列丁就很严肃地在房角里坐好,并且在自己面前放一张小桌子,上头放些文具,每天都来办公。

一次,有个人来向州法官告状说:"尊敬的法官先生,这个傻小子为西拉吉丁财主劈了 30 捆柴,每劈一斧头,我都在他面前呐喊'劈得好,劈得好'为他鼓劲。总之,他能够劈完那些柴,是同我热情鼓励分不开的。可是到财主付钱时,钱全给他一个人拿走了,这公平合理吗?"

州法官问被告:"事情确实是这样吗?"

劈柴人老老实实地回答:"是的,法官先生。"

州法官想了好一会,不知道怎么个判决才算恰当,就装出不屑一顾的样子说:"这么小的事情只要给'影子法官'处理就行了。瞧,他就坐在对面。"

霍加·纳斯列丁听完诉讼后,对原告说:"你告他告得确实有理。他劈柴,你鼓劲,他拿走了全部的工钱,你却什么也没有得到,怎么可以这样呢?"

劈柴的见霍加·纳斯列丁帮原告,生气地说:"'影子法官'先生,柴是我劈的,他又没有出力,只是站在我对面干喊几声,他怎么能得工钱?"

"住口!"霍加·纳斯列丁大发雷霆,"你还没到了解的程度呢,快把钱交出来,我要数钱!"

原告得意地望着被告,说:"还不快把钱交出来,让法官分。"

劈柴的很不情愿地拿出钱袋,霍加·纳斯列丁一把抢过去,掏出钱,一个个地往面前的地板上扔。扔完后,对劈柴人说:"你把钱全部拿走!"又对原告说:"你呢,得到的是钱抛在地板上发出的响声!"

站在一旁冷眼观看的州法官、差役以及原告、被告都十分惊讶，心想："这真是不同寻常的判决呀！"

献兔汤巧逐客

有一次，霍加·纳斯列丁接受了一个农民送来的一只兔子。当然，霍加没白要人家的东西——盛情地款待了他。

过了一个星期，那个农民前来看望霍加，见霍加有些迟疑，马上提醒霍加说："我曾在上个星期送给你一只兔子，你还记得吧？"

霍加说："哦，欢迎光临。"当然这一次，霍加只请他喝了一些汤，并开玩笑地说："请你尝尝兔子汤吧。"

过了几天，又有几个农民来看望霍加，他们自我介绍道："我们是送兔子给你的那个农民的邻居。"言下之意是，我们的邻居曾送过你一只兔子，你应该招待招待我们呀。霍加没有扫他们的兴，应酬了他们一顿饭菜。

又过了一个星期，又来了一群农民，他们说："我们是送兔子给你的那个农民的邻居的邻居。"看样子如果不招待他们不行。

霍加想，那个农民不就是送自己一只小小的兔子吗？却老为此来打扰自己，因此一肚子不高兴。但他仍然不露声色地说："哦，欢迎光临。"

晚上，霍加·纳斯列丁拿出一大钵清水放在那些农民面前。那些农民莫名其妙地说："霍加，这是什么呀？"

霍加微笑着说："这是煮兔子的汤的汤。"

商人妙追欠款

马来西亚有个商人因故必须马上到一个遥远的国家去。他正为不知怎么处理一批铁条而发愁。碰巧他的朋友开了一个商店，便把这批货托付给他，对他说："请用最好的价格替我推销掉，等我回来后，再把钱给我。"朋友满口答应。商人出国后，他的朋友很快以较好的价格将货脱手了。

几个月后，商人返回故里问朋友道："那批铁条是否已经替我卖掉了？"

朋友故作伤心地说："我无法及时写信告诉你，你的那批铁条全被老鼠啃光啦。"商人愈想愈觉得蹊跷,决定要寻找机会教训一下朋友。第二天,商人见那朋友的儿子在街上闲逛,就把他拐骗回家。过了一天,孩子的父亲神色恍惚地到商人家里,问:"你看见我的儿子吗?"

"你儿子喔,有,昨天我看见一只老鹰猛扑下来,把他给叼走了。"

孩子的父亲反驳说:"一只老鹰怎么会有这么大的力气?"

商人话中有话地暗示说:"你说得太妙了。这样我也不会相信老鼠居然能把铁条啃光。"

他的朋友恍然大悟,连忙赔礼道歉,恳求地说:"好吧,如果你还我的儿子,我就将卖铁条的钱如数归还。"

智斗法官

古代有个埃及商人,带了大批货物来到巴格达,把货物卖完后,本想马上回国,但一时找不到船,只好留下来。一晚梦见自己娶了新上任的法官的女儿做妻子,为此付出了一大笔彩礼。第二天,他把梦告诉了几个知心好友。

法官知道后,来到埃及商人住的地方问道:"你果真做梦跟我女儿结了婚,并且付出了那么多彩礼吗?"

埃及商人回答:"是的。"

法官又说:"那么,你现在就该交出那份彩礼!"不由分说,强行没收了埃及商人的所有财产,并且把他从住的地方赶走。

埃及商人被迫流浪街头,靠行乞度日。这事被当教师的智者阿布·纳瓦斯知道了。他向自己的弟子们发号施令说:"喂,孩子们!今晚,你们全体都到新上任的法官家里,把他的房子砸烂。如果有人问你们,你们就说是我要你们把法官的房子砸烂的。如果有人胆敢出来阻挠并向你们投掷石头,你们就以石还石,把那人狠狠地揍一顿!"弟子们遵令而行。

第二天,天大亮后,法官急急忙忙赶到王宫向国王告状。国王派宫廷侍从去传阿布·纳瓦斯。阿布·纳瓦斯又叫人把埃及商人找来。然后对国王说:"我王陛下!我之所以叫人捣毁法官的住宅,是因为我有一天晚上做了一个梦,梦见法官跑来找我,要我把他的房子砸烂。因此我就照着他的意思做了。"

国王问道："喂，阿布·纳瓦斯！梦中所说的事，就可以照着去办吗？你根据的是哪一条法律？"

阿布·纳瓦斯说："陛下，臣遵循的恰恰就是这位法官执行的法律！让我把原因细细说来。"

法官听阿布·纳瓦斯说出了真相，无话可说。国王说："喂，埃及商人！你把到我国以后的情况说给我听。"埃及商人把经过情况从头到尾详细说了一遍。

国王大怒，当场宣布撤了法官的职，没收法官的全部财产拨给埃及商人。

造风筝辟谣

有个富人在国王面前造谣说："阿布努华斯（沙特阿拉伯传说中的机智人物）说他在三天之内可以在空中造一所房子。"国王传令阿布努华斯造空中楼阁。阿布努华斯就制造了一只房子风筝，只是没有糊上房顶。

第二天，国王在花园里仰望天空，发现天上果然有一所房屋。当时人们还没见过风筝。国王也不知道风筝是由一根线拴着的。阿布努华斯对国王说："房顶还缺几根檩条，您能派人送去吗？"

国王马上打发人去抬檩条。一会儿，阿布努华斯把杠檩条的人带到拴风筝的树桩前指着那根线说："这是通向空中楼阁的唯一路线。"

国王摇头说："这条细而软的线怎么能走人呢？"

阿布努华斯说："那么，您怎么能让我在空中造楼阁呢？"

国王哑口无言了。

巧煮斧头汤

有这么一个传说——有个名叫伊凡的砍柴人，一天上山砍柴迷了路，黄昏时在荒凉的山坳里发现有一户人家。"里面有人吗？"饿极了的伊凡上前敲门，出来开门的是满脸打皱的老太婆。

"亲爱的老奶奶，您老人家好！"口齿伶俐的伊凡又是敬礼，又是请安，

"我想借个宿,行吗?"

老太婆说:"行呀行呀,住到柴房里去吧。"

"老奶奶,您再行行好,我一天没吃东西了。"

"可是我家也没什么可吃的,好在天很快就要亮的,你就忍耐一夜吧。"

"真小气!"伊凡心里骂道,脸上却仍然陪着笑:"啊,没关系,没关系。不过,你锅子总是有的吧?"

"你煮什么吃呢?"老太婆好奇地问。

"煮斧头。"伊凡从腰间取出斧头在水里洗得一干二净。

"煮斧头怎么能吃呢?"

"您没吃过吗? 很好吃呢!"

老太婆想看个究竟,就把锅子借给了他。

伊凡把斧头和水放进锅,烧了起来。一会儿,水烧开了,他尝了一口水说:"要是放上一点盐就好了。"老太婆就给了他一些盐。

伊凡又尝了一尝说:"要是再加一点油,味道就更妙啦!"老太婆又给了他一点油。

伊凡把油放了进去,搅了搅一尝,又说:"要是再加一点土豆,味道一定还要好吃。"老太婆又拿出一捧土豆。

最后伊凡说:"可以吃啦,我们一起来吃吧,不过,最好再加点面粉。"

老太婆这时知道上了当,不过已到了这一步,也只好忍痛挖了一碗面粉。

这时一锅土豆汤已经烧成了。

伊索寓言止瓦解

一场大规模的奴隶起义在古希腊某地区爆发了。起义军攻打城市、占领庄园。奴隶主惊恐万分,一方面调动军队,镇压奴隶起义;另一方面对奴隶起义领导者许以高官厚禄、华宅美女。有的人动摇了,想通过投降谋取好处。起义军面临着瓦解的危机。

寓言家伊索(约公元前 6 世纪)知道后,给动摇者讲了一个寓言故事:

一个大雪纷飞的冬天,百鸟绝迹,千兽怒吼。冻得全身发抖的猎人在

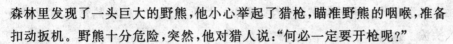

森林里发现了一头巨大的野熊,他小心举起了猎枪,瞄准野熊的咽喉,准备扣动扳机。野熊十分危险,突然,他对猎人说:"何必一定要开枪呢?"

有些吃惊的猎人降低了枪口,回答说:"我想要一件温暖的熊皮大衣,抵挡严寒!"

"行啊!"野熊仍然镇静自若地说,"我也没有什么别的要求,只要能吃饱肚子就行。这样吧,咱们再具体谈谈条件!"

于是,猎人同野熊坐下来谈判了,通过一番喋喋不休的争吵,最后达成妥协。过了一会儿野熊独自走开了,它满足了要求——填饱了肚子;而猎人也如愿以偿,穿上了他想要的温暖的熊皮大衣。

伊索最后说:"原来,野熊把猎人吃掉了,它就填饱了肚子;野熊把猎人吃掉,猎人就在熊肚中'穿'上了熊皮大衣。这样,两者各自的要求似乎都达到了,虽不违反他们的谈判协定,但猎人却丧失了生命。如今奴隶主劝降,我们如果和他们讲和,不就像猎人和熊谈判,会有好结果吗?到头来把起义军断送在敌人手里,谁还逃得了任人宰割的厄运呢?"

那些动摇者听了伊索的一番话,开始回心转意,再也不提和谈的事,继续英勇地坚持斗争。

米开朗琪罗撒石粉

意大利雕塑家米开朗琪罗,是欧洲文艺复兴时期的著名艺术家。一次,佛罗伦萨市政长官发出热情邀请:"米开朗琪罗先生,您是名震欧洲的雕塑家。我们这儿有块巨型大理石,恳望您能将它雕成一座栩栩如生的人像。我和佛罗伦萨市民们随时恭候您的光临!"一种创新的冲动,催促米开朗琪罗背上简单的行装,风尘仆仆地赶到佛罗伦萨。

来到佛罗伦萨,他马上赶到那块巨型大理石前,仔细观察、揣摩着,围着巨石搭好了脚手架。然后,投入了紧张的雕刻工作。

整整两年,米开朗琪罗所有的心血都浇灌在这雕像上,一座战士塑像终于矗立在佛罗伦萨市政广场上。这件艺术精品揭幕那天,佛罗伦萨市万人空巷,争睹风采。这塑像怒视前方、准备投入战斗的雄姿,使参观者赞不绝口。

市政长官也来了,他煞有介事地伫立在雕像前,仔仔细细地端详再三,

突然沉下脸："米开朗琪罗先生，那鼻子太低了。"这话像给热情的围观者当头泼了盆冷水。

米开朗琪罗明白，对艺术一窍不通的市政长官故意在鸡蛋里挑骨头。但是他谦逊地笑笑："先生，我立刻改变他的形象，保证您满意。"说完，他沿着脚手架爬上了雕像，在雕像的鼻子上忙碌不停。一会儿，只见米开朗琪罗手中的大理石粉纷纷扑簌簌地落下来。

这样过了好大一阵子，米开朗琪罗从雕像上爬下来，笑眯眯地拍拍双掌，让石粉末飘飘扬扬地落地。市政长官再围着石像重新审视一遍，高兴地大声称赞："棒极啦，你照我说的改了以后，这雕像好看多啦。"

米开朗琪罗心中暗暗发笑：自己没有改动雕像的鼻子，不过趁市政长官的眼睛盯着雕像时，偷偷抓了一把大理石粉，爬上雕像，在雕像的鼻子上揉来揉去，石粉飘散下来，便显出了在"修改"的样子。

谱曲斗公爵

专横的埃斯特哈泽公爵偏喜附庸风雅，专门在家里搞了个水平一流的私人乐队。

新年快到了，在公爵家里辛苦了一年的乐师们思乡心切，都想回家与亲人团聚，便委派一名乐师去向公爵请假。

但公爵一听便恼了，没有乐队，哪来节日气氛？他断然拒绝说："不行！我养兵千日，用兵一时。花了钱养活你们，叫你们怎么干就怎么干！"乐师们闻此言后敢怒不敢言。

奥地利著名作曲家弗朗兹·海顿知道此事后，十分同情乐师们，便想出了一个很巧妙的办法。这位公爵私人聘的作曲大师，创作了一首新的交响乐。事先组织乐师们排练。当他满意后，便向公爵请求说："这是一部很有价值的交响乐，请您安排时间听一下。"

公爵当即应诺，还发出了许多邀请函，请上流社会的朋友出席。

那天，公爵派人精心地布置了私人音乐厅，气氛弄得十分隆重。交响乐响起，这是一首非常优美的乐曲，人们听得如痴如醉，公爵咧着嘴更是得意极了。但当乐曲演奏到最后一个乐章时，公爵惊讶地发现，台上的乐器一件件地减少，每一个乐师奏完一段独奏后，便吹熄谱架上的蜡烛，挟着乐器悄悄离场。最后，台上孤零零地只剩下一个小提琴手，他孤独地奏着寂寞的旋律。乐曲终结，也吹熄了蜡烛，离席而去。台下听众掌声响起，他们还是第一次见到这种独特的演奏艺术。

公爵却心中明白，这首乐曲及乐师们一个个的离开，其含义是：如果你再不同意我们请假回去和亲人团聚的话，我们就要自己走了。在这种情况下，公爵只得下令准假。

那首乐曲就是海顿著名的《告别交响乐》。

幼童讨薪

一个富翁雇了一个工人，叫他干一个月的活，并答应会给他200个里亚尔（一种古老的西班牙银币）。可是，到了月底，富翁却说："你必须先到城里给我拿两样东西来，否则就别想拿到工钱。"他要的那两样东西，世界上根本就没有。他就这样骗了许多人。

有一次，他又雇了一个男孩，叫他干一个月的活，也答应给他200个里亚尔。到了月底，富翁又对这个孩子说："你到城里的集市上去给我拿两件东西来，一件叫'啊'，一件叫'哇'。如果拿不回来，不光不给工钱，还要赏你一百棍呢！"

小孩听了不觉心里一怔。后来他终于想出了办法。他假装去了一趟市场，给主人带回一只瓶子，里面装满了蜈蚣和蝎子。

"我给你把'啊'和'哇'都拿来了，你把手伸进去拿吧！"小孩说。

富翁先是一阵惊讶，但还是把手伸到了瓶子里。蜈蚣咬了富翁一口，他痛得惨叫一声："啊！"

小孩子见了哈哈大笑，说："现在你把手再伸进去，就可以拿到'哇'了！"

富翁不敢再试了，只好乖乖地给了小孩200个里亚尔。

第3章

计谋：使困难迎刃而解

屈瑕巧谋胜绞国

公元前 700 年,绞国都城南门外,城下猎猎战旗。楚国大军前来攻伐绞国,大有黑云压城欲摧之势。但是,城墙巍峨、坚固,城头上守卫森严,一时无法攻入。楚武王一筹莫展,召集文官武将商议攻城谋略。

有个叫屈瑕的官员对楚王说:"听说绞国国王一向草率从事,缺少谋略,又不能够听从忠谏。我看,此番争斗,只能智取,切忌硬攻。"屈瑕把他的计谋如此这般一说,楚王大喜,即令将士照计去办。

第二天,天刚亮,楚军中一些士兵脱下军装,去北门外的山上砍柴。城头上的守军看得真切,忙向国王报告。绞国国王发令道:"赶快派人前去捉拿楚国的樵夫。"一支轻骑从北门风驰电掣般冲出,来到山下,生擒了 30 个楚人。

第三天,楚王派出更多的樵夫上山砍柴。绞国国王得讯后,说:"这次要派出更多的兵士给我前去捉拿!"一位谋士跪谏道:"大王,臣以为不可轻举妄动。"国王喝问道:"这是为何?"

谋士说:"昨天我们轻而易举地捉了 30 个楚人,今日他们又派出樵夫,竟然不派军队保护,这些樵夫会不会是敌人的诱饵呢?"

国王生气地说:"什么诱饵不诱饵!人总是要吃饭,做饭总要柴火,他们不上山砍柴,难道砍自己的脚当柴烧?至于他们不派军队保护,这是他们的失策。敌人的重兵在南门,我们仍要装出重兵把守南门的样子,而把兵力调出北门,一个突然袭击,捉尽山上的樵夫,让他们看看我们的厉害!"谋士还想说什么,国王却挥手让他退下,发出令旗,调兵遣将。

绞军冲出北门,驰于山下,忽听金鼓大震,杀声四起,山林中伪装得难以识辨的伏兵蜂拥而至,一场恶战直杀得绞军落花流水。绞国国王只能签订投降条约。

羊皮换贤士

公元前 655 年,秦穆公派公子絷到晋国代自己去求婚。晋献公把大女儿许配给秦穆公,还送了一些奴仆作为陪嫁,其中有一个奴仆叫百里奚。

127

他是虞国的亡国大夫,很有才能。晋献公本想重用他,但百里奚宁死不从。这次,有个大臣对晋献公说:"百里奚不愿做官,就让他做个陪嫁的奴仆吧。"公子絷带着百里奚等回国时,半道上百里奚却偷偷逃走了。

秦穆公和晋献公的大女儿结婚后,在陪嫁奴仆的名单中发现少了百里奚。就追问公子絷。公子絷说:"一个奴仆逃走了,没什么了不起。"朝中有个从晋国投奔过来的武士叫公孙枝,认为百里奚是个了不起的贤才。于是,秦穆公一心想找到百里奚。

再说百里奚慌乱中逃到了楚国的边境线上,被楚兵当作奸细抓了起来。百里奚说:"我是虞国人,给有钱人家看牛的,国家灭亡了,只好出来逃难。"楚兵见这个六七十岁的老头子一副老实相,不像个奸细,就把他留下来放牛。楚国的君主楚成王知道后,就叫他到南海去放马。

后来秦穆公总算打听到百里奚的下落,就备了一份厚礼,想派人去请求楚成王把百里奚送到秦国来。

公孙枝说:"这可万万使不得。楚国让百里奚放马,是因为不知他是个贤能之士。如果您用这么贵重的礼物去换他回来,不就等于告诉楚王,你想重用百里奚吗?那楚王还肯放他走吗?"

秦穆公问:"那你说说怎样弄他回来?"

公孙枝答道:"应该按照现在一般奴仆的价钱,用五张羊皮把他赎回来。"一位使者奉命去见楚王,说:"我们有个奴隶叫百里奚,他犯了法,躲到贵国来了,请让我们把他赎回去办罪。"说着献上五张黑色的上等羊皮。

楚成王想都没想,就命令把百里奚装上囚车,让秦国使者带回去。百里奚拜见秦穆公后,秦穆公想请他当相国。百里奚推荐了自己的朋友蹇叔及蹇叔的两个朋友。秦穆公拜蹇叔为右相,拜百里奚为左相。没多久,百里奚的儿子也投奔到秦国来,被秦穆公拜为将军。五张羊皮换来五位贤人的事,也成为千古佳话。

田单抗燕收失地

公元前 284 年,燕昭王拜乐毅为上将军,大举进攻齐国,接连拿下 70 多座城,并包围了齐国的莒和即墨。公元前 279 年,燕昭王去世,儿子燕惠王即位。燕惠王做太子时,就和乐毅不和,即位后,对乐毅心怀疑惧。

这时,齐国即墨守将田单乘机往燕国派出大量间谍,到处散布谣言,说:"齐国的国王早就死了,齐国的城市也只剩两座。乐毅之所以没有征服齐国,是因为他跟新燕王有矛盾,害怕回去后被杀掉。乐毅想以伐齐为名,拥兵自重,南面称王。"燕惠王听信这些流言,便派骑劫去代替乐毅。乐毅只得逃到赵国,燕军军心涣散。

骑劫接收了乐毅的兵权后,求胜心切,一到齐国就拼命攻城。

田单又通过间谍,向燕军散布说:"我最怕燕军割掉齐军的鼻子。"燕军听说后,果然照办。守城的齐军一看,被俘虏去的齐国士卒全部被割掉鼻子,便义愤填膺,把城池防守得牢牢的,唯恐被燕军抓去。

几天后,田单又散布说:"我们的祖坟都在城外,如果被燕军掘掉,那实在太叫人寒心了。"燕军听说后,就去掘坟烧尸。城上的守军见了,更加痛心疾首。

田单见守城军民求战心切,士气高昂,便拿起工具跟大家一起修筑工事,并把妻子编入队伍,把家财散发给士卒。城池加固后,田单派遣使者,请求投降。

田单在约定投降的前一天,集中了 1000 多条牛,并用五颜六色的颜料,在红布上画了张牙舞爪的猛兽图案,分别披到牛身上。牛角上绑上锋利的短刀,再把浸了油脂的麻,系到牛尾上。然后又把城墙挖开几十个洞。黄昏时分,精选的 5000 名士兵将脸涂成五颜六色,带着兵器跟在牛的背后,一到城外,将牛尾上的麻点上火,牛又惊又痛,拖着"火扫帚"发狂地冲向燕军阵地,5000 名化妆的士兵也紧随着冲去。燕军大败,主将骑劫也被乱军杀死。田单乘胜追击,队伍不断壮大,陆续收复了 70 余座城池。

背水一战

公元前 204 年,平定了魏地的韩信和张耳率领几万大军,想通过太行山区的井陉。赵王歇和成安君陈馀,就把 20 万兵力聚集在井陉关的隘口。

韩信大胆地向狭长的隘路挺进,在不到井陉口 30 里的地方,安营扎寨。半夜里发出突击的命令,挑选两千轻骑,让他们每人携带一面红色汉旗,从近道沿着山路隐蔽行进到赵军军营附近。临行前,韩信对他们说:"赵军看到我军败退,一定会倾集出动追击我军,到那时你们迅即冲入赵

营,把他们的旗帜拔了,换上我军的旗帜。"

接着,韩信派一万人作先头部队,开出营寨,面向赵军,背向河水,排开了阵势。赵军见后,都嘲笑汉军愚蠢。天亮后,韩信率领部分军队开出井陉口隘道。赵军果然全部拉出军队迎击。双方交战了很久,汉军假装败退,赵军全力追击,远离了军营。韩信事先派出的那2000轻骑,早已埋伏在赵营的附近,这时趁机冲入赵营,把赵国的旗帜都拔了,换上了2000面汉军的旗帜。

再说韩信、张耳率军退入背水的军阵之中,因为那里没有退路了,个个拼死作战,赵军一下子不能取胜。打了一阵拉锯战,赵军想收兵回营,可是回头一看,营帐上全是汉军的红色旗帜,大为惊恐,以为汉军已经俘虏了赵王及他们的将领们了。汉军见赵军阵势大乱,趁机两路夹击,大破赵军,杀了陈馀,活捉了赵王歇和李左车。

战斗结束后,有人问韩信:"兵法上说,作战时要背山临水,可是将军却背水为阵,反其道而行,这是什么战术呀?"

韩信说:"兵书上说,'必须把军队置于险境,士兵才能奋勇作战,然后可以绝处逢生,获得胜利。'如果把这些平时并没有受我训练的将士安置在可以逃生的地方,他们就都逃走了,怎么还能任用他们作战制敌呢?"

诸将都非常佩服地说:"这真是我们想不到的啊!"

封侯定江山

一天,刘邦在洛阳附近看见许多将军围在一起大发牢骚。

刘邦就去问张良,张良如实汇报说:"将军议论着准备造反!"

这句话把新做了汉朝皇帝的刘邦吓了一大跳,天下刚刚平定,又有人出来造反,什么时候才过上安定的日子呢?他赶忙向张良询问底细,张良分析说:"陛下斩蛇起义,靠了这些将士们出生入死才夺取了天下。现在,秦朝被推翻了,项羽也被陛下打败了,您当上了皇帝,将军们现在关心的就是分封土地和授予官位。可是,陛下分封的20多人中,都是萧何、曹参等陛下最亲近的人,处分的都是和陛下有怨恨的人。现在,将军们一边在盼着陛下快快分封他们,一边又担心土地有限轮不到自己。还有一些人害怕平时得罪过陛下,会遭到陛下的暗算。所以他们聚集在一起密谋发难。如果处置不当，就会出现内乱。"

刘邦忙问："事到如今，那该怎么办呢？"

张良接口说道："我有一计，可以逆转这个局面。陛下请告诉我，平时您最恨的而且将军们都知道的人是谁？"

刘邦事至如今，只得实说道："雍齿。此人作战勇猛，立过许多战功，在将士们中也有威望。可是恃功自傲，说话没君没臣的，几次让我在大臣面前难堪。我真想杀了此人，痛痛快快地出口气。但想到那时正是用人之际，也就忍了。"

张良拍手笑道："这就好了，陛下立即封雍齿为侯，那些有战功而担心陛下为难他们的人，一看陛下最恨的人都分封了，什么顾虑也就烟消云散了，还愁他们会造反吗？"

刘邦立即设下酒宴，当着大臣和将军们的面，封雍齿为什方侯，又让丞相、御史加快定功封赏的进度。

几天前还准备闹事的将军们吃过酒宴，高高兴兴地说："现在好了，什么都不用愁了，我们就等着陛下的分封奖赏吧！"

张良的小小一计，安定了汉初的局面。

舍梁保汉平叛军

公元前154年，吴、楚等地诸侯王反叛朝廷。焦急万分之际，汉景帝刘启脑中闪过父亲文帝临终前的嘱咐："我死后，如果国家有什么紧急事故发生，你可派周亚夫统率汉兵，平定乱事。"

朝廷正用兵当口，汉景帝忙把周亚夫从中尉一下子晋升为太尉，掌握全国大军。周亚夫临行前，汉景帝再三重托："如今七国叛乱，情况紧急，国家安危全望将军独挽狂澜！"周亚夫受命，统领36位将军率浩浩荡荡的汉兵，向东进攻吴、楚等七国。

周亚夫风尘仆仆到达淮阳，察明形势后，亲自向汉景帝呈上一份紧急奏章："吴、楚的军队轻装简从，行动极其神速，无法跟他们正面交战。希望陛下行欲擒故纵之计，暂时放弃保卫梁地，让叛军占领，然后断绝吴、楚的粮道，才能制服他们。"汉景帝答应了这个要求。

周亚夫率兵云集荥阳，吴国叛军正猛攻梁国。梁国吃紧，屡屡向周亚

夫求援。周亚夫置之不理,却偏偏亲率军队向东北驻扎于昌邑城,挖深城池,坚守不出。

梁孝王恼了,直接上书汉景帝。他派人将一纸告急文书星夜送到京城,汉景帝仔细摊开展读:"陛下,梁国危在旦夕,周太尉拒不救援!"

汉景帝也有点着急:"周爱卿太过分了,怎能见死不救呢?得马上派遣使者令太尉发兵救梁。"

京城使者到达荥阳军营,宣读汉景帝诏书才毕,周亚夫凛然一声发话:"将在外,君命有所不受。若不能铲除叛贼,周某一人承担罪责!"他仍固守壁垒,不出兵救梁,那宣读诏书的使者只好干瞪眼。

几乎在同时,周亚夫却已派遣精干的轻骑兵,长驱直入,悄悄断绝了吴、楚军队后面的粮道。吴国军中缺粮,饥饿阴影笼罩,只好强忍着屡屡向汉军挑战,汉军却仍纹丝不动。周亚夫旷日持久的不应战,把吴国军队拖垮了,他们急着要寻找突破口。

吴王刘濞调兵遣将,围住了昌邑城。一天,叛军开始袭击城的东南角。听完军情汇报,周亚夫冷笑一声:"刘濞,你瞒得了我?你佯攻东南,实欲攻西北!"

周亚夫调动汉营士兵悄悄加强西北角的防备。不过一袋烟工夫,吴国精锐部队果真猛攻西北角。周亚夫手下兵将刹地涌现在城头,矢石如雨而下,吴军大败而走。

周亚夫长剑一挥,早就准备好的一支精锐劲旅呼啸而出,追击吴兵。吴王刘濞见势不妙,马上抛弃大队人马,只率数千壮士仓皇逃窜。一个多月后,吴王被越国人斩下了脑袋。

三个月后,吴楚等七国叛乱终于平定。

空城计退匈奴

汉景帝在位时,匈奴大举入侵上郡,皇帝派了一个宦官随"飞将军"李广训练军队。一天,这个宦官带领几十名骑兵,纵马奔向前方,遇到三个匈奴人,就和他们打了起来。这三个人转身射箭,射伤了宦官,并把他带去的骑兵几乎都射死。那宦官急忙逃回李广那里。

李广说:"这三人一定是匈奴的射雕能手!"就带领100多名骑兵,去追赶那三个匈奴人。走了几十里,追上了那三个徒步而行的匈奴人。

李广命令部下左右散开,从两边包抄过去。李广拉开弓,只两箭就射死两人,剩下的一个被活捉了。一审问,果然是匈奴的射雕人。李广喝令把俘虏绑在马上,正准备回营,远远望见几千个匈奴骑兵飞奔过来,那扬起的尘土遮天蔽日。但是,那匈奴将领见了李广他们百十来人,以为是汉人的诱敌疑兵,恐怕中了埋伏,立刻上山列下了阵势。

且说李广的骑兵见了对方,也大吃一惊,都想掉转马头往回撤退。李广阻止道:"匈奴人不敢攻击,反而防御,这说明他们不知我们的虚实。现在我们离开大军有好几十里路,如果慌张逃跑,他们追上来一顿乱箭,我们马上就会被杀光。如果我们留下来不走,敌人一定会认为我们在施诱兵之计,那就绝对不敢来攻击我们。"李广接着命令部下向前进发。直到离开匈奴阵地约二里远的地方停了下来。

李广又命令说:"大家都下马,把马鞍也卸下来!"

有个骑兵说:"敌人是我们的数十倍,又离我们这么近,一个冲锋便到我们眼前,这太危险了。"

李广说:"敌人以为我们会退走,谁想我们偏偏都卸下马鞍,他们就更相信我们确是诱敌的骑兵了。"

部下都提心吊胆地卸下马鞍,躺在地上休息。匈奴果然不敢攻击他们。这时,有个骑白马的匈奴将领,出阵来检查他的部下。李广飞身上马,率领十几个骑兵,向那个匈奴将领冲去。李广一箭射死了他,又重回队伍,卸下马鞍休息。一会儿,天色渐渐暗了下去,匈奴人心里十分疑惑,始终不敢发起攻击。到了半夜,匈奴人生怕汉军会发动偷袭,就悄悄撤走了。

第二天天刚亮,敌军已不见影踪,李广才率队返回军营。

分黄绢识物主

西汉时,有个人带了一匹微黄的绢去集市上卖。不想行至半途下起雨来。所处之地前不着村,后不着店,竟无避雨之地,只得把绢展开来遮雨。

雨越下越大,他直发急。正在此时,远处奔来一人,浑身冷得发抖,衣服全湿透了,请求到绢下避雨。举绢者答应。过了一会,雨止天晴,卖绢者正欲背绢赶路,却被避雨人一把拉住,说绢是他的。卖绢者大怒,于是争执起来。两人各不相让,竟大打出手。路人纷纷劝架,他俩仍争执不下。

此时，正巧郡太守薛宣坐轿经过，看热闹者见郡太守驾到，纷纷让道。那两人也停止了争吵。

薛太守问明缘由后说："你们各有其理。那绢上可有记号？"

二人回答皆同。

薛太守叹了口气说："这样吧，既然你们都说绢属于自己，又都不肯放弃。本官作个判决，不知你们可有异议？"两人点头同意。薛太守当即命手下拿出宝剑，将那匹绢一分为二说："各人一半，免得再争。"

两人离去后，薛太守马上派人悄悄跟踪，听他俩说些什么。

盯梢的人一直跟到集市，只见一人碰到同村人便满脸愤恨地诉说了刚才的遭遇，大骂郡太守是糊涂官。还有一人手拿半匹绢喜洋洋地叫卖，价钱喊得特别便宜。盯梢者立即报告太守。薛太守命令将两人喊来。赖绢者见此，知道事情已经败露，只得老实承认。

智摆火马阵

公元180年，零陵郡被叛军包围。太守却不慌不慢地作画。"太守大人，您画这稀奇古怪的车辙干吗？"一位部将不解地问。

"嗯，我要布一奇阵。现在叛军兵力三倍于我，我们如果按常规打法，就无法取胜。"杨璇手持画笔说，"快去把军中工匠叫来。"

一会儿，那位将军领来了军中的工匠。

"请诸位来此，是要给你们一个紧急任务。你们必须在十日之内，给我制造出50辆特大马车。具体规格要求都在这张图纸上了。"

工匠们领命去营造马车。一晃10天过去了，马车已经全部完工。

第二天凌晨，零陵城全体军兵整装待发。突然，太守府传出命令，让新做的马车上都装满石灰粉末，让所有的军马马尾上都系上布条。

天色微明的时候，战场上刮起了大风。杨璇命令拉着石灰粉的马车走在部队前，让士兵顺风朝着敌阵拼命撒石灰。石灰粉在大风中飞扬。一时间，阵地上遮天蔽日，飞沙走石，处在下风阵地的叛军被飘洒的石灰粉吹得一个个眼睛睁不开，气透不过，更不用说能看清对方阵地上的阵形了。

与此同时，杨璇随即命令士兵们点燃马尾上的布条，尾部燃烧的"火马"，惊恐万状，拼命向敌群中飞奔。一下子冲散了叛军的队形。汉军立刻组织有弓箭设备装置的兵车快速攻入了敌阵,向敌人万箭齐发。叛军还没有来得及组织抵抗,就溃不成军了。

这时,杨璇又命令士兵一边击鼓奏钲,一边呐喊,大造声势。叛军实在吃不准汉军究竟有多少人马,在一片灰雾之中,四散逃窜,被杀得尸陈遍野。其首领也在逃亡中被乱箭射死。

太史慈搬兵

公元 184 年深秋,都昌城笼罩在一片凄厉的杀气之中,守城的东汉官军早已被农民起义军黄巾军围困了近两个月。旷日持久的两军对垒,城中所剩粮草仅能维持守城官兵不到三天的时间了。

守军主帅孔融,心里明白,继续这样长期孤守,终不是办法,何况军中粮草将尽,客观条件不允许。而如若强行突围,敌人兵力数倍于我,弄不好会招致全军覆没。现在唯一可行的办法是,派人去平原相刘备处求援。

"谁能出城去向平原相求救呢?"孔融正想着,军中太史慈求见。"恩公,此次出城求援的任务,请交给我吧!"太史慈如此这般的一通耳语,说得孔融不时点头。

天刚亮,被围困以来一直紧闭着的都昌城门,突然打开,吊桥放了下来,随即从城内冲出三骑射手来,每个人都带着箭和箭靶,为首的就是那位太史慈。这一举动立刻引起围城黄巾军的注意。他们一边飞马报告主帅,一边调动人马即刻进入紧急战斗状态。可是,只见三骑射手出城跑不多远便跳下坐骑,来到城下一处堑壕里,领头的招呼着另外两人,各自插好箭靶,练起射箭来。练完后又照直回城。自始至终只有他们三个人。

第二天早晨,都昌城门一大早又打开。太史慈又带那两人骑马出城来练箭,黄巾军官兵见了,有些人稍微起起身,立在远处指指点点议论起他们的箭术来;有些人懒得动,躺在地上闭目养神。太史慈他们练完箭,一如昨天,回到城内去了。两军阵前,相安无事。

第三天清晨,太史慈他们又骑马出城了,黄巾军兵士见他们带着弓箭,又如前两日的样子,就不愿多看了,全都躺在那儿打瞌睡。而这时,太史慈他们却快马扬鞭,直朝起义军阵地冲了过来。

"哎呀,我们上当了。"等黄巾军官兵醒悟已经晚了,太史慈他们早从城

侧飞驰过去。

太史慈突出重围，来到平原相刘备处，立即搬来三千救兵。

美人计巧除奸

董卓自从废少帝、立献帝后，一贯骄横无比，动辄滥杀无辜。一日又以谋反罪命养子吕布砍去司空张温的头颅，百官大惊失色。

夜晚，司徒王允在自家后园长吁短叹，一位名叫貂蝉的色艺俱佳的歌妓听了，上前询问，并表示："倘有用到之处，万死不辞。"

王允顿生一计，用手杖叩地说："想不到汉家天下的安定就在你的手中。"王允马上将董卓如何危害朝廷，吕布作为一员骁勇大将如何认他作父，他俩势力强大，很难剪除，但他俩均为好色之徒，很想运用连环美人计，将貂蝉嫁吕布又献董卓，让他俩反目，使吕杀董，以成大业等等说了一通。

貂蝉说："大人待我如同亲父，我如不能报答您的大恩，当死于非命！"王允拜谢。

第二天，王允将金冠和明珠送给吕布，吕布亲到王家致谢。王允设宴招待，叫貂蝉为吕布斟酒。吕布见她貌若天仙，竟自心猿意马。王允即提出将貂蝉嫁与他为妾，吕布大喜而去。

几天后，王允拜请董卓赴家宴，董卓允诺。王允又叫貂蝉载歌载舞，以助酒兴。董卓见貂蝉美貌绝伦，赞不绝口。王允当即命人备好毡车，将貂蝉送至相府服侍董卓，董卓称谢不已。

王允亲自送董，返回途中，吕布一把揪住他胸襟质问，王允解释道："这是董卓太师将小女聘回，给你做媳妇呀。我还备有嫁妆，待小女到你家后即将送上。"

吕布道歉，拜谢而去。

自此，吕布来到相府中打听消息，却总不见貂蝉人影。实在熬不住，径入堂中，询问董卓的侍女。

侍女说："夜来太师与新来的小姐共床，至今未起。"

吕布又惊又怒，偷偷进入董卓卧房后窗窥探。貂蝉正在房内梳头，见了吕布，便蹙紧眉头，做出忧愁悲伤的样子，并用香罗手帕频频拭泪。两人

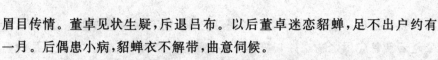

眉目传情。董卓见状生疑,斥退吕布。以后董卓迷恋貂蝉,足不出户约有一月。后偶患小病,貂蝉衣不解带,曲意伺候。

一天,吕布直入相府向董卓问安。貂蝉在屏风后探出半身望他,以手指心,又以手指董,挥泪不止。董卓见吕布目不转睛注视貂蝉,不禁大怒道:"你敢调戏我的爱妾吗?"立即叫左右将他逐出,并下令:"今后不许入堂。"

吕布怨恨而归。董卓后经部下李儒劝说,又派人给吕布送去金帛,并以好言抚慰,但吕布心神恍惚,终日只是想念貂蝉。

一天,董卓病好,入朝议事。吕布见董卓与献帝说话,便离宫径去相府,找到貂蝉。貂蝉姗姗而来,哭诉道:"我自见将军,爱慕已极,能嫁将军真是如愿以偿,谁料太师顿生邪念,将我奸污。我已不洁,愿死于君前,以明我爱君之心!"说着就往荷花池里跳去,吕布慌忙将她抱住,两人偎依难分。

董卓在朝不见吕布,心中生疑,忙向献帝告辞回府,见吕布与貂蝉依偎,不禁大怒,抢了画戟就要杀吕布,吕布忙逃走。貂蝉向董卓哭诉道:"吕布调戏我。"董卓发誓要杀掉吕布。

王允见时机成熟,便设下伏兵,唆使吕布杀死了董卓。

盘蛇谷七擒孟获

为了平定南方,以保障北伐曹魏无后顾之忧,诸葛亮采取攻心为上的方针,对南蛮首领孟获实行捉住就放的办法。孟获不是诸葛亮的对手,六次交战六次被擒。

孟获回去后向乌戈国王求援,领了三万藤甲兵来桃花渡口与诸葛亮对阵。诸葛亮派大将魏延迎战,谁知藤甲兵非常厉害,刀箭不入,蜀军难以抵挡,只得败走。藤甲兵也不追赶,返回桃花渡口,因藤甲浸透了油,故而浮于水面,乌戈兵都轻易地渡河而去。魏延向诸葛亮报告此情,左右劝诸葛亮班师回朝。诸葛亮说:"我好不容易到此,岂能轻易退兵。"

于是,诸葛亮亲自去踏勘、考察地形,忽到一山,望见一条形如盘蛇的山谷,两边都是悬崖峭壁,没有树木杂草,中间是一条大道,便问土人:"这是什么地方?"土人说:"这是盘蛇谷。"诸葛亮大喜道:"这是上天给我成功

的机会。"打道回寨，命令马岱准备黑油柜车、竹竿等物置放盘蛇谷两头，命令赵云准备应用之物在路口守卫，命令魏延与藤甲兵交战，在半个月内要连输 15 仗，丢弃 7 个营寨，引诱藤甲兵进入盘蛇谷。各将纷纷领命而去。

却说孟获见了乌戈国王兀突骨说："恭贺贵军旗开得胜，蜀军怎是你们藤甲兵的对手？不过，诸葛亮惯会运用埋伏火攻之计。今后交战，只要见山谷中有树木草卉之处，切切不可进去。"兀突骨说："您说得有道理，藤甲怕火不怕水，我们要防止诸葛亮放火进攻。"

不日，魏延与兀突骨交战，每战必败，半月连败 15 次，连丢 7 个营寨。藤甲兵大进追杀。兀突骨但见林木茂盛处便不叫前进，派人远望，果见树荫之中隐隐有军旗飘扬，对孟获笑道："果然诸葛亮想在树林处埋伏火攻，我不上当，他必败无疑。"

第 16 日，魏延又来挑战，兀突骨打败魏延。魏延过盘蛇谷而逃，兀突骨率兵追杀，见谷中并无树木。忽见谷口有黑油柜车，蛮兵说："这是他们的粮车。"兀突骨大喜，放心进谷。忽报谷口"粮车"火起，又被大批干柴拦断。兀突骨心慌，正要夺路，只见山两边乱丢火把，火把到处，地中火药爆炸，3 万藤甲兵左冲右突，全被烧死。作为兀突骨后援的孟获终于又被诸葛亮活捉，至此，他只能口服心服，归顺蜀国了。

战后，诸葛亮会集诸将说："我料定敌人一定要预防我在树林处伏兵火攻，我故意布置军旗，让他相信。我要魏延连输 15 次，让他知道我军敌不过他，使他骄傲轻敌，放心朝光秃秃的盘蛇谷追来，让我用火药、黑油等引火物来火攻。我早就听说：'利于水的东西一定怕火。'藤甲是油浸之物，见火必着。"将官们全部拜服在地，赞道："丞相知己知彼，神机妙算，鬼神莫测！"

夜袭荆州

关羽围攻樊城旷日持久，东吴守卫陆口的大将吕蒙到建业向孙权献计道："关云长兴兵围攻樊城，我们可以乘虚偷袭荆州。"孙权很是赞成，便命吕蒙回陆口准备兵马，自己随后起兵接应。

吕蒙回到陆口，早有探子报告说："关云长在沿江上下每隔二三十里设置了烽火台，荆州防备森严。"吕蒙大惊，便借口有病，深居不出。孙权听到消息，派陆逊前去探病。陆逊一到，便指出吕蒙是心病。根源是关羽在荆州有戒备。吕蒙佩服陆逊目光敏锐，便请教办法。陆逊说："必须麻痹关云长，关云长最怕的就是你。你假装生了重病，离开陆口，关云长就放心了。另外，还要对关云长尽量显示自己的谦卑和无能，让他轻视我们，好调出荆州主力去樊城。"

吕蒙说："这个计谋好极了。"于是吕蒙托辞生病，向孙权提出辞职。孙权听了陆逊的计策，召回吕蒙养病。吕蒙提议陆口守将可由陆逊接任，理由是："陆逊虽然足智多谋，但知名度不高，而且年资很嫩，必然为关云长所轻视。"孙权便派陆逊去守卫陆口。

远在樊城城下的关羽听得东吴陆口将领的调动，大笑道："孙权怎么不长眼睛呢，用了陆逊这个乳臭未干的孩子？"忽又听得报告："陆将军派使者送来名马、锦缎等礼物还有公函一封。"关羽拆开公函一看，里面尽是卑躬屈膝企求蜀吴两家永结同心的话，不由得仰天大笑。等使者返回，关羽即调出荆州精兵，帮助攻取樊城。

陆逊探听到关羽果然调出荆州主力，便派人通知孙权。孙权大喜，立即召见吕蒙，命他为大都督，节制江吴各路兵马，并率军3万前行。吕蒙挑选大船80余只，让水性好的士兵扮作白衣商人，在船上摇橹，却令精兵全部匿藏在船舱内，昼夜兼行，溯江而上，直抵北岸。

江边烽火台守军盘问，白衣商人答道："我们是客商，因江中遇风，到此暂避。"并将财物送与守台士兵。守军相信，便让他们泊船于岸边。到了晚上二更天，东吴商船内精兵齐出，将沿江烽火台守军尽行活捉，不叫一个逃脱。吕蒙驱兵直进，进抵荆州城下，又用重赏诱使被俘的烽火台守军叫开城门。城上守军见是自家人，便打开城门。守台军兵拥入，举火为号，吕蒙大军一拥而入，夺取了荆州。

装老朽夺重权

司马懿心事重重："魏明帝驾崩，幼子齐王曹芳即位，自己身为太尉，和大将军曹爽受明帝遗诏，同辅朝政。曹爽原先不敢自专，凡逢大事必请问。如今，他竟引荐心腹，架空了我。养病吧，让曹爽这小子忘了我。"

曹爽没有忘记他。心腹李胜出任荆州刺史，曹爽暗暗嘱咐李胜："去司

马懿处告辞,探探虚实。"

李胜刚刚跨入司马懿府,司马懿忙以手拿衣,衣服却扑地落地。他又向婢女比画着双手,示意口渴。婢女端上一碗粥,司马懿喝着,粥汁竟顺着口角流到了胸前。

李胜心中大喜,脸上却装出一副痛心疾首的样子:"皇上年幼,缺了您辅助不行。您病成这样,天下人都会痛哭流涕的。"

司马懿长叹一声:"我老了,快进黄土了。听说您出任并州刺史,好好地干吧,恐怕,我们再也见不到了。"

李胜忙纠正:"太傅公,我是去本州,不是并州。"

司马懿知道李胜是荆州人,把荆州说成本州,但他故作昏庸:"君将出任并州长官,好自为之。"并唤儿子司马师、司马昭出来,恳求李胜:"两小儿从此与君结为朋友,只求您在我死后多多照顾。"话语间,司马懿已开始抽泣起来。

李胜匆匆告别,直奔曹爽家,高兴得手舞足蹈:"大将军,太傅胡言乱语,手已拿不动杯子,南北都分不清,肯定活不长了。"曹爽大喜过望,不再把司马懿放在眼里。

第二年正月,幼主曹芳按老规矩去高平陵祭祀祖先,曹爽兄弟率兵随驾出行,城中无主,司马懿马上部署兵马,飞速占据武库,控制都城。然后,他屯兵洛水浮桥,派人向曹爽兄弟送去一封信:"大将军曹爽背弃先帝遗诏,内则僭拟,外专威权,挟幼主以令天下。我遵皇太后之命,罢免曹爽兄弟官职,令你们留下幼主及宫内一切侍从。你们自己乖乖回家,尚可恕罪;若违此令,格杀勿论!"

曹爽兄弟不得不依言而行。曹爽兄弟回府后,司马懿征发来的八百民工接踵而至,在曹家四周筑起高墙。三步一岗,五步一哨,在高墙上严密监督曹家的一切行动。曹爽兄弟心慌意乱,马上给司马懿写了封乞求信试探虚实:"司马公,家中无粮,请求接济。"司马懿读罢来信,微微一笑,马上下令:"备一百斛大米,再多备些肉脯、盐、大豆,送到曹爽兄弟府上!"士兵们送了这些东西,曹爽兄弟心中略显宽慰:司马懿不计前怨,看来自己可以免去一死啦!

谁料想在这段时间里,司马懿正忙着在朝中剪除曹爽党羽,将他们一一打入监狱。全部障碍扫除后,司马懿把曹爽兄弟也关进狱中,最后以谋反的罪名,灭了曹氏九族。

沐马逐敌

公元 330 年，后赵国荆州监军郭敬奉命攻打东晋襄阳。东晋军队驻守襄阳的都是精兵强将，驻守长官东晋南中郎将周抚更是骁勇异常，敌众我寡的形势极为明显。

这时，后赵主石勒一时派不出兵将支援郭敬，他想出了一条应急之计，连夜派人传令郭敬："如果周抚派人来观察樊城军情，你要想尽办法，让他知道：'我们后赵军队先不跟你周抚打，等过了七八天，我们的大队骑兵来了，再想办法揍你们。到那时候，你们就插翅难飞啦！'"

郭敬接到军令，心想："大王这话是不错，可要让别人能看出来，这可是一大难题啊。""对，有啦！"郭敬一拍桌子，不禁接着自言自语："制造声势，让周抚觉得我们好像大队骑兵来了。"

第二天，很多负有特殊使命的士兵出动了。他们手执马鞭，吆喝着将成群战马赶到河边，让它们俯首吸水，涉水洗澡。白天，黑夜，都有马群在川流不息地洗澡。

这军情，被周抚派出的便衣游动哨发现了，忙赶回襄阳，直奔周抚处，气喘吁吁报告："周大人，后赵战马正在河边洗澡。白天洗，晚上也洗，马儿多得数不清。"周抚心中惴惴不安："莫非后赵援军到了？"心惊肉跳一阵之后，马上连夜逃奔武昌而去。

郭敬不费一兵一卒，当夜占领了襄阳城。

放饵诱贼

晋朝的罗际任吴县县令时，一天，有个老人前来报案说："我的马昨夜被偷了。"

罗际问："你的马长得啥模样？"

老人回答道："那可是一匹好马呀，四岁口，个大脊宽，四蹄雪白，身上红得像火炭一样，跑得可快呢。"

罗际又问他夜间听到什么动静。老人说："就听到半夜时分，一群马叫

了一阵,听声音是马贩子赶着马从我村上经过。"

罗际问毕,安慰老人说:"你回去吧,等马寻到了,我再请你领回去。"老人半信半疑,离开了县衙。

第二天,罗际叫人在城门口贴出布告,上写:"本知县奉朝廷之命,出白银千两,买一匹个大脊宽、毛如红炭的四岁口的大马,望养此马者,速送县衙。"

百姓看了布告后,眼睛被诱得红红的,可都摇摇头走开了,寻常人家,别说是好马,就是劣马也买不起呀。不到半天,全城人都知道了。一些大户人家送来几匹好马,只是不与布告上的模样相吻合。不久,有个马贩子探头探脑地送来一匹马,这马与布告上所说的一模一样。罗际一边推说去取银两,稳住马贩子,一边叫那老人前来相认。

那马一见到老人,两蹄腾起,鬃发竖起,咧嘴叫着,并挣开马贩子手中的缰绳,亲热地舔老人的手。老人高兴地说:"就是这匹!"马贩子大惊失色,这才知道中了罗县令的计。

沙土充粮

公元 431 年,南朝的宋文帝派遣征南大将军檀道济攻打北魏。大半年来,大小战斗 30 余次,宋军屡屡取胜。只是劳师远征,后方粮草一时难以供应。进军至历城时,粮食已尽,军心不定。檀道济只得领兵南撤。但有些士兵在路上投降了魏军,把宋军缺粮的情况报告了他们。魏军于是紧紧追击,宋军处于险境之中。

这天晚上,檀道济在军营巡视一圈,见士兵因为吃不饱肚子,怨声载道,他心里也很着急。是啊,眼看就要断粮,魏军又步步紧逼,总得想个退兵之计呀!他找来一些心腹商议了一阵,最后想出了一条妙计。

一会儿,营帐之外燃起无数火把,征南大将军指挥数千名士兵往空米袋里装进沙子,一边装,士兵们一边高声数着:"一斗,二斗,三斗……"另有一群士兵来来往往,把沙袋搬到东,运到西,看上去像是在分粮食。就这样忙乎了大半夜。

天快亮了,檀道济命令士兵把一袋袋沙陈列在帐外,袋口故意敞开着,上面覆盖少量的米,看上去好像是一袋袋粮食。

此时,魏军中早有人把宋军半夜里分粮食的事报告主帅。主帅很是疑

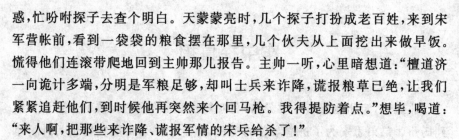

惑，忙吩咐探子去查个明白。天蒙蒙亮时，几个探子打扮成老百姓，来到宋军营帐前，看到一袋袋的粮食摆在那里，几个伙夫从上面挖出来做早饭。慌得他们连滚带爬地回到主帅那儿报告。主帅一听，心里暗想道："檀道济一向诡计多端，分明是军粮足够，却叫士兵来诈降，谎报粮草已绝，让我们紧紧追赶他们，到时候他再突然来个回马枪。我得提防着点。"想毕，喝道："来人啊，把那些来诈降、谎报军情的宋兵给杀了！"

檀道济趁机指挥全军加紧撤退，安全地向南撤回了大本营。

神机妙算取胜

公元 497 年，南齐蓄意攻取北魏重镇太仓口，派出大将鲁康祚、赵公政统率一万大军进驻淮河南岸伺机而动。在强敌压境的情况下，北魏豫州刺史王肃命令长史傅永带领 3000 名精兵抗敌。

这天，傅永安置好部队后，便率领几个亲兵，换了便装，来到了淮河岸边，打探南岸敌军分布情况。傅永看着激荡的淮河水，皱眉思索着。他从敌我双方的兵力对比，想到齐军在以往的多次战斗中的作战特点。通过全面仔细的分析，他断定：齐军这次必定还是夜间过河偷袭。一个成熟的作战方案在他脑中形成了。

午夜时分，南齐大将鲁康祚下达了出击的命令。淮河的浅水处，用木桩固定一个个盛着火把的瓢，南齐军就按照那些标记着浅水位置的火把，很快涉水渡过了淮河。到达北魏军营门前，只见营内静悄悄的。

"不好，敌人已有准备，快撤。"当鲁康祚刚命令部队后撤的时候，两侧已喊杀声大起，北魏伏兵四出。

南齐军受到突然袭击后，慌作一团，潮水般退到淮河岸边，争着涉水过河。可是，此时的淮河水面上到处是魏军瓜瓢灯的火光，原先导渡的火光混杂其间，难分真伪。惊慌之中，有几千人马掉进深水中淹死。

战斗仅一个多时辰就结束了。齐将赵公政的战马陷入污泥之中，被北魏兵活捉，鲁康祚连人带马掉进深水中被淹死了。

牢中探真相

北魏时,定州地方有一对兄弟,名叫解庆宾和解思安,被朝廷判刑流放到扬州。弟弟思安为了逃避艰苦的劳役,逃走了。哥哥庆宾害怕另外再承担弟弟的劳动任务,就冒认扬州郊外长江边一具尸体是自己弟弟,谎称弟弟被他人所杀害,买了一块地埋葬了。接着,庆宾便诬陷是和弟弟在一起的士兵苏显甫、李盖杀害的,告状到州府。

州府判官派人把苏、李两名士兵抓去审讯。两名士兵经不起严刑拷打,承认是他俩杀害了思安。将要了结此案时,扬州刺史李崇产生了怀疑。他秘密指派两位随从,伪装是从外地来扬州,探望牢中的庆宾。

他俩见到庆宾说:"我们住在离此地300里的地方,不久前的某晚,有一人路过我们村要求借宿。他说自己是被州府判刑流放到扬州的犯人,刚从牢里逃出来,姓解名思安。当夜,我们把他绑在树上,要把他捉到官府去。他苦苦哀求说:'我有一个哥哥叫庆宾,现住在扬州相国城内,如果你们有怜悯之心的话,请去一趟转告我哥哥,我哥哥注重情义,讲究义气,会变卖家产重谢你们的。现在把我留下当作人质好啦。如果见到我哥哥,通报了情况得不到酬金,到那时送我进官府也不晚。'因此,我们不辞辛劳把消息报告给你,你打算出多少酬金谢我们?我们好赶回去,放你弟弟。"

庆宾顿时脸色发白,立即准备礼物重谢他们。两人火速回府,上报刺史李崇。

第二天一早,李崇派人到牢房提审庆宾。李刺史喝问:"大胆解庆宾,你的弟弟逃出牢房,你为何妄认别人尸体为你弟弟?从实招来!"

庆宾见一旁有那两个"外地人"作证,只得认罪。

智判失子

北魏宣武帝延昌年间。寿春县农村有一个叫苟泰的乡民,儿子长到3岁,遇到动乱,丢失在路上,几年不知下落,夫妻俩整日忧愁。后来,一次偶然的机会,苟泰到城里去集市采买东西,看见自己的儿子在同县一个叫赵奉伯的家中,便告到县府,希望官府判还他儿子。县令派人把荀泰和赵奉伯传到衙门审问,两人都说是自己的孩子,而且都找了各自的乡邻作证。县令实在无法判决,只得上报。

后来,扬州刺史李崇听说后,很轻松地说:"小事一桩,容易搞清。"他让荀、赵二家与孩子分居,不许来往。

数月后的一天,官府派人送信到荀、赵二家说:"孩子得了急病,难以救治,已经死亡。刺史有令,你们家中可派人去看望,并出钱料理后事。"

听到这个不幸的消息,荀泰号啕大哭,悲痛难忍;而赵奉伯仅是叹息几声,并没有悲痛异常的表现。李崇听了差役讲的两家情况,马上将孩子判还荀泰,并追查赵奉伯诈骗他人儿子的罪责。

赵奉伯最后只得认罪。

妙计识马贼

北魏孝明帝孝昌年间,河阴县的马市十分热闹。

一日正逢集市,赶集的人摩肩接踵,熙熙攘攘。人群中有个红脸汉子在马市上东遛西转,转到一位老者的马前。这是一匹枣红马,十分骠悍雄壮,众人均赞叹此乃好马,只因老者开价太高而无人问津。那个红脸壮汉走上前去,十分挑剔地打量此马,然后与老者商议价钱。

老者见有热心买主自然高兴,可担心这人会被高价吓退,便道:"此蒙古马日行千里。在下迫于无奈方肯出让,不知客官可出得起好价?"

那红脸汉子认真地说:"只要马好,价钱可以商量。"

老者很高兴,便开了个价钱。红脸汉子跟他还了一次价后说:"此马我买下了。我先骑它去遛一遛。如好,回来便付钱。"

老者有些迟疑,那红脸汉子笑着指了下身边的一个黑脸汉子说:"我这个伙伴留在这里,我一会儿就回来。"说完,他拍拍肩上的钱褡,只听里面发出银钱声响,示意钱有的是。

老者说:"那你先留钱袋再遛马,反正你伙伴在这里看着。"

红脸汉子走了约半个时辰,还不见来,那老者急了,急忙打开钱袋点钱。

谁知打开一看,里面竟是些石头瓦片,他惊叫着抬起头一看,更吃了一惊,原来刚才留下的那个黑脸汉子也逃之夭夭了。老者便直奔县衙门向河

145

阴县令高谦之报案。

高县令听后心生一计,吩咐衙役从牢中提出一名在押罪犯,带上枷锁,押到马市中,当众宣布:"刚才行骗买马的贼,现已被捕获。为了马市的安宁,当场处刑!"高县令在此同时,暗中派了不少衙役在人群中偷听人们的议论。

不出高县令所料,一个衙役果真听到身旁有个黑脸汉子高兴地说:"真凑巧,这下就再不用担心了。"那衙役闻声发出暗号,四处围上数名便衣差人,上前将那黑脸汉子擒住。

高县令当即审讯,并请卖马老者上堂对质。老者一瞧,这黑脸汉子果真是刚才的骗子,那家伙抵赖不过,只得供出同伙。据此口供,很快便抓到了那骗马的红脸汉子。

不战而胜

公元 564 年,北周大司马空杨忠快陷入困境了。当时北周大冢宰宇文护率军攻打北齐洛阳,临行前,命令杨忠联合突厥人征服稽胡。可是半个月已过去,杨忠的军粮越来越少,不要说在短期内无法征服胡人,反而自己倒有被敌人困死的危险。何况,宇文护在洛阳已被齐军打败。如果这个消息再让稽胡人摸清,那后果更不堪设想!

过了好长时间,杨忠终于出了一条妙计,他说:"我们布置个圈套,让稽胡人乖乖钻进去!"

第二天下午,稽胡首领全喜滋滋地坐在杨忠军帐内。这天上午,他们都接到了杨忠盛邀赴宴的大红请帖,便一个不漏地来了。

这批首领落座后,北周河州刺史王杰全副武装,敲着战鼓大步闯到这里,那模样像是要上战场似的。杨忠一见,佯作不懂:"王大人,这是什么意思?"

王杰装作不知道有稽胡首领在场,大声作答:"大冢宰已经攻下洛阳城。皇上听说银、夏二州之间的稽胡不老实,特地派我来和您一块儿出兵攻打他们!"

这时,假突厥使者策马奔来,刚跳下马,便气喘吁吁禀告:"杨大人,我们可汗已在长城下面布置十万雄兵。他特意派我先来通报,如果稽胡不服,马上统统调来帮您打败他们!"

在场稽胡首领听罢,个个呆若木鸡。杨忠看在眼中,双手抱拳,虚情假意地安慰他们："请放心，我北周大军决不会乱杀生灵！"

这批人千恩万谢地躬身曲腰退出。不少人回家以后越想越害怕，几天后，便相约一些胡人首领，率兵前来归顺杨忠。

避锋芒铁甲战卫玄

公元 613 年，隋朝礼部尚书杨玄感举兵造反，攻打东都。消息传开，震惊朝野，隋炀帝忙令刑部尚书卫玄率兵镇压。卫玄统率步兵、骑兵两万人日夜兼程，直扑洛阳，急救东都！

杨玄感军和卫玄军在洛阳附近相遇。卫玄军队人多势众，明显占了上风。杨玄感判断了一下战场形势，火速召集部下，说："暴君隋炀帝派的军队锋芒正利，我们只有智取。等会儿，你们假装混乱，再让士兵高喊：'不好啦，杨玄感已经给官军活捉了！'这样，一定能麻痹敌人。"

众将领连连点头，纷纷领命而归。

两军人马开始厮杀。突然，杨玄感的士兵大声喊叫："不好啦，不好啦！官军把杨玄感捉去了！"卫玄的官兵本来士气极其旺盛，听到这阵阵叫喊，个个心花怒放，斗志马上松懈下来。

杨玄感见敌方中计，自知良机已到，挥剑长啸："杀！"几千铁甲骑兵应声扫向敌方，一下子搅乱了敌阵，把卫玄军队打得大败。

卫玄率领残兵败将落荒而逃。

袭北海以少胜多

公元 618 年，北海郡的明经刘兰成投降了起义军首领綦公顺。投降后的第二天，刘兰成向綦公顺请战："让我挑选 150 名壮士，去袭击北海郡城。"

刘兰成带着 150 名壮士出发了，走到离郡城 40 里之地，留下 10 人，让他们去割草，并把割下的草分成 100 多堆，接到命令，马上点燃。走到离郡城 20 里地了，他又命令 20 人留下，让他们每人手执一面大旗，一接命令，火速竖起。到离郡城只剩五六里了，他又留下了 30 人，让他们悄悄埋伏在险要之地，准备袭击敌人。刘兰成亲自率领 10 名壮士，借着夜色掩护，潜伏

在距城仅一里左右的小树林里。余下 80 人分别隐蔽在有利地形上。听到鼓声,这 80 人便马上跃出,逮敌人、抢牲畜后火速撤离。

到了第二天早晨,城里士兵远望没有敌人踩起的烟尘,马上快快活活出城打柴放牧。接近中午,太阳光越来越毒,刘兰成率领 10 个人直扑城门下。城上卫兵大惊失色,立即击鼓传报。刘兰成布置下的那 80 名游动士兵耳听鼓声,迅速四出活动,大抢牲畜,活捉正在打柴、放牧的一些敌兵后立即离开。

城下的刘兰成估计自己的人已经得手,突然放慢了脚步,领着那 10 名士兵大摇大摆离开城门,从容不迫地返回。城里冲出了大批将士,可看到刘兰成逛街一样安稳,生怕有埋伏,哪还敢轻举妄动。他们远远地跟在后面,尾随观察动静。一会儿,他们看到前面战旗飘扬,更远的地方冒起大团大团的浓烟。这批官军个个胆战心惊:不好,烟尘飞扬,准有大批伏兵!马上掉头返回。

刘兰成不费吹灰之力,俘获了那些敌兵和牲畜。

草人借箭

公元 756 年的一天,身穿盔甲的唐朝真源县县令张巡,在雍丘城的城头上巡视。城中只有千余守卒,而城下却有 4 万敌军。雍丘十万火急!

身为唐朝臣子,张巡誓与朝廷共存亡。公元 755 年,爆发了安禄山、史思明之乱,10 万叛军攻占了都城长安,皇帝唐玄宗逃往成都。张巡没有临阵逃脱,而是去攻打真源县附近的雍丘县城,因为雍丘县令令狐潮投降了安禄山。张巡占领了雍丘,却被令狐潮的叛军重重包围了。

血战两个多月,雍丘的城墙虽然有些破损,站在城头上的守军一个个眼窝深陷,布满血丝,但他们都抱着拼死一战的决心。

张巡在城头上巡视了一番,发现大家手中的箭都差不多用完了,这对守城是不利的。他正在冥思苦想,忽见一个伤兵坐在一个稻草捆上休息,他盯着稻草看了一阵,忽然有了主意。

当晚,月夜下一片宁静。叛将令狐潮睡得正熟,忽然一个部将把他叫醒了:"报告,雍丘城头上有情况!"

令狐潮借着月光向城头望去。果然隐隐约约见静悄悄的城墙上,有无数身穿黑衣的士兵从城头上沿着绳索滑下城墙。令狐潮下令弓箭手对准黑影万箭齐发。射了好久，黑影终于全掉到了地上，令狐潮正要命令停止射箭，却见那黑影却又起身，纷纷往上爬，令狐潮又命令弓箭手继续给他们一顿乱箭。这样一直折腾到天蒙蒙亮。令狐潮这才看清，吊上城头的"士兵"原来是身穿黑衣的稻草人。张巡用"草人借箭"之计，白白赚了令狐潮几十万支箭。

几天后，又是月夜，张巡把500勇士缒下城去，令狐潮的哨兵以为又是"草人"，不再去报告主将。谁料那500勇士下城后，匍匐着摸到敌营，一个偷袭，杀死叛军无数。

巧借假援兵

公元884年，陈儒攻打舒州。陈儒大军浩浩荡荡，精兵强将猛攻。舒州守将一看战场形势，心急如焚，马上派出特使骑上快马，从后城溜出，直奔庐州求救。

庐州刺史杨行愍闻报，突然想起一个人："叫部将李神福来，他可是个足智多谋的人。"

李神福被唤进门，听完杨行愍的叙述后，他献上一计。当天，李神福化妆一番，抄小路偷偷潜入舒州城。李神福入城后，发出了指令。城内的好多舒州兵打起了庐州兵的旗帜，排成整齐的队伍，整装待命。

李神福把这支假装援军的舒州兵领出了舒州城，在陈儒军队的腹部突然出现，杀声遍野。陈儒接到手下通报，心里猛地一沉："自己用兵考虑不周，庐州援军果然到了。"

为了摸清对方底细，陈儒亲率大军奔到阵前，观察动静，再作判断。李神福镇定自若，似乎根本没看见敌人前来试探虚实。他当着敌人的面，来回比画，像是在部署大阵、准备大决战。

陈儒看到这一切，越想越害怕，带着这批精兵强将，连夜撤退。

壮士装羊

公元885年，卢龙节度使李可举派部将李全忠攻打河中节度使王处

存。王处存将驻地易州固守得如铁桶一般。谁料到李全忠手下的裨将刘仁恭的棋更高一筹。他避开正面进攻，带兵挖地道，通过地道偷偷钻入城中，一举占领了易州城。

王处存猝不及防，只好带领兵将忍痛抛下易州城，迅速败退而走。

王处存撤出易州城后，在默默地等待机会。他天天派探马外出，刺探易州城内军情。

李可举的官兵攻下易州城后，在城内飞扬跋扈。有士兵喝得烂醉如泥，在街上寻衅闹事；有官将留恋青楼，狎妓不归军营；更有不少将士，打家劫舍、掠人财物。易州城内，鸡飞狗叫，民怨沸腾。

接到情报，王处存再也按捺不住心中的喜悦："李可举纵兵成患、治军不严，如此骄傲轻敌，岂不是我夺回易州的良机？此时不攻，更待何时！"

他叫来心腹之人："马上给我弄来大批羊皮！"

挑选出的 3000 名精壮士兵，每个人都蒙上了洁白的羊皮。转眼间，他们变成了一头头"羊"。天渐转黑，王处存一声令下，这些"羊"爬着前进，向易州城下慢慢靠近。

李可举的将士看到城外来了一群羊，个个欣喜若狂，争先恐后出城，奔向羊群。他们企图捉回城里，美餐一顿，哪里还想到戒备呢？

当他们快扑入"羊群"时，这些"羊"突然站直身子，操起随身携带的刀剑，奋臂砍杀。李可举的将士让这突变吓呆了，当即被对方打得七零八落。

兵败如山倒，曾得意忘形的李可举将士逃之夭夭。王处存顺势挥师挺进，易州失而复得。

凭据讨黄牛

唐代武阳县令张允济，善于断案。一天，张允济忽闻县衙外"咚咚"的击鼓声传进来，知道有人告状，当即传呼来人上堂。告状人是个农民，见了张允济就"扑通"跪倒在地上，连呼："青天大老爷，请帮我讨还黄牛！"

原来他曾到岳父家生活了一段时间，去的时候还带着一头母牛，帮岳父家耕地。谁料耕过田地不久，母牛生养了几头小牛犊。岳父家见了眼红，心存不良。待他要告辞回家时，岳父硬扣下了他的母牛和牛犊，还说："口无凭据，凭什么说这些牛就是你的？"故而他气得不行，不得不求县令做主。

张允济听罢农民的申诉，心生一计，当即让差役将农民五花大绑，又用黑布将他头脸包扎好，吩咐道："你不要乱说乱动，一切听从我们的安排。本官自会将牛如数归还于你。"

接着，张允济坐上官轿，带着农民和差役直奔那农民的岳父家。到达目的地后，差役们高声传唤道："县太爷到，家里人速速出来！"岳父在屋内听到，吃了一惊，急忙跑出大门迎接。张允济掀开轿帘，对他岳父说道："本官刚捉到一个偷牛贼，请你将家里的牛统统赶出来，以便查核它们的来历。"

那岳父看着那个蒙面盖脸的偷牛贼，吓得魂飞天外，生怕自己给牵连到偷牛案件里去，连连向张允济磕头，还拍着胸脯，指天发誓说："我们家里的牛都是自己养的，绝不是偷窃的！"

张允济追问道："有什么证据？"

那岳父赶紧回答道："这是我女婿家的，母牛是他前些时候带来帮我耕地的，牛犊是后来在我家生养的。"

张允济听了便断喝道："还不快把偷牛贼的蒙头布撕开！"差役闻命即揭开农民头上的黑布。

岳父见状大惊，正要回话，便听得张允济冷笑道："既然你承认牛是女婿家的，那就把它们统统还给他吧。"

那岳父只好乖乖地吩咐家人将牛儿们赶出牛圈，交还给了女婿。

布告迷惑巧捉贼

五代后汉时，郓州主帅慕容彦机智过人，善捕贼盗。当时郓州城内有一家规模较大的当铺，生意兴隆，信誉甚好。一日中午，一位穿着华丽的青年走进当铺，他从衣兜里取出明晃晃的两锭大银道："在下因急需现钱，不知此地可否暂典兑付，不多日便可前来赎取。"

伙计一瞧那两锭大银，起码可当10万钱。这么大的数目不敢擅自做主，便呼唤老板出来定夺。

老板问明缘由，便欣然答应。命伙计将两锭大银当即过秤：价值20万钱，开出当票，兑付10万钱。

青年取钱后道谢而去，并留言道：不出10天便来赎银。

青年走后，老板很高兴，认为这笔生意很合算。回到后房跟老板娘一讲，老板娘就到店里取银观看，不慎手滑，竟将一锭银子跌落地上。捡起一瞧，目瞪口呆，只见那银子表面脱落了一块，里面黑乎乎的根本不是银子。老板大惊，立即前往官府报案。

慕容彦听完典当铺老板叙述后，计上心来，便对老板交代了一番。

即刻，郓城街头出现了一张布告，说是某当铺因不慎遭盗，一些值钱的抵押品都被抢走，吁请各界人士协助捕盗，发现疑迹立即告官。

数日后，持假银骗典的那个青年出现在当铺内，取出当票要求赎银。伙计立时高呼擒拿骗子，众人拥上将他捉拿至官府，此人当即伏罪。原来，他曾用此伎俩在各地作案均得逞，这次在郓城再次诈骗成功，当他从街头看见布告，得知那当铺被盗的消息，心中大喜，认为可再敲一笔钱财。因为假银被盗，无证可对，当票上写明原价 20 万钱，而他只兑付了 10 万钱，另外 10 万钱不怕当铺不赔。没想到竟中了慕容彦的计，自投罗网。

铜钱振军心

公元 1052 年，南方广源州的侬智高起兵反宋，攻占了琉州等地，宋仁宗决定派遣狄青平定叛乱。

大军出了桂林，路途艰险，军心动摇，竟有一些兵士开了小差。

一天，狄青对将士们说："此番来南方讨伐叛军，是吉是凶，只好由神明决定了。是吉的话，那我随便扔在地上 100 个铜钱，个个应当面朝上；只要其中有一个是面朝下的，那么就是凶，那我们只好马上班师回朝了。"

有人劝道："再怎么运气好，100 个铜钱扔下去，总不见得个个面朝上的呀。如果有面朝下的，不就要动摇军心？"

狄青叫心腹拿来一袋铜钱，口中念念有词："神明保佑，神明保佑。"突然他掏出一把钱，眼睛一闭，向上一抛，当铜钱落下时，100 个铜钱居然全都是面朝天的。果真是神灵保佑！全军闻知，军心大振。

这时狄青叫心腹拿来 100 只钉子，把铜钱都钉在地上，并用青纱罩在上边，还亲自动手加了封，一边虔诚地说道："待等大军得胜回朝路经此地时，用厚礼祭奠神明，那时再取回这些铜钱。"

其实，这些铜钱上下都是面。狄青此计使全军士气高涨，很快穿越过险途,平定了侬智高的叛乱。

以逸待劳除后患

一年,西夏的军队屡次骚扰北宋的西北边境,闹得百姓生活不得安宁。皇帝召见大将曹玮,命他率部前往平定。

曹玮带兵直驱西北边疆。西夏的军队一见"曹"字旗帜,便知常胜将军曹玮军到,稍一交锋便溃逃了。曹玮心想:"我军一到,他们便逃。我军一走,他们又来骚扰,如此进进退退总不是办法。只有把他们引出来,彻底消灭方能解除后患。"

第二天,曹军赶着敌人撇下的牛羊,抬着缴获的战利品,散散漫漫地往回走。西夏军统帅听探子飞报:曹军贪图战利品,部队毫无纪律,一片混乱。觉得这是战胜敌方的机会,便率军回马撵上宋军交战。

曹玮部队拖拖拉拉地走到一个地势很有利的山口,即摆阵迎战。过了半天,远处飞马骤驰,尘土遮天,西夏军队赶来了。曹玮笑笑,即派人到西夏军队那边传言说:"贵军远道而来,将士十分疲乏,我们不想乘人之危而作战,先请你们休息一下,待会再决胜负。"西夏统帅一听认为对自己有利,便同意了。

过了一会,曹玮认为时机已到,又派人过去通知:"休息好了,开始吧!"

当即,山谷中战鼓震天,双方人马好一番厮杀。没多久,西夏军队就被打得尸横山野,死伤大半。

曹玮的幕僚们觉得奇怪,堪称彪悍骁勇的西夏军怎么没好好交战就落花流水了呢?便问将军。曹玮说:"匹夫之勇在战场上是不行的,要动脑子。昨天我们双方一交战,他们就逃,其实这是为了保存实力,不与我主力硬拼。为了彻底解决他们,我便以贪图战利品的幌子迷惑他们,装作军纪涣散的样子引他们上钩。不出我所料,他们果真上了当,100多里路追来,肯定相当疲劳;而我们休整了半天,以逸待劳稳操胜券。但当时迎战,我方必定会伤亡较大,因为他们的士气还很盛,决战的精神很足。我便故意让他们休息,这下就挫伤了他们的士气,精神亦松弛下来。要知道:走远路的人,干重活的人,停下来会浑身散架。这时出击,我们就能很轻松地取胜了!"

一番话，说得幕僚们心中佩服不已。

山羊击鼓

公元 1206 年冬天，南宋将领毕再遇受命率军抗击大举进犯的金兵。

宋营离金营不远，金兵孤注一掷，每天都成倍地增兵，金兵越聚越多。毕再遇心里开始盘算："自己兵力相对薄弱，再跟金兵决一胜负，岂非以卵击石？只能撤退，暂避锋芒。"

毕再遇招来军中谋士商议对策，一位谋士说："毕将军，平时，我大宋军营里昼夜都鼓声不断，一来吓那金兵，二来也为鼓舞我军斗志。如果马上撤兵，军营里断了鼓声，一定会被金兵知道。那可要坏大事啊！"

毕再遇说："让山羊帮我们击鼓，瞒过金兵，我大宋官兵安全撤军转移！"

遵照毕再遇的命令，一些士兵七手八脚地弄来了一些羊和鼓。

入夜，宋兵把羊捆绑好倒吊起来，让羊的两只前蹄恰巧抵在鼓面上。羊被吊得极难受，绑着的绳又勒得浑身生疼，便开始拼命挣扎，两只前蹄不停地胡乱踢腾，于是鼓被羊蹄敲响了。毕再遇指挥将士在这鼓声中悄悄撤离军营。金营巡逻兵一点也没有起疑心。

两天后，等到金兵发觉击鼓的是羊，懊悔不已，准备追击时，毕再遇部早已撤到很远的地方了。

铁钉阵大败叛兵

公元 1301 年，贵州彝族土司之妻蛇节举兵反叛元朝廷。元朝统治者派湖广行省平章刘国杰领兵前往平叛。刘国杰大军浩浩荡荡奔赴那里时，正是隆冬时节。

两军摆开阵势，刘国杰大吃一惊：蛇节起义军大多是精锐骑兵呀！速度极快，直扑过来，大有压倒一切之势。刘国杰部一下子被蛇节的骑兵击得溃不成军。

初战失利，刘国杰返回军营，心生一计。

士兵昼夜不停，把 5000 块盾牌上面都钉满了大钉子。刘国杰一声令下，5000 名精壮士兵集合在他面前。刘国杰高声发布命令："你们的任务是每人拿一块敲上大钉的盾牌，看我的令旗挥动，见机行事！"

第二次交战了，两军刚一接战，刘国杰突然举起红色令旗向后一挥，手下士兵如潮后退，攻在最前面的 5000 名持盾牌的壮士，一下子成了断后之兵。他们怪叫着纷纷扔下盾牌，夺路而逃。像是惊慌失措，可 5000 块盾牌都是钉尖冲上搁在地上的。

蛇节手下将士见对方溃败，便纷纷策马追击。马如闪电冲出，一时哪收得住脚，便相继踏在盾牌钉子上，雄壮的马被扎得全都栽倒在地，连连惨叫。

刘国杰见时机已到，令手下勇士敲响战鼓，乘机回攻，打败蛇节军队。

诱敌深入

明朝正德年间，福建福州府城内朱紫坊有个秀才叫郑堂，他琴棋书画、诗词歌赋样样皆通。某年，他在繁华的鼓渡鸡口地方开设了个字画店。几个月来，生意兴隆。

一次，有个叫龚智远的人，拿来一幅五代名画家的传世之作《韩熙载夜宴图》押当，这可是件稀世之宝。郑堂大喜，当场付了 8000 两银子。龚智远答应到期愿还 15000 两。可是一晃 15 天，到了最后一天，不见龚智远来赎画。郑堂取出放大镜，仔细看画，发现是幅假画。郑堂被骗去 8000 两银子的消息在一夜之间不胫而走，惊动了全城的同行。

第三天，郑堂却在朱紫坊家里办 10 桌酒席，遍请全城士子名流和字画行家聚宴。

酒饮一半，郑堂从内室取出那幅画，挂在大厅堂的正中，对大家说："今天宴请诸位。一方面向大家表示郑某立志字画行业，决不因此罢休的决心；另一层意思，让我们同行共看假画，认识认识骗子如何用巧妙的手段以假乱真。"

同行看完假画后，都说："郑先生使我们开了眼界，帮同行以后避免受骗上当，真是功德无量！"

此时，郑堂把假画投进火炉，边烧边说道："不能留此假画害人！"

郑堂烧画，一夜之间又轰动了整个榕城。

第二天,郑堂到店里,却见龚智远已坐在那里等着他,说是有事而误了银子的还期。

郑堂说:"只误三天,无妨,但需加三成利息。"一算,共计本息达15240两银子。那龚智远早知画已烧了,所以并不害怕,说:"好,兑银,请郑先生兑画!"

郑堂进内取出那幅画,龚智远给了银两,接画在手,迅速展开一看,两腿一软,几乎瘫了下来。

原来,郑堂早已察出这幅画是假的,当时只是故作不知,让龚智远进套。随后,郑堂照这幅画仿造一轴,同时四处声张自己受骗了,设宴毁画,让典画的幕后策划者知道,并主动送来本息巨金。郑堂在宴席上烧的画,是自己仿造的那一幅。

揭骗局含枣装病

幼童庞振坤村上有个神婆子,一天到晚装神弄鬼,设坛作法,把虔诚的善男信女们骗得团团转,乖乖地把钱财和供物白白送给她,庞振坤的妈妈也对她崇拜得不得了。

一天,庞振坤不去上学,只是将双手紧紧捂住腮帮子,蹲在地上,哭叫起来:"痛死我啦,痛死我啦!"

妈妈听了,慌忙上前将儿子扶起来,掰开他的双手,不由得吓了一大跳。

"哎呀,这是怎么搞的呀?"

小振坤的右脸上鼓起了一个大疙瘩。

"我也不知道,昨晚上睡觉还是好好的,谁知今早一起来就肿胀成这样。"

妈妈觉得儿子病得不轻,便心急火燎地去请神婆来。神婆子迈着小脚,颤颤巍巍地跨进庞家门。见了庞振坤,便上下左右地将他端详了一番,然后舞动双手,闭着眼睛,朝着天空念念有词。好一会儿,才说:"哎呀,这是上天神仙在发火呢,病情危险呀!"

妈妈忙道:"有啥法子消灾祛病?"

神婆一本正经地说:"不难,只须我在神龛前求愿一番,神仙附灵在我身上,自会唱出经文。你只要照唱词的要求去办,没有不逢凶化吉的!"

神婆子便坐到神龛前的椅子上，合掌于胸，紧闭双目，微微翕动嘴唇。不一会儿，神婆子深深打了几个呵欠，飘飘悠悠地唱了起来："王母娘娘下凡来，单治造孽小奴才。巴掌打在儿脸上，长个疙瘩遭灾祸。要想好了儿的病，全猪全羊摆神台。十斤香油点灯用，丈二红绫搭彩棚。"

妈妈听了暗想："要这多东西？"可又不敢多说什么，便想吩咐家人去照办。

这时，庞振坤实在憋不住了，"呸！"他把嘴里一颗大红枣子朝神婆子的脸上啐去，顿时，脸上的疙瘩消散了。神婆子一下子满脸通红，灰溜溜地逃出了庞家。

从此，这地方附近再也没有人去找神婆消灾祛病了。

随机应变擒窃贼

城中幼儿园的舞蹈教师周巧英，在下班前接到了丈夫陆伟从火车站打来的电话，说他已从北京出差回来了，要巧英一下班就回家。

下班后，周巧英上街买了些副食品和蔬菜，兴冲冲地回家，准备为丈夫做一顿可口的饭菜，好好地享受一下新婚后的家庭生活。

到了家门口，她惊愕地发现房门已经微微打开了。巧英推开门向室内走去，当她走到室内时，不禁呆住了，只见一个面露凶相的高个子陌生人正在翻箱倒柜地行窃。

"贼人行窃！"巧英立即意识到事态的严重性。面对这个严峻的场面，她立即想到了几种可采取的行动。一是放声大喊，继而同歹徒拼搏，但她身单力薄，不是歹徒的对手。这一行动显然是不足取的。二是返身就跑。但她已被贼人看见，歹徒势必要追赶上来，也会身遭不测，落得人财两失，也不是好办法。三是用计与歹徒巧周旋。虽然也可能弄巧成拙，但只要多用心计，还是有希望的。但怎样用计呢？

她装出很镇静的样子，客气地说道："啊！对不起，我不知道你们正在搬家，打扰了。"

巧英的突然出现，也使贼人惊慌不已，但听她说出"搬家"两字，紧张情绪顿时放松了，便顺水推舟应答道："对对，是在搬家，你有事吗？"

"我想问个信，城中幼儿园的周巧英同志是住在这里吗？我是学生的

家长，找她有点事情。"

"唔唔！她……她不住在这里。"贼人支支吾吾地应付着，他只知行窃，不知谁是主人。

"啊！我找错门了，对不起！"周巧英自找台阶，礼貌地退出门去。

贼人想不到原来这是一场虚惊，他放心行窃了。可是一会儿，他无意间一抬头，只见墙上挂着一幅新婚夫妻的结婚照，那身披婚纱、浓妆艳抹的新娘仿佛就是刚才进门的姑娘，他惊觉自己受骗了，便急忙追出门去，想抓回周巧英。

此时，周巧英已出门把四周的邻居喊了出来，合力擒住了这个撬门行窃的小偷。

将计就计骗山官

一天下午，景颇族有个山官骑着马，手里提着个酒筒，正往回走，见了急急忙忙向他跑来的倪片。山官摇摇酒筒，嘲弄道："你能把我的酒筒骗掉在地下，我就给你喝酒；要不然，这次真要让你给我牵一辈子马了。"

"唉，你还狂什么！"倪片站住脚说，"我是来给你报信的，你家的房子被火烧了！官娘也被烧死了！你怎么还……"

山官心惊手一松，酒筒掉在地上了。好半天才问："是你亲眼见的？"

倪片反问道："你手上的酒筒呢？"

山官这才明白过来，自己受了倪片的骗。

老太婆夜捉盗贼

从前，在印度喀拉拉的农村里，有个小偷常常夜里潜入农民家里偷东西。

一天晚上，小偷决定去莫力雅家偷东西。他上了房，悄悄地扒开用棕榈树叶子盖的屋顶。

莫力雅听到房顶上有声音，怀疑房上有小偷，怎么办呢？最后，她想好了对策。当时，她的儿子阿瓦兰睡得正香，她故意大声嚷道："阿瓦兰，我放在天花板上的钱柜安全吗？"

小偷听到喊声，非常高兴。他认为，这个钱柜现在唾手可得了。他只

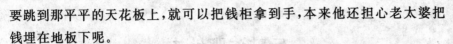

要跳到那平平的天花板上,就可以把钱柜拿到手,本来他还担心老太婆把钱埋在地板下呢。

小偷趁着黑夜从房顶上跳了下来,以为下面就是天花板。其实这个房子是没有天花板的,结果,他从 20 多英尺高的房顶跳下来,"咚"的一声落到地板上,一下子摔伤了。

最后,小偷被抓住,交给了官府。

大官试才反被难

有一天,有一个大官骑马来到苍山脚下的一个小山村,专门要找一个叫秀姑的白族妇女。秀姑知道了,自己走到他的面前,问道:"大官找我有什么事呀?"

大官从头到脚打量着秀姑,果然长得非常秀丽,眉宇间透露出一股聪慧之气。他决定要为难一下这位聪明的白族妇女,于是说道:"秀姑,人人都说你机灵能干,是天仙下凡,你能帮我办几件事吗?"秀姑点头应诺。

大官伸出三个指头,说道:"第一,用一文钱买九样菜;第二,盛一碗米煮七碗饭;第三,摆出一张桌子通千只眼。"

这时围来了不少看热闹的人,听了大官的话,一个个都咂着舌头。有人为秀姑担心:这次可要吃苦头了。

可是秀姑走进屋里,没用多长时间,就把这三件棘手的事办好了:她炒了一碗韭菜当九样菜;用红漆木碗当饭碗,说是七(漆)碗饭;用筛子当饭桌,可通千只眼。

众人亲眼目睹,都说秀姑心慧手巧了不起。可是那位大官并不服气,仍想寻机刁难她。他抬头看见墙上画着一条大鱼,就问秀姑道:"你家壁上画鱼有几斤?"

秀姑答道:"请大官人把鱼提起来,让我称一称!"

大官讨个没趣,还不死心,把一只脚跨在马镫上,一只脚立在地上,问秀姑道:"我现在是上马,还是下马?"

秀姑想:"如果说是上马,他就把脚放下来;如果说是下马,他就要骑上马去。让我来个针锋相对,以牙还牙!"她就站到门槛上,反问大官道:"大官人,你是见多识广的人,我现在是出还是进呀?"

大官人回答不出来,跨上马背,狠抽一鞭,飞也似的溜走了。

反敲诈驱地主

从前,布依族有个穷人,好不容易在大年初一买了二两肉,谁知被卜利(地主)家的一只猫偷吃了。随后,农民就打死了猫。

卜利说:"我的猫坐像龙,走像虎,人家送我5万元,还要补我33块干豆腐,我都不卖,看你怎么赔?"竟硬要拿他老婆赔。眼看卜利的花轿要来了,这家人痛哭起来。

聪明的邻居甲金知道了,叫他们不要急,找来一个烂葫芦,洗干净,又找来些金丝线贴好,拴上一根快要断的线,挂在门上。

一会儿,卜利的轿子来了,一进门,轿顶把葫芦撞下来打烂了,金丝线撒了一地。甲金说:"这个金葫芦,舀水变成酒,装菜变成肉,人家送了6万6,还要补上33束干腊肉也不卖,现在看你怎么赔来!"

卜利只好灰溜溜抬起空轿回去了。

蒙眼赛定胜负

每逢春节,彦一的村上和邻近的村子都要进行相扑和大力比赛。相扑是日本的一种传统体育活动,类似各国流行的摔跤比赛。大力比赛,则是比力气,类似各国流行的举重比赛。前两年相扑是彦一的村子占优,而大力比赛则是邻村夺冠。两年来,两个村子打了个平手,以至于无法颁奖。

今年的比赛又要开始了,按两个村里的实力预测,还是可能平分秋色,各有一项获胜,这该如何来分胜负呢?

在节日的欢庆活动开始前,彦一提出了一个主张:"今年我们应该增添一项比赛的内容,以一决胜负。"

大家问道:"增加一个什么样的比赛项目呢?"

彦一胸有成竹地说:"来一个蒙眼比赛,即各村出一名选手,用黑布把眼睛蒙起来,就在神社前从台上走下来,围着旗杆转三圈,然后再走上台阶。谁先到达,谁就是胜者。"

"好,这个办法新鲜,既好玩,又好看。"两个村的村民都赞成这项比赛。

比赛开始,果然不出所料,彦一的村子相扑占了上风,邻村在"大力比赛"上领先,又打了个平手,现在就要以新增加的"蒙眼比赛"进行决赛了。

邻村选派出来的选手是个手脚麻利的精干小伙子。他把眼睛蒙上后显出一副跃跃欲试的神态,一副稳操胜券的样子;而彦一村上选派出来的选手是一个老态龙钟的干巴老头。他哆哆嗦嗦,手脚不便,神态麻木,不免相形见绌。还没比赛,高低已分。

一声令下,蒙眼比赛开始了,邻村的小伙子"咚咚咚"地大步流星跨下了台阶,由于走得匆忙,在阶下摔了一个跟斗,但他矫捷无比,勇不可当,摔得快起得也快,围着旗杆转开了圈子,第一圈还好,第二圈撞了一下,第三圈时偏离了方向,再向台阶跑去时,却越走越远了。

同时出发的彦一村里的干巴老头,行动蹒跚,一步一停,但从不碰到什么东西,也不摔跤,更不搞错方向,虽慢但走得正,结果还是他先跑上台阶。

彦一的村子获胜了,得到了三年竞赛的奖品。但是不少人还是有疑问:彦一挑选这个干巴老头怎么能保证获胜呢?

事后,彦一告诉大家,这个老头原来就是个盲人。盲人的感觉比常人灵敏得多,对他而言,蒙不蒙眼是一样的。邻村的选手,尽管精干、麻利,但一旦蒙上眼睛就会变得十分不习惯,所以彦一有必胜的把握。

北极探险募捐款

萨洛蒙·奥古斯特·安德烈是 19 世纪末期瑞典著名探险家。为了得到北极圈内有关的科学数据,填补地图上的空白,他组织了一次北极探险。

1895 年,经过周密计算和安排,安德烈在瑞典科学院正式提出乘飞船到北极探险的计划。随之而来的便是经费问题,由于人们对此不信任和不关心,因此也就很少有人提供经费。没有钱,一切都无从说起。

但安德烈并不灰心,经过努力,总算有一位好心而开明的大企业家表示愿意承担全部费用,同时他还向安德烈提了一个很重要的建议:希望这项冒险计划得到人们的关注,如果就这样悄无声息地走了,是不是削弱了这次探险的意义呢?

安德烈听完觉得很有道理,于是两人经过商量,决定让安德烈继续去募捐、扩大影响。但是,人们的反应仍然很冷淡。安德烈情急生智,想出了

一个大胆的办法:就是把自己的探险计划写成一篇极其详细严谨的论文,用大量证据论证了这项计划的可行性及其意义,然后,他请那位开明的企业家想方设法把这份文章呈献给国王。

经过不少周折,国王终于看到了这篇文章。他对这个大胆的计划感到很新奇,于是召见了安德烈,并询问了有关探险的一些具体情况,两个人谈得很投机,最后安德烈要求国王象征性地提供一些小小的赞助,国王慨然应允。

这个消息很快就传开了,新闻界对国王关注此事予以了报道。既然国王都对这件事感兴趣,那么许多名流、富豪也都跟着对探险一事纷纷予以关心,捐赠了大笔费用。许多普通民众也因此开始对这项计划感兴趣了,大家都明白了探险的意义。安德烈的事业终于不再是他一个人的事业,而变成了一项公众的事业。

口头禅换米

村里有个老头很爱听故事,又不相信故事里的内容。每逢到人家讲到节骨眼时,他就会脱口而出:"哪能有这种事呢!"这已成了他听故事时的习惯用语。

村上最会讲故事的要数吉四六了,可是吉四六从不讲故事给老头听。一次,老头向吉四六要求道:"孩子,给我讲个故事听听吧!"

"要我讲故事可以。"吉四六说,"但要答应一个条件,就是你不准讲'哪能有这种事呢'的口头禅,如果讲了这句话,就要输给我一袋大米。"

"好!"老头爽快地答应了。

吉四六开始讲故事了:"江户有位王爷,坐轿子去访亲戚,路上有只老鹰在空中盘旋,不一会拉下一泡屎,正好掉在王爷的裤子上——"吉四六讲到这里顿了一下,望了望老头,老头脸上露出不相信的神情,但嘴巴只是牵动了一下,没吐出一个字。

吉四六继续讲道:"王爷命随从给他换去裤子继续赶路,可那老鹰仍在上空盘旋,不一会又拉下了一泡屎,不偏不倚落在王爷的佩刀的刀把上。"

这下子,老头更不相信了,刚想说出"哪能有这种事呢"时,他惊觉自己将要输掉一袋米,所以还是忍住了。

吉四六继续讲故事:"王爷命随从换去佩刀,继续赶路,谁知那只老鹰却

盯住不放,不一会又拉下了一泡屎,这一下更巧了,正好落在王爷的脑袋上。"

吉四六不指望老头在这节骨眼上会开口讲那句口头禅,所以继续讲下去:"王爷命随从将脑袋换了。随从一刀砍下了自己的脑袋,调换了拉上老鹰屎的王爷脑袋,继续赶路去访亲戚了。"

听到这里,老头再也忍不住了:"哪能有这种事呢!"

吉四六仍旧讲下去:"来到朋友家里,朋友把随从当做王爷,而把王爷当作了随从。"

"哪能有这种事呢!"

吉四六还是讲着:"那只老鹰也跟踪而来又拉了一泡屎。"

"哪能有这种事呢!"

吉四六接过老人的话茬:"是啊!哪能有这种事呢?请你把事先约好的一袋大米给我吧!"

"探险"活动

一个爆炸性的新闻轰动了 1892 年的欧洲,日本驻柏林武官福岛和一群德国军官打赌:他骑马从柏林到海参崴。各国报纸报道了这样的场景——"福岛君,这是不可能的事。"一位德军中校对福岛说,"从柏林到海参崴,几千上万里的路程。途中有数不清的穷山险水和恶劣天气。你就是骑上一匹千里马,也到不了终点。更何况你那匹瘦骨伶仃的老马?这个玩笑是开不得的。"

中校的同行们也大声附和着:"福岛是在吹牛,真能如此这不成了神话?"

"诸位,我们口说无凭,还是请中间人来,大家各下赌注,谁胜谁负,几个月后见分晓。"福岛已被酒精烧得脸红脖子粗。

德国军官们纷纷投下重注,他们想,福岛这个酒鬼是输定了!

这条爆炸性新闻公布后,千千万万的人们好奇地关注此事发展的状况。德国与俄国政府,对福岛此次壮举,也都尽其所能,为之提供种种方便和资助。就这样,福岛在人们一片敬仰和祝愿声中,骑着他的瘦马,开始了这次举世瞩目的探险。

一路上,福岛仿佛成了一位传奇式的英雄,所到之处,无不受到人们万分热情的欢迎和款待。男女老幼都以能一睹这位探险家的风采为快。进

163

入俄国境后,俄国政界军界,上上下下,更是热闹非凡。因为,这位日本探险家的行程绝大部分是在俄国境内,他从柏林骑马到海参崴的世界奇迹,终究能不能变成现实,将在这里揭晓。好奇心和虚荣心刺激着数不清的俄国政府官员与军官们,在福岛必经的路线上守候他的到来。他们举行了各种各样的欢迎仪式,举办了数不清的大小宴会,来欢迎他。他们以能陪同这位骑士到自己值得骄傲的地方参观为幸运,他们满腔热情地为这位探险家介绍本地区的情况。福岛本就精通俄语,总乐意和各类人物交谈到双方满意为止。就这样,福岛用了15个月的时间,骑着他的马畅通无阻地穿过俄罗斯、西伯利亚,顺利到达了海参崴。

当东京各界为福岛的巨大成功而欢庆的时候,一大摞重要的军事情报,已从这位探险家的手中,悄悄送到了参谋总部的日军情报头子的手里。人们谁也不知道,在他们狂热地欢迎探险家的时候,一场以"探险"为烟幕的间谍活动,正在他们眼皮底下悄悄地进行着。

这场轰动一时的"探险"活动,留给人们的教训是多么深刻啊!

女扮男装巧治病

波斯国的王后突然病了,右侧半身不遂,右手右脚枯瘦萎缩,不能动弹。

王宫里的医生谁也治不了她的病,医生们最后推荐布哈拉城的学者布·阿里来为王后治病。

国王从前听说过布·阿里的事。这位著名的贤哲学者光临王宫,他感到十分高兴。立即下令拨给他一幢房子,吩咐两个男仆和两个女仆服侍他,听从他的调遣。

过了两三天,国王把这位博学多识的医生引到后宫,隔着纱幔把生病的王后指给布·阿里看,并向他说明王后的病情和医官们用过的药方。

布·阿里立刻明白了王后得的是什么病,便对国王说:"请陛下吩咐在后宫的浴室里生起火来,并把王后领到那儿去,然后再说怎么办。"浴室里生起了火,王后被带到了那里。于是,布·阿里叫一个女仆穿上男装,粘上胡须。"你到浴室去。"布·阿里对她说,"进了浴室就直朝病人走去!"

女仆遵命照办,在浴室里的王后看见突然间进来了一个男人,惊恐万状。她不知道这是女仆乔装的,还以为是布·阿里自己耍的把戏,为的是想看她。她用一只手撑住地面，很快跳了起来。女仆抓住她的手，两人扭打起来——王后拼命想挣脱逃走，女仆却拖住她不放，要把她往怀里拉。就这样，由于惊吓的刺激和扭打，王后瘫痪的半边身子复苏了，病也好了。

再说，国王把王后送进浴室后，忽然想道："我是怎么搞的？如果那医生是个坏蛋，去偷看怎么办？"国王立即爬上浴室的屋顶上的亮瓦往下看。

他看见妻子正跳起来躲开一个男人。他以为这个男人就是布·阿里，心里很是懊悔："难道为妻子治病竟要付出这样大的代价？既然别的男人看了她的身子，我就再也不要她了！我要把她杀掉，也要把布·阿里杀掉！"国王想到这里，就回到自己的内室，从墙上取下宝剑，直奔浴室。女仆看见国王手执宝剑，怒气冲冲地跑来，马上扯掉假胡须，取下缠头，长发披落到肩上。国王和王后见此情景，惊得呆若木鸡。

国王醒悟过来后，快步跑到王宫，登上了宝座，传来布·阿里问道："布·阿里，你这是做什么呢？你为什么要耍这种把戏？"

"陛下，"布·阿里回答说，"王后的病情没有别的药可医！唯一的办法是让她受到震惊，因此我做了这样的安排。我知道不能让别的男人看见王后的身子，所以就叫女仆穿上男装，去浴室吓她一跳。这样一来，她的病就好了。"国王十分高兴，重赏了布·阿里。

计寻证据

伊朗有个叫阿桑的人，颇有积蓄，为人厚道，乐于助人。

一天，服装商人加伊前来拜访阿桑，阿桑热情接待，加伊愁眉苦脸地说："唉，有了现成生意，却缺本钱。"

阿桑关心地问道："缺多少钱？"

加伊开口要借2000金币。阿桑慷慨答应。

一张借据，一顿千恩万谢，阿桑便满足了。

可过了几天，妻子问起借钱的事，要看借据，阿桑找遍房间也没找到。

妻子提醒阿桑："没了借据，小心将来加伊把钱全部赖光。"阿桑心里也着急了。于是阿桑去找好友纳斯列丁想办法。纳斯列丁问："借钱时有没有别人？"

阿桑摇摇头。

纳斯列丁又问:"借钱的期限多久?"

阿桑伸出一个食指:"一年。"

纳斯列丁略一思忖,就说:"有办法了,你马上写封信给商人,催他尽快归还你的 2500 金币。"

阿桑说:"我只借给他 2000 金币呀!"

纳斯列丁笑道:"你就这样写好了,他必定复信说他只欠你 2000 金币,这样一来,你手头不就有证据了吗?"

阿桑照办。果然不出纳斯列丁所料,三天后,加伊回信说只欠 2000 金币。

阿桑因此又重新得到了借款的证据。

暗度陈仓

1944 年春天,为了加速第二次世界大战的进程,西方盟军的决策者们酝酿出了诺曼底登陆战役计划。

可接踵而来的问题也让他们头痛,德军在诺曼底陈兵几十万。而且德军的情报人员无孔不入,死盯着英国登陆部队的司令官蒙哥马利元帅。对,一定要让德军相信蒙哥马利元帅已远离英国本土,他们才不相信英国登陆部队会有大动作。

作战参谋长弗兰克叫来了英国情报部特别行动顾问赛林格,他传达了决策者的意图:"三天内,你们特别行动小组务必物色到一位蒙哥马利元帅的替身。外貌、气质一定要惊人的相似。"

不到两天,赛林格的部下们很快找到了一位理想人选——陆军中尉杰姆士。赛林格围着杰姆士转了好几圈,高兴地叫道:"太像了!一化妆,简直跟元帅一模一样。而且,你是位有 25 年演出史的职业演员。好,明天开始,我让你演一场能导致几十万德国法西斯军队统统跟你转的精彩戏!"

从此,杰姆士同蒙哥马利元帅生活在一起,还隐居在一处鲜为人知的住宅内演习着什么。这住宅渐渐给德军侦探到了,并得知蒙哥马利元帅在里面酝酿着军事策略。

半个月后,即 5 月 15 日,容光焕发的蒙哥马利元帅离开了这里,德军谍报人员远远尾随着。伦敦机场上,英国皇家军队高级将领欢送,蒙哥马利元帅微笑地缓步登上专机，一直飞向直布罗陀和阿尔及尔。

蒙哥马利下机后，微笑着向欢迎的当地要员致谢。然后，和当地西方盟军最高首脑密谈。

这一切，引起了德军情报部门的恐慌。一场紧锣密鼓的谍报战后，他们获得了一个叫德军统帅部大吃一惊的消息：西方盟军要在法国加莱地区登陆，蒙哥马利此行是为此作准备的！

德军连夜发出密令：减少防守诺曼底的兵力，重兵移师加莱！可是他们万万没想到，这位神气的元帅竟是杰姆士扮演的，真正的蒙哥马利元帅正在英国秘密地筹划诺曼底战役的部署。他的替身竟让几十万德军乖乖地离开了诺曼底。

浑水摸鱼退敌

18 世纪中叶，瑞典军队在国王查理十二的率领下，再次发动对俄国的进攻。就在总攻前夕，瑞典人不约而同地从各地抓获了许多俄军的信使。这些信使带着彼得大帝亲笔签署的命令，要各地将领带兵来波罗的海沿岸集结，摆出了要与瑞典军队决一死战的姿态。按照这些指令前来集结的军队之多，大大出乎瑞典人的意料。

瑞典在那时候是欧洲的军事强国，屡屡侵占俄国的土地。但自俄国的彼得大帝即位之后，形势发生了改观。彼得大帝是个具有雄才大略的统帅。他加强了沿海地带工事的修筑，还不惜动用巨大的人力、物力在远离内地的海边建设彼得堡，不仅想控制波罗的海，而且想以彼得堡作为基地向西方扩张。

瑞典当然不能容忍彼得大帝的这种做法，欲将修建彼得堡的计划扼死于摇篮之中，于是派兵攻打俄军。谁知以往不堪一击的俄军在彼得大帝的率领下，居然打了个大胜仗。

然而，俄国毕竟积弱已久，瑞典虽吃了次败仗，仍倾全国之兵力，再次向俄国进攻。面对险恶的形势，俄国的许多将领动摇了，他们主张退出沿海地区，放弃修筑波得堡的计划，将兵力集中在内地，再与瑞典军周旋。

彼得大帝却不以为然，他认为气可鼓而不可泄，倘若退守内地，不仅放弃了苦心经营的彼得堡的建设，丢掉了沿海防地，而且在退守中会使士兵

丧失斗志,乱了阵脚,很容易被强大的瑞典军击败,所以他主张:"决不能向后退缩半步!"

将领们心存疑虑:"敌众我寡,若不后退,必落败局!"

彼得大帝当机立断:"我不须用兵就能退敌。"

彼得大帝并非口出狂言,而是他分析了查理十二及瑞典将领具有犹豫踌躇的特点,并且已经败了一次,存在着"一朝被蛇咬,十年怕井绳"的心理,所以施用了一条疑兵之计:他就亲自签发了许多命令,让信使通知各地将领带兵来沿海地区集结。事实上,这些将领有的远在内地,有的根本不存在,而且他让这些信使故意走进瑞典军的防区,甘心情愿地让瑞典人俘虏去。查理十二看了彼得大帝的调兵信件,亲自审问了信使。他作出了判断:俄国的兵力出乎意料的强大,即使能攻占沿海地区,也会陷入彼得大帝布下的圈套中去,所以主动地将军队撤了回去。

彼得大帝利用这宝贵的时间,修建成了彼得堡,从此俄国再也不怕瑞典军的进攻了。

反败为胜

1812 年,拿破仑亲自统帅法国军队,浩浩荡荡远征俄罗斯,打算一举征服俄罗斯!

强大的法军重兵集结马洛雅罗拉维茨城郊,准备悄悄地完成对俄军铁桶样的包围,试图强迫俄军在不利条件下进行决战,诱其入网。白天,两军对垒,鼓角之声不绝于耳。夜深了,俄、法营地都点燃起堆堆篝火,均用来防止对方偷袭。火光映天,对方的一举一动几乎都看得清清楚楚。

当时,俄军的统帅是库图佐夫。这位久经沙场的老将心急如焚,如果此仗一败,兵败如山倒,别说这些士兵兄弟会血洒战场,更可能使俄国成为法国的隶属国,那么自己岂不沦为历史罪人?他的双眉越皱越紧,难道就此坐而待毙?难道真的无路可走了?

他凝视双方军营,燃烧得"毕毕剥剥"的满山遍野的篝火,在黑暗的汪洋里伸着通红的舌头,舔得他浑身发热。忽然他灵机一动,马上叫来传令兵:命令部队增添篝火!一会儿,俄国军队的营地内,点燃起双倍的篝火。

拿破仑出来巡查,心中猛地一惊:呀!俄军阵地怎么增添了这么多篝火？肯定援兵已到！要不是今夜巡查，我不是被蒙在鼓里吗？好险呐！

"撤！"拿破仑一声令下，人马逃亡。

库图佐夫见法军如潮后退，马上组织军队乘势反攻，反败为胜。

周密计划越狱

克鲁泡特金被捕了，在监狱中被恶劣的条件折磨得死去活来。不久，他从监狱转移到圣彼得堡卫戍区陆军医院军官病监中。每天下午4时，他可以穿着绿色法兰绒病服到病监天井里散步一小时。

一天，克鲁泡特金走出牢门，来到一块300步长200步宽的大草地上散步。他看到四周的厚木板高篱把草地围成一个大天井，他所在的病监这一端约有150步长，两个士兵沿着病监前草地上的小路来回巡行。正对病监的另一端停着许多马车，供马车出入的大门开着，那里并无守兵。门外就是街道，街道对面是医院。他发现，如果乘守兵离开较远时先笔直奔向大门，定可以抢在绕弯路追赶的守兵前面跑到街上。于是，一个大胆的越狱计划产生了。

回到病监，他立即给狱外的朋友们用暗语写信，告诉他们越狱的方法和联络信号。

越狱的准备工作差不多花了一个多月。外面的朋友们准备在克鲁泡特金出逃经过的好几里路上遍设步哨，用各种方法把一路通行无阻的暗号传递给接应越狱的马车。朋友们租下了街上从天井中看得见的一所平房，一名提琴手站在打开的窗前，准备一接到"街中无阻"的信号就奏响提琴。俄历6月30日下午2时，一位女士给克鲁泡特金送来了一只表，里面藏着全部越狱计划。4时，他照常散步，发出了顺利的信号。街上传来马车声，几分钟后提琴声大响。可他走到接近大门的一端时，守兵正在他身后，只得再往回走。此时琴声戛然而止，原来许多载着木柴的马车进了大门。过了一会儿，琴声又响起来了，克鲁泡特金不慌不忙地踱向近门的一端。守兵正在他身后五六步外向另一端行去。他迅速脱掉绿色病衣，飞快地向大门奔去。

追来的守兵以为一定能抓住他，没有开枪。克鲁泡特金一跑出大门，就见数十步外马车上坐着一个头戴军帽身穿便服的人，原来是他忠实的朋

友威马尔博士。他跳上马车,马立即飞奔起来。

马车七拐八弯,驶上涅瓦大街,又转入一条侧路,在一家门前克鲁泡特金下了马车。他上楼换掉衣眼,剪短乱须,10分钟后又登上另一辆马车,消失在街道上……

驾敌机逃生

天空漆黑,月色全无,一架苏军飞机正悄悄飞行,准备在夜幕的掩护下轰炸德军的一个大型机场。然而,当苏机到达德军机场的外围时,被那里的雷达发现了,刹那间,高射炮齐发,苏机身中数弹,苏军飞行员眼看飞机就要坠落,赶紧跳伞保存生命。

这里是德国后方,到处都是德军的部队,即使跳伞成功,仍要落入德军的陷阱,既然是遍地荆棘,那位飞行员干脆就降落到德国的机场上去。

苏军飞行员在庆幸之余,立即想到自身尚在重围之中,怎么办?要突出重围,谈何容易?他观察当时的形势,一面是漆黑一团的机场外围,一面是灯火辉煌的机场大楼。机场外围神秘莫测,而机场大楼又充满杀机,他当机立断,卸掉了降落伞,大摇大摆地向机场大楼走去。

他这一举措果然灵验,途中也曾碰到了几批德军,但德军万万想不到面前走过的人是敌人,他们误以为这个飞行员是自己机场的工作人员。

苏军飞行员来到大楼附近的跑道上,跑道上有一架飞机正整装待发,里面坐满了乘客,可是驾驶舱里却空无一人,可能是驾驶员正在忙着什么事情尚未就位。苏军飞行员灵机一动,坐进了驾驶舱,他那身苏军的飞行服与德军的飞行服比较相像,机舱里的德方乘客,谁也没想到这人是敌人,丝毫没有引起警惕和恐慌,就在他们谈笑之中,飞机起飞了。

飞机飞出机场不久,就掉转了方向,向苏方飞去。当机上的乘客发现情况不对时,这架德军飞机和所有的德方乘客已成了苏军的俘虏。

苏军飞行员凭着胆略和机智,在危难之中,不仅解救了自己,还获得了一批战利品。

严寒御敌

代号："台风"行动。时间：10月份。目标：莫斯科。第二次世界大战期间，一贯以"闪电战"为特点的德国法西斯军队，在某年夏季攻势中占领苏联的基辅后，又疯狂地积集兵力，气势汹汹地要发动"台风"战役，妄图一举攻克前苏联首都莫斯科。丧心病狂的希特勒，通过电台向全世界叫嚣："我们将在莫斯科过圣诞节！"

面对洪水猛兽般的德寇，如何来扼制其嚣张的气焰？如何来保卫自己首都的安全？……这一系列的问题，紧迫地摆在苏军部的各位将军面前。

"我认为，敌人的兵力过于强大，我军不如暂避锋芒，而不必为了一城一地之得失伤了元气。"

"不行，首都万不可撤离，首都一失，军心涣散，后果将不堪设想。"

"我认为，我们现在唯一的办法是集结各路部队，在莫斯科城外与德军决一死战！"

统帅部会议室内，烟雾缭绕。将军们各抒己见，气氛热烈。可是争来吵去，没有一个人的方案被大家一致认为是万全之策。这时，有人开始注意到，他们中间有一位将军，时而翻看情报，时而查阅地图，笑而不言。

"喂，瓦西里将军，听听您的意见如何？"有人向他发问。

"我的作战方案可以概括为一句话：借助天兵天将。在中国，不是有个古老的说法，叫做天兵天将吗？……"瓦西里将军微笑着把他的计划娓娓道来。

10月2日，德军进攻莫斯科的炮声打响了。而瓦西里将军所预计的"天兵天将"也正式投入了战斗。原来，他所借助的"天兵天将"，是莫斯科冬日少有的严寒。这个绝密情报，是他从气象站的综合天气预报中获取的。

严寒——这支苏军的"奇兵"，它一出现便迫使敌人残废的残废，染病的染病，倒毙的倒毙。它使敌人的坦克无法开动，大炮的瞄准镜失效；枪支因冰冻而卡死。德军几乎完全丧失了战斗力。而苏军则派出了一支冬训有素的西伯利亚部队，发动了猛攻。德寇顿时溃不成军。从10月初的零下八度，到11月的零下40度，严寒这支"天兵天将"，冻死冻伤了德军11万多人，它配合苏军先后击溃了敌人100余万。

一切都如瓦西里将军所预计的那样,毫无御寒准备的法西斯德军所拟定的"台风行动",就这样在苏军巧借的"天兵天将"面前,宣告大败!

借尸诱敌

秋风萧索,苏联德温伯河畔。高大魁梧的前苏联红军沃罗温什方面军司令瓦杜丁大将,带着警卫员沿河岸走着。

这是1943年的秋天,最高统帅部发动的这次德温伯河会战按理能扭转大战形势。谁想德军反扑得很厉害,最高统帅部只能下命令避实击虚,实行战略大转移。"可是我们这一支庞大的机械化部队,要从敌人鼻子底下神不知鬼不觉地转移能成吗?"将军的头脑里一直转着这么一个问题。这时警卫员指着河边高呼道:"司令官,有人在钓鱼呢。"

是谁有这份闲情逸致?瓦杜丁将军的目光朝警卫员指的方向看上去。哎,这人挺怪,竟用大炮炸死的小鸟的细脑袋做诱饵。饿极了的大鱼,争相啄食着这奇怪的诱饵。

瓦杜丁突然得到启发,立即命令警卫员去弄一具刚断气的无名尸体来。

尸体毫不费力地搬来了。瓦杜丁饶有兴趣地审视着那尸体,满意地捋着胡子吩咐:"给他里里外外都换成一身苏军大尉军服,好好地乔装打扮一下,手里要死死抱住一个黑色公文包。我要让这死人起到比活人更大的作用!"

假大尉和公文包都被扔进前沿阵地,德国军队士兵的子弹呼啸着射中那假大尉,苏军前沿部队撤退到第二道战壕。

一个德军军官率先跳入苏军第一道战壕,他抬腿拨弄几下中弹倒下的假大尉,漫不经心地打开了那只公文包。当他打开最后一层时,一份标有"绝密"字样的文件跳入眼帘:"沃罗温什方面军,最高统帅部队命令你们暂停进攻,就地在布克林转入防御!"这军官欣喜若狂,马上报告上级。德军最高指挥官下令:"密切注意苏联军队动向!"

远处,苏军阵地上,一个指挥所和几部电台在嘟嘟地不停"忙碌"。集结地域内,呜呜呜的警报声不断,苏军正准备反空袭。德军指挥官终于得意地笑了:苏联人啊,你们做梦都没有想到,你们的传令官死在前线,绝密文件已在我抽屉里。你们死守布克林吧,我的炸弹要统统送你们上西天!

德军轰炸机凌空而起,呼啸着向苏军的空阵地倾投无数炸弹,大量预备队秘密调往布克林。德军万万没想到,苏联红军主力已转移到德军防御力量薄弱的基辅北侧。此刻,在基辅北侧的一个高级指挥所内,瓦杜丁大将对那三个警卫员大笑道:"怎么样,这些德国活人在上死人的当啦!"

扩音器变坦克

扩音器能变出坦克车?别奇怪,这事在 1944 年 1 月真的发生了一次。

前苏联红军拉开了科尔宋——舍甫琴科夫斯基战役的序幕。近卫坦克第 5 集团军该转移到主要突击方面,可要悄悄地离开基洛夫格勒地域又谈何容易?德国军队的贼眼可盯得紧呢!

红军内管宣传的萨加少校出了个主意:我想叫我们的扩音器变出一辆辆坦克!

当天深夜,30 台扩音器放在精心设计好的位置上,一霎间它们同时播放出噪音。噪音酷似坦克履带压地的声响,弄得满世界像有坦克在行驶。

"轧轧轧!"这隆隆声里,大队的苏联红军坦克却神秘地调走了。

那声音惊醒了德军,首脑们大脑中飞速闪过一个念头:苏联红军准想在基洛夫格勒进行大规模进攻。

"轧轧轧! 轧轧轧!"这声音仍有规律地响着,苏军已在这音响的掩护下顺利地完成了战略调整。德军却绷紧了神经,未敢调动该地区的精锐部队。

他们没想到:苏联坦克已集结至兹维尼哥罗德卡,将投入另一场规模更大的战役!

木马计攻城

很久以前,住在小亚细亚半岛上的特洛亚城邦国的王子,拐走了希腊的美人海伦——强大的斯巴达国工墨涅拉俄斯的妻子。这件事激起了全希腊人的公愤,于是他们组织了希腊联军,远征特洛亚。战争打了 10 年之久,可是仍然不分胜负。

希腊人卡尔斯召集英雄们说:"昨天,我看到一只鹰追击一只鸽子,这只鸽子却敏捷地飞到岩穴里去。这只鹰在岩石上等待了许久,但被追击的

鸽子却藏匿不出。最后它隐蔽在附近的树丛中,这时,鸽子毫不迟疑地飞出来。于是老鹰即刻扑上去,用利爪将它攫住。我们应该以这鸟雀为例,停止对特洛亚城的攻击,而另想别的妙计。"

俄底修斯想出了一条妙计。他让人制造一个巨大的木马。木马的腹中是空的,里面装着许多骁勇无比的士兵,放在自己的阵地上。然后又选派一名叫西农的年轻人,躲在木马的身下。一切安排就绪后,希腊人烧毁了自己的棚屋和杂物,丢下了巨大的木马和西农,慌慌张张地撤走了。

固守城池的特洛亚人不久就注意到海岸上的烟雾和大火,发现希腊人的船已经离去。他们快乐地涌到海岸上,发现了巨大的木马,惊愕得直瞪眼睛。

但见那木马的两耳竖立,两眼奕奕有神,浑身的毛十分精致,似乎可以迎风飘动,整个马匹就好像是活的并可以走动一样。起初他们衷心地惊叹于这件巨大的艺术品的逼真,后来则争论着怎样将它处置。有些人主张将它拖到城里去,放置在卫城上作为胜利的纪念品;有些人则不相信敌人留下的这个奇怪的礼物,主张将它推下大海或用火焚毁。

这时躲在木马下的西农站了出来,对特洛亚人说:"尊敬的特洛亚人,如果你们饶恕我这个希腊逃兵,我就把实话告诉你们。"

特洛亚人为了知道"圣木马"的详细情况,就答应不杀他。

于是,西农就说:"这巨大的木马是希腊人献祭给智慧女神雅典娜的礼品。如果你们把它拖进城去,你们就会代替希腊人得到雅典娜的庇佑和保护。如果你们用任何方式损伤了圣木马,雅典娜就必然使你们的城池毁灭!"

特洛亚人相信了西农的话,就小心翼翼地把木马拖到了城门口,在城垣上开一个洞,使木马可以通过,他们在木马脚下安置轮轴,并且制造大绳索去套它的颈项。然后他们将这巨大的木马拖拽到城里去。西农也跟进了城。

天黑了,特洛亚人摆开了盛大的宴席庆祝胜利,个个喝得烂醉如泥。半夜,西农点起火把,并高举着它摇晃,希腊船队飞快地赶来,全体战士从城垣上特洛亚人自己拆毁后让木马通过的缺口汹涌入城。藏在木马腹中的希腊士兵早已分散到城里各处,他们里应外合,血洗了特洛亚城,夺回了美女海伦,历时10年的特洛亚战争终于宣告结束。

偷梁换柱

缅甸有个船主,常常骗船夫的工钱。船顺着伊洛瓦底江往返一次,总要两三个月,因此那笔工钱是相当可观的。在航行途中,船主只管船夫的伙食,实际工钱要到航行完毕以后才付。然而每到航行结束时,船主总要要些花招,或者引诱他的船夫打赌,那些容易受骗的人,工钱都要被他骗光。

一天,有个受过骗的山里人回到船主那里,说:"主人,我愿意跟你签订下一次航行合同。"

到了船上,山里人拿出一把样式非常奇怪的刀,神秘地对大家说:"父亲给了我这把魔刀,让我在航行的路上用。"

"你的刀有什么好处?"其他的船夫问。

"我不知道它有什么好处。"山里人回答,"反正它是魔刀就行了。"

这天,船正停泊在一个村子边,山里人又拿出那把刀来,在船舷上来回地摆弄。他们于是又拿魔刀来打趣他。正在这时,那把刀突然从山里人手里滑出来,掉在水里。

"快下水去找吧!"船夫们劝他说。

可是山里人却借了一把刀,在船舷上掉下刀去的地方做了一个记号,说:"我已经做了记号,任何时候都可以下水去取。"

"咳,你这个大傻瓜!"其他的船夫说,"不多一会儿咱们的船就要开了,你以为你那把奇异的魔刀会在水底跟着船走吗?"

"这我倒不知道。"山里人说,"我只知道已经在船舷上掉下刀的地方做了记号,我任何时候都可以下水去取。"

那个贪心的船主认为这是个天赐的好机会,就对山里人说:"你愿意跟我打赌吗?一会儿,我们要在离这儿不远的一个村子边停船。你要是在那儿跳下水去,能够重新找到你的刀,我就把我所有的船都给你。不过你要是找不到那把刀,你的工钱就没有了。"

山里人显然很不解的样子,对船主说:"你这是什么意思呢,主人?你当然知道我会把刀找到的,因为我早已在船舷上做好记号了。"

他的那些伙伴听了,都大笑起来。

一会儿，船到那个村子边停下，船主就叫山里人下水去找刀。山里人仔细地在船舷上做过记号的地方察看一下，就跳下水去。片刻浮出水面，将那把魔刀高举在手里挥舞着。

"这里面有鬼，这里面有鬼。"船主怒冲冲地大声喊。

"这我倒不知道，"山里人说，"可我不是早跟你说了吗，我的刀是一把魔刀，早晚可以找到的呀！"船主虽然提出抗议，可最后还是不得不把所有的船都给了山里人。

那个山里人把卖船的钱分给船夫们，并告诉他们：他有两把样式完全相同的刀，一把丢在水里，另一把藏在衣服里，哪里是什么魔刀呢？

风筝送草籽

很久前，日本侵略者占领朝鲜的济州市，吹嘘说："我们要世世代代留在这里，朝鲜人永远别想收回济州！"

国王召见将军们，下令要驱逐敌人。可这个城市难以接近，四面是荆棘丛，又密又高，没有人通得过。其中有个将军叫赵永其。一天，他登上济州市附近的山岗，观察在荆棘丛里是否有路可走。有个农民走来对他说："你过 15 个月给我派 100 个兵来，济州一定会重归朝鲜了。"

将军说："到时候，我给你 100 个士兵，但你要注意，如果你不能赶走敌人，我要下令把你的皮拿来做鼓！"

当将军把农民吹牛的事告诉国王时，国王笑了好久，然后说："必须监视这个农民，否则他逃走后，我们就不能杀他的头了。"

第二天，国王派来的监视者老是在农民家附近转。晚上，他们向国王报告说："农民整天在粘一种小小的纸袋。"过了一天，监视者又来报告说："农民从早到晚还在粘小纸袋。"一连 10 天，国王都接到报告说，农民在粘小纸袋。第 11 天，监视者报告说："农民不断地粘风筝。"不久，国王又听到了农民的新花样：他召集了村里的男孩，从早到晚放风筝。

国王非常气愤，想马上杀农民的头，但赵永其说："仁义的国王，我答应等这个吹牛者 15 个月。现在不必杀他，他的头逃不出我们的刀！"

夏去秋来，看来，农民已完全忘记了同赵永其的谈话，他整天在干普通的农活。冬去春来，农民答应收复济州的日期临近了，国王的监视者到他

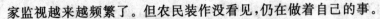

家监视越来越频繁了。但农民装作没看见，仍在做着自己的事。

这一天，老农民走到山岗上，仔细察看了荆棘丛，满意地回到村里，看到一个国王派来的监视者便笑着对他说："你去告诉赵永其将军，在阴历九月初一派士兵来。"

阴历九月初一的夜晚，100名士兵悄然无声地来到老农民的村里。农民对士兵们说："你们跟在我后面爬，要轻得连森林里的老鼠也听不见一点响声！"士兵们在老农民后面爬行。当爬到离荆棘丛不到一里路时，农民叫士兵们不要爬了，然后，选了10个最灵活的青年，对他们说了几句话，于是青年们又迅速朝前爬去。突然离士兵不远处，一下子在十个地方起火，风吹着火，把火吹到荆棘丛上，荆棘丛的四面很快都着火了，火焰直冲天空！于是，朝鲜兵士们冲进了济州市。战斗很快结束了。

天亮了，国王同将军一起到了济州城。国王走到农民面前，问："请告诉我们，火是怎么烧着荆棘丛的？"

农民说："我做了10天纸袋，里面放了草籽，又做了10天风筝，把草籽袋系在风筝上，把风筝放到荆棘丛上面；风筝钩在荆棘丛里，草籽掉了下来，风把它们带到城堡的周围。春天，草籽发芽了，夏天草长高了，秋天草干枯了，于是昨天夜里风往济州城吹时，我就点燃了干草。"

蜜蜂助战

公元11世纪，英国军队在攻打耶路撒冷古城圣·让达克的时候，遭到了圣·让达克人的殊死抵抗，攻城战劳师折兵，久无进展。英军指挥官麦乔上校为此伤透了脑筋。

正当麦乔上校愁眉不展、忧心如焚的时候，一天，同乡士兵郎达求见："上校先生，我为攻城的事来求见您。"

听了郎达讲的攻城谋略，麦乔上校乐开了花。

很快，英军又组织起一次新的攻城战，与前几次攻势不同的是，在大队士兵队列前先行的，是由士兵郎达带领的一批扛着许多蜜蜂箱的养蜂人。

部队很快冲到了圣·让达克城边，郎达立即指挥那些养蜂人把蜂箱扔上城头。霎时间成千上万只蜜蜂从摔开的蜂箱中，铺天盖地地飞出来，遇人便刺，把守城的耶路撒冷官兵刺得睁不开眼，一个个哇哇乱叫，顷刻便失

177

去了守卫能力。而英军攻城部队则乘势发起进攻,很快占领了城池。原来,士兵郎达在从军前曾是个出色的养蜂人。随部队到了耶路撒冷后,对养蜂的兴趣丝毫未减。战斗空隙时,他便爱与附近养蜂人交往。当他把"蜜蜂攻城"的计策报告给了麦乔上校后,很快便搞到了所需要的"武器"。

海鸥发警报

第二次世界大战期间,英国某潜艇司令官本杰利少校被人戏称为"海鸥司令"。就是这位"海鸥司令",带领他的潜艇,在反击德军的潜艇战中,创下了辉煌的战果。

从战争开始时,本杰利先生便着手研究起如何来对付德军的同行了。在潜艇战中最要紧的是如何隐蔽自己,如何及早发现敌人。可以说,谁首先发现敌人,谁便赢得了取得胜利的主动权。由于双方都会充分应用雷达技术来及时报警,因此,只有谁拥有了雷达仪器测探范围之外的侦察能力,谁才会真正拥有决胜权。

一天,本杰利的潜艇停在军港中检修,他看到几十公尺远的海面上,一群海鸥在那里低低地盘旋。那些海鸥"呀呀"地叫着,一会儿从空中俯冲到海面上,一会儿又从那儿低翔回转。本杰利觉得奇怪:一大群海鸥在那儿结集翻飞是什么原因呢?用望远镜一看,原来海面上散浮着一些东西,是潜艇上厨房里扔出的剩饭菜。哦,残羹剩饭对这些家伙竟有这么大的吸引力。本杰利的心里琢磨开了,与此同时,一个奇特的计划在他的脑中形成了。

不久,本杰利所在潜艇上的士兵们接到了司令官的一项特殊命令,在潜艇巡航时,不断向海面施放食物。

从此,每次出航,士兵们便发现,有大批的海鸥在潜艇的海面上争抢食物。时间一久,就是不施放食物,海鸥一发现水下有黑影移动就会在海面尾随盘旋等食了。

本杰利少校的举动,开始时很不为部下们所理解。他们都惋惜每天浪费了大量的上好食物。听到部下们的抱怨声,本杰利只是一笑了之,但他从不收回成命。

正式的战役终于打响了。英军潜艇训练过海鸥的海面很快便成了主要的战场。本杰利给士兵们下达了新命令。"只要一旦发现海面上有海鸥结集飞翔,就说明德军潜艇出动了,即可发动攻击!"士兵一下子明白了司令官先生训练海鸥的良苦用心了。这样,海鸥成了英军的"眼睛",本杰利潜艇在海鸥的指引下,给德国的潜艇部队以沉重的打击。

瞒天过海智袭罗马兵

斯巴达克起义了,罗马元老院一片惊慌。元老院嚷嚷着派执法官普布列·瓦伦温带领两个军团,前去镇压斯巴达克起义军。

1.2万名罗马士兵疯狂扑来,斯巴达克不慌不忙,沉着应战。他集中主力部队一下子将瓦伦温副将傅利乌斯的2000人马堵死在坎帕尼亚东部,三下五除二,统统消灭。这支主力,又突然回师,打败另一支罗马援军。瓦伦温恼羞成怒了,他用全部兵力重重围住了起义军阵地,挖深沟、筑土墙。扬言要活捉斯巴达克!

起义军濒临全军覆灭的险境:兵器越来越少,粮草快断绝,士兵们患了疾病,一时冲不出包围圈。斯巴达克带领手下准备掩埋阵亡的起义军,他望着死难的弟兄们,忽然灵机一动……

夜深了,斯巴达克的士兵们悄悄把阵前死尸拖来,散开分别绑在早竖好的矮木桩前,远看便似一个个一本正经站岗的哨兵。然后,他们点起一簇簇篝火,只留下几个号兵定时吹号。

军号阵阵,整座军营跟平常一模一样。

在夜幕的掩护下,斯巴达克和他的义军沿一条崎岖山路突出重围,敌人万万没料到这条无法通过的险峻小路已被起义军征服。起义军选好有利地形,搭好隐蔽物,掘好壕沟,悄悄布下伏兵。万事俱备,只等罗马军队自投罗网!

第二天,瓦伦温指挥军队进攻阵地,罗马军队乖乖地走进起义军的埋伏圈。

斯巴达克看时机已到,率先跳出阵地,挥剑杀出。罗马军猝不及防,再加上早已疲惫不堪,一场恶战,占着有利地形的起义军大获全胜。

瓦伦温丢盔弃甲,连滚带爬跃上战马,落荒而逃。

队形操练诱敌

公元前335年夏,位于伊利里亚境内的培利亚城,笼罩在一片昏黄的硝烟和战火里。邻国马其顿王国的国王亲自率领10万大军,团团包围了培利亚城,一月之中先后发动了16次猛烈进攻。可是,培利亚城军民凭借有利地形,居高临下,打退了敌人步骑兵的一次次凶猛进攻。一个月下来,城池始终掌握在自己手中,就连培利亚城的外围阵地,也固若金汤。

马其顿王此刻在军帐中围着铺展着地图的长桌团团打转。他分析着敌人的优势,敌人之所以能在强兵压境之下固守至今,无非是凭借居高临下的有利地势,坚守不出。怎样才能引蛇出洞,消除敌方的优势呢?

第二天,培利亚城一反往常的情景,再看不见喧嚣的尘土,也听不到马其顿士兵冲锋的呐喊了。做好充分战斗准备的培利亚守城官兵十分警惕,纷纷从城墙瞭望与城垛的空隙处,向山下的敌阵望去。马其顿军营静悄悄的。

"弟兄们,当心敌人耍花招,全体各就各位做好战斗准备!"守城军官见士兵们有些斗志松懈,不由地大声发布命令。

"当心!敌人的进攻又开始了。"不知谁,第一个发现了山下军营里的变化,守城官兵们立即弯弓搭箭,又聚精会神地做好迎战准备。

此时,马其顿军营中,慢慢地派出数列重装的骑兵来,但并没有发动进攻,却在山下操练起队形。还可以听到军官们的口令声。骑兵操练结束后,接着,是迈着方阵的步兵表演。只见随着队形的变换,长矛短剑在阳光下闪闪烁烁,银光飞舞,煞是好看。

守城的培利亚军士兵,看着看着,警惕性开始放松起来。有的开始抱怨距离太远,看不清楚。几个大胆的士兵,竟爬出工事去观看。军官们本想出面制止,但看他们全都带着武器,而且也没有遇到什么危险,就不开口了。这样,从工事里、从城墙上出来观看马其顿士兵表演的人就愈来愈多了。

突然,只见操练着的马其顿官兵,举着长矛,向培利亚城冲了过来,措手不及的伊利里亚人,在突如其来的强大攻势下终于丢失了他们城外的阵地。

妙计巧渡河

公元前 327 年,马其顿国王亚历山大率军进攻印度,却遭到普鲁王国军队强硬的抵抗。他们在海达斯帕斯河对岸设下道道防线,河面宽阔,水深异常,很难强渡。

亚历山大发愁了:攻不过海达斯帕斯河,征服计划功亏一篑啊! 冥思苦想了几天,他终于想出一计。

一天,他把部队首领统统召集起来,颁布一道命令:"从今天起,分几路人马,沿河岸向不同方向移动。我自己也带一拨士兵来回行动。"军官们疑疑惑惑地瞅着国王想:成了一盘散沙,还有作战能力吗?

亚历山大笑笑说:"你们的目的有两个,一是侦察好理想的渡河点,二是诱使普鲁士军队处处设防,分散兵力,出现薄弱点。再说,还可让敌方的物资供应疲于奔命。有一点大家要注意,一定要选择在夜间偷渡,以免敌军的象队惊吓我们的坐骑。"

夜里突然喧闹开了,亚历山大带着骑兵沿着河岸飞速来回地奔跑,一边高喊着冲锋的口号,一边将兵器叩击出铿锵有力的碰撞声,一时声势非凡。

普鲁国王闻声,出来一瞧,一时有些心慌:怎么,想强渡! 连连吆喝将士,随对岸的喊杀声平行奔跑,声振河畔。

三四天过去了,普鲁王国军队烦了,他们松懈了斗志。

亚历山大细细观察一番,料到敌方已渐中计,便命令部队进入预先定好的浅水渡河点一带,在沿河各处布置了岗哨。一切安排好,亚历山大指挥部队深夜点起篝火。霎时间,篝火布满河岸,红彤彤的火光世界里,马其顿士兵们蹦跳不停,喧嚷不止。

如此,又接连捣鼓了几夜,敌军不但不以为然,反而隔河齐声吆喝讥笑:"有本领的过河来! 装神弄鬼!"

一天深夜,大雨哗哗而下。亚历山大将部队悄悄调度好,自己亲率约 5000 精干骑兵,冒雨抢渡。

马其顿军队登岸时,敌军虽发现,但为时已晚。仓促应战中,一方是军心涣散,一方是养精蓄锐,胜负立显。

借刀杀人削强国实力

波兰在 16 世纪后期开始，一直想侵略俄国，虽然那时俄国由于长期政局动荡，国力已日趋薄弱，但毕竟地广人多，要征服它并非易事，如果贸然用兵，反而会激起俄国各种势力一致对外的决心。波兰自知力所难及，就采取假手于人的策略。

正巧那时俄国的新沙皇戈都诺夫即位，政权又趋动荡起来。新沙皇是个野心家，他将合法继承人德米特里在其幼年时就谋害了，从而夺得了皇位。他接位不久，一个自称是德米特里一世的人在一些哥萨克人及众多农奴的拥戴下也另立政权，并起兵攻打戈都诺夫。但苦于力量薄弱，难成气候。

波兰人就趁机插手，借给戈都诺夫的反对派 4000 名兵丁，并提供物资援助。德米特里顿时力量大增，一些拥有实力的贵族纷纷倒戈于他，因而使反对派的军队能所向无敌地进入了莫斯科，夺取了皇位。

那些倒向德米特里的贵族和地主并非真心拥戴他，而是为了维护和扩张自己的势力，一待攻入莫斯科，他们就反对并杀死了德米特里，拥戴了柏伊斯基为沙皇。经过这一次的战争，俄国的军事力量更加脆弱不堪。

事隔一年，俄国又出现了一个自立为皇者，称为德米特里二世。波兰人故伎重演，借给他两万人马，助其进攻。这个自立为皇者一直打到莫斯科，与柏伊斯基的政权对峙了将近两年，双方互有死伤。一些贵族地主像是走马灯似的一会儿倒向这边，一会儿又倒向那边。这一切都消耗了俄国的实力，完全破坏了正常的秩序。

波兰统治者这时觉得坐享其成的时机到了，就直接出兵进犯俄国，没花多少力气就打败俄国，并进入俄国首都。虽然它的力量无法覆盖整个俄国，但这时俄国已无中央政权和统一指挥的军队，这个老牌帝国的局势已陷于深度的危机之中。

韬光养晦顺利复国

斯坎德是中世纪阿尔巴尼亚的民族英雄。但却有很长一段时间，他是作为土耳其苏丹的宠臣,统治着阿尔巴尼亚的人民。当时,土耳其已经侵占了阿尔巴尼亚,为何斯坎德竟心甘情愿地为其主子效劳呢?既然他是个侵略者的工具,又为何称他为民族英雄呢?

其实,斯坎德是非常仇恨土耳其的侵略行径的,尤其他在幼年时是作为人质被扣留在土耳其的。仇恨的种子深深地埋在他的心坎中。但他是个有心计的人,使用韬晦之术,取得了土耳其苏丹的欢心,苏丹送他进军事学校学习,并委以重任。他也俨然以土耳其的贵族自居,似乎从根本上忘记了自己是阿尔巴尼亚人。

斯坎德受到了土耳其苏丹的信任,特别是当上了阿尔巴尼亚的行政长官之后,就开始与各地的反土耳其力量联络,百姓们也希望他能够领导阿尔巴尼亚人民进行复国运动。但是斯坎德认为时机未到,不能轻举妄动,否则就要前功尽弃,而且会给人民带来更大的不幸。

后来被土耳其占领的匈牙利人民开始起义了,斗争的烈火越烧越旺,土耳其统治者为了镇压起义,从阿尔巴尼亚抽调兵力。斯坎德终于等到了有利时机,他从紧张的前线抽兵回归地拉那,以迅雷不及掩耳之势,控制了阿尔巴尼亚的所有军事要塞,成功地完成了复国任务。

但当土耳其调集大量军队进攻刚复国的阿尔巴尼亚时,斯坎德却将部队化整为零,巧妙地隐蔽起来,并且传出风声:"斯坎德已躲入了深山老林。"

这是斯坎德的又一次韬晦之计,他自知不敌土耳其的大军,也了解阿尔巴尼亚各部族首领的妥协动摇性,所以从公开的战场转入到地下斗争。他不失时机地调动部队,并加以集结和训练。正当土耳其庆贺再次征服阿尔巴尼亚时,斯坎德率领的大军从天而降,出现在首都附近,包围了不知所措的土耳其人,一举击溃了侵略者。

这次战争后,斯坎德牢牢地控制了阿尔巴尼亚的局面,不仅使侵略者闻风丧胆,那些动摇和妥协的贵族也信服了斯坎德。一个新兴的阿尔巴尼亚在欧洲崛起了。

炸桥障目巧渡河

1943年初,由铁托将军领导的游击队已扩大为解放军,在本国境内非常活跃,频频袭击德军。德国最高当局为解除后顾之忧,决心对南斯拉夫

解放军进行一次大规模的扫荡。为了避免与德军正面作战,铁托将军组织了一支突击队,带领4000名伤员转移到门的哥罗地区去。

这支突击队经过千辛万苦,长途跋涉,渐渐地靠近了门的哥罗地区。但是汹涌澎湃的涅列特瓦河横在前面,挡住了突击队的去路。在河彼岸有德军重兵把守,河的这一侧,各路追击的德军也在向岸边集结。时间稍误,突击队就有可能遭受两头夹击被消灭的厄运。

涅列特瓦河上有一座大桥,这是通往对岸的唯一通道。按常规的战斗方式,突击队应迅速控制桥梁,组织力量冲过河去,但是铁托却下令:"炸桥!"

突击队的参谋人员不解地问道:"德军为了阻止我们渡河,可能要炸桥,我们应该加以防止。"

铁托斩钉截铁地说:"我们自己来炸桥!"

"这样,我们就无法过河去了。"参谋人员尽管存在疑问,铁托的命令还是被不折不扣地执行了,突击队设法炸掉了那座桥梁,并且开始沿着河岸转移。

德军虽然不知突击队的去向,但有一点是明确的,即大桥炸毁,说明了突击队不准备过河了。所以他们将驻守在河对岸的重兵调到河这边来,与追军一齐来搜索突击队的下落,并准备一举将其歼灭。

铁托率领着突击队迂回曲折,走走停停,竟出人意料地又回到了桥这边。

他们组织人力架设轻便吊桥,一夜之间就架成了。铁托命令将辎重丢入河中,突击队保护着伤员迅速通过吊桥,来到河对岸。由于河对岸的德军已经撤去,所以他们没有遇到什么阻挡,很快就进入了门的哥罗地区。

德军疲于奔命,当他们得知突击队的去向后,已经无法追上了。

伪造报纸军心涣散

1917年,在德奥联军与意大利军对峙的卡波列托战场上,这一日晌午,正值战斗间隙,经过一场恶战后,意大利士兵一个个拖着疲惫不堪的身躯回到工事里休息。

"咦——,这不是我们家乡的报纸吗!"士兵兰顿一脚踢着一个纸包。

"哟，真的，是我们北意大利的报纸呢。"

"还是最近的，快！看看家乡最近还有些什么新闻。"

许多意大利士兵围了过来，争抢报纸。

"呀！怎么？家乡的警察与老百姓发生流血冲突。岂有此理！"

"嘿！这帮混账王八蛋！老子在前线拼死卖命，他们反倒在家乡欺负我们的父兄姐妹，这些狗娘养的！"

报上触目惊心的消息，立即像一团火一样，把兰顿他们点燃了。

几十个北意大利皮蒙特士兵群情激愤地朝指挥所而去。

当他们来到指挥所门前，却看到了那里已围着百十个士兵了，正在责问指挥官列卡少校呢。只听少校说："大家请安静，这些报上的情况是否属实，还有待调查，这有可能是敌人制造的假象，大家不要被迷惑了。"

"这不明明是我们家乡的报纸？难道说，这报上的图片，以及死伤的居民，这些有名有姓的报道都是假的？"

"不管怎么说，这都要等与后方取得联系后我们才能证实到底是怎么一回事。目前我们一定要团结一心打退敌人的进攻。"

但那些不新不旧的报纸，像一枚巨大的炸弹，一下子打掉了意大利士兵的战斗激情，使他们一个个变得神情沮丧，垂头丧气。在不久德奥联军的大举进攻下，这支缺少战斗力的军队，一下子折损了 40 万人马。

原来，德奥联军在计划发动卡波列托战役时，通过内线了解到敌军是一支由地域观念极强的北意大利皮蒙特人组成的军队。于是，他们伪造了大量的北意大利报纸，悄悄地扔到意军的战壕里，展开心理攻势，意军真的中了圈套。

活饵钓潜艇

飞机与潜艇作为新式武器，始用于第一次世界大战之中，潜艇由于隐蔽性强，在战争中往往能获取极大的效果。所以，如何对付潜艇成为参战各国密切关注的迫切问题。尤为重要的是必须消灭对方战斗力强的潜艇，这样才能掌握制海权，赢得战争的胜利。

当时的潜艇还处于初创阶段，其性能还受到一定的限制，尤其是它不能久伏海底，需要定时浮出海面来充电和换气。如能抓住潜艇换气的短暂

时间,利用飞机对其轰击,不失是一种良好的办法。不过潜艇换气并没有规律,时间又短,暴露的部分又不大,再加上攻击的飞机也无法在海面久候,要击中它,这仍然是个难题。在这种情况下,德军采取了一种新的战术来对付英军的潜艇。

1915年6月25日下午,一架德国飞机在博尔库姆附近海域上空巡逻,这里有好几艘英国潜艇埋伏在海里。突然,德机的发动机出了故障,缓缓地向水面降落。这时,英国的D-4号潜艇见有机可乘,立即浮出了水面,用甲板炮向德国飞机发动攻击,企图将其一举击毁。

其实,德国飞机的发动机故障是伪造的,它之所以这样做是为了引诱英国潜艇出海面,英军果然上当受骗。这时德国飞机的发动机复又转动起来,迅速地飞离了海面,而英国潜艇却在海面上暴露无遗。他们原以为这架飞机会趁机攻击潜艇的,然而它却远远飞走了。

英国潜艇不免暗自庆幸,忙向海底潜去,可是正当它下潜之时,事先埋伏在附近的几艘德国潜艇一齐向它开炮,英艇毫无防备,被击中沉没。

减肥有良方

非洲有个胖女人,胖得连路都走不动了。她去找医生,想要一些减肥药。

医生让她坐下来,详细地问了她的病情。女人说,她越来越胖,担心总有一天身上要"爆炸"。

"大夫,我求你给我一种好药。"胖女人央求他。

"你先付了钱,明天再来找我!"医生对她说。

女人付了许多钱就回去了。

第二天,胖女人又来找这个医生。医生把她从头到脚检查了一遍,看了看她的嘴,摸了摸她的手和脚,对她说:"尊敬的太太,我读过21783本书,研究过1800万颗星星。我可以准确地告诉你,再过七天你就要死了,那还需要什么药呢?你就回家去等死吧!"

胖女人听了医生的这番话,吓得浑身发抖。回到家里以后,一直想着自己就要死了。她不停地数着,看她在人间还能活多少个小时。

她什么也不肯吃、不肯喝,到了晚上也不肯睡觉。她一天天、一小时一小时地瘦了下去。七天过去了。女人躺在床上，唉声叹气地等着自己的死期。可是，死亡根本没有降临。到了第八天、第九天，她还是没有死。

女人忍不住了，就去找医生。这时候，她已经瘦了许多，走起路来步子已经很轻松了。

"你这个医生真坏！"她愤怒地说："你凭什么拿我那么多钱？你向我保证过，说我七天以后一定会死，可是今天已经是第九天了。我已经看透了，你是个骗子！"

医生冷静地听她说完，就问她："告诉我，你现在是胖了还是瘦了？"

女人回答说："我可是瘦多了！一听说要死了，我吓得一天比一天瘦！"

于是，聪明的医生就对她说："我这么一吓唬你，比最好的药还灵，可是你还说我是个坏医生！"

已经变得苗条了的女人哈哈大笑，从此她和这个医生成了好朋友。

巧布"口袋阵"

公元前 216 年 8 月，意大利东南沿海卡内地区，发生一场恶战。北非的迪太基统帅汉尼拔率 4 万多步兵、近 1 万名骑兵，向罗马执政官伊米里亚斯带领的约 8 万名步兵、7000 名骑兵挑战。

为了打败强敌，汉尼拔巧妙地布下了"口袋阵"。

该月 2 日上午，战幕在卡内徐徐拉开。罗马军队集中步兵，猛攻汉尼拔军中央突出部分。汉尼拔边令前沿步兵迎战，边调左右两翼骑兵，痛击罗马军两翼骑兵。罗马军左右翼骑兵损失惨重，丢盔弃甲逃走。

战事激烈时，5000 名暗藏匕首的汉尼拔士兵，却边逃边叫向罗马军投降，交出剑矛。罗马军大喜过望，将这批士兵匆匆聚拢在阵地后面，不顾一切地猛攻汉尼拔步兵阵地中央突出部分。无意间，罗马军陷入了汉尼拔精心设计的"口袋阵"：汉尼拔步兵慢慢后退，原先的半月形态势由凸部向敌变成凹部向敌！时不可失！汉尼拔长剑一挥，两翼步兵从两侧猛攻罗马军，罗马军阵势大乱，军心涣散。

此时东南风呼呼作响。罗马军投射向汉尼拔军的矛、箭、石块，全让逆风吹得减速，甚至半途落地。汉尼拔军投来的利器，反因顺风增速，杀得罗马军鬼哭狼嚎。狂风无情，飞沙尘土刮得罗马军双目不能睁开，处处挨打，

溃不成军。就在此时,那隐在阵后的 5000 名假降士兵,几乎同步摸出胸前匕首,刺死正节节败退下来的罗马军。罗马士兵纷纷倒下,假降士兵们抢过死者的剑、矛,乱舞乱砍,将敌军内部冲撞得七零八落。惊恐万状的罗马士兵,一时吃不透究竟有多少汉尼拔士兵突然出现在面前。汉尼拔的骑兵呼啸着扑来,从背后狠狠冲杀阵脚。罗马军彻底陷入汉尼拔精心设计好的"口袋阵"里,腹背受敌,惨遭重创。

这一仗,汉尼拔大获全胜。罗马军留下了 7 万余具尸体,近万名士兵成为俘虏,仅有 300 多名士兵逃脱。曾威风凛凛、不可一世的罗马执政官伊米里亚斯亦变成"口袋阵"里的孤魂野鬼。

伯乐相马

1831 年,波兰作曲家肖邦在华沙起义失败后,只身流亡至法国巴黎定居。年轻的肖邦虽然才华出众,却空有大志而无施展之地,为求生计,只得以教书为生,处境甚为落魄。

一个偶然的机会,肖邦结识了鼎鼎大名的匈牙利钢琴家李斯特。两人一见如故,大有相见恨晚之感。当时的李斯特在巴黎上流文艺沙龙中已是名闻遐迩的骄子,可他对默默无闻但才华横溢的肖邦却大为赞赏。他想:决不能让肖邦这个人才埋没,必须帮他赢得观众。

一天,巴黎街头广告登出了钢琴大师李斯特举行个人演奏会的消息,剧场门口人头挤挤,门票一售而空。

紫红色的帷幕徐徐拉开,灯光下风度潇洒的李斯特身着燕尾服朝观众致意。台下掌声雷动,李斯特朝观众行礼后,便转身坐在钢琴前,摆好演奏姿势。

灯熄了,剧场内一片寂静,人们憋息静气地闭上眼睛,完全被那美妙的音乐征服了。

演奏结束,人们跳起来,兴奋地高喊:"李斯特!李斯特!"可灯一亮,大家傻了。观众看到舞台上坐的根本不是李斯特,而是一位眼中闪着泪花的陌生年轻人。他就是肖邦。

人们大为惊愕。原来,那时有个规矩,演奏钢琴要把剧场的灯熄灭,一片黑暗,以便观众能够聚精会神地听演奏。李斯特便利用这个空子,灯一

熄，就让肖邦过来代替自己演奏。

当观众明白刚才的演奏竟出自面前这位年轻人之手后，变惊愕为惊喜。剧场内，掌声四起。鲜花一束束地朝台上飞去。

于是，一位伟大的钢琴演奏家瞩目于世。

奇特的"死玫瑰花"店

在世界各个城市里，都有出售鲜花的商店，人们就能够购买各种鲜花，作为祝贺吉庆和安慰病人的礼品。但在智利首都圣地亚哥却有一家专门出售"死玫瑰花"的商店，该店出售、寄送枯死的玫瑰花瓣和花叶，以高明、礼貌的方式为失恋者、受骗者、失意者、落魄者表达怨恨。

这家"死玫瑰"商店的创办人叫凯文·米毛。他创办这家商店是有着自己切身体验的。1985 年，凯文·米毛失恋了。在痛苦与愤怒的彷徨之中，他发现窗台上一盆美丽的玫瑰花枯萎了。他觉得这是死亡了的爱情象征。于是，他灵机一动，剪下那朵死玫瑰，用一根黑色的丝带扎好，寄给了以前的恋人。他这样做了以后，感到心情有了明显的好转，失恋的创伤有了很大程度的平复。

富有经营头脑的凯文·米毛从失落感中解脱出来后，决定开办"死玫瑰花"商店，专门出售、寄送枯花和死花。每寄一束枯萎的玫瑰收费 40 美元，比购买一束鲜花价格高出近一倍。但这家花店确实有其独特的魅力和奇妙的用途，所以自开张之后，博得了各界人士的欣赏，每天顾客盈门，应接不暇。

那些垂头丧气、心存怨恨的人源源不断地从全国各地涌来，要求凯文·米毛寄枯萎的花瓣、枯萎的花叶给感情骗子、下流老板、卑鄙的生意合伙人以及把爱情当游戏的轻薄姑娘。那些收到死玫瑰的人中，大多数都有程度不同的愧疚感。所以智利的司法机关还对凯文·米毛的事业给予了肯定。

巧安排白手起家

委内瑞拉有个名叫图德拉的工程师，他想做石油生意，虽然一无关系，

二无资金，但他信息灵通，思路敏捷，行动果敢。

图德拉先来到阿根廷。了解到那里牛肉生产过剩，但石油制品比较紧缺，他就同有关贸易公司洽谈业务。"我愿意购买2000万美元的牛肉。"图德拉说，"条件是，你们向我购进2000万美元的丁烷。"因为图德拉知道阿根廷正需要2000万美元的丁烷，所以正是投其所好。双方的买卖意向很顺利地确定了下来。

他接着又来到西班牙，对一个造船厂提出："我愿意向贵厂订购一艘2000万美元的超级油轮。"那家造船厂正为没有人订货而发愁，当然非常欢迎。图德拉又话头一转，"条件是，你们购买我2000万美元的阿根廷牛肉。"

牛肉是西班牙居民的日常消费品，况且阿根廷正是世界各地牛肉的主要供应基地，造船厂何乐而不为呢？于是双方又签订了一项买卖意向书。

图德拉又到中东地区找到一家石油公司提出："我愿购买2000万美元的丁烷。"石油公司见有大笔生意可做，当然非常愿意。图德拉又话锋一转："条件是你们的石油必须包租我在西班牙建造的超级油轮运输。"在产地，石油价格是比较低廉的，贵就贵在运输费上，难也就难在找不到运输工具，所以石油公司也满口答应，彼此又签订了一份意向书。

三个意向书变成了一个行动，由于图德拉的周旋，阿根廷、西班牙、中东国家都取得了自己需要的东西，又出售了自己急待销售的产品，图德拉也从中获取了巨额利润，细细算起来，这项利润实质上是以运输费顶替了油轮的造价，三笔生意全部完成后，这艘油轮就归他所有，有了油轮就可以大做石油生意，终于使他如愿以偿。

商战的秘诀

巴西航空工业公司是一个年轻的企业，在世界航空工业中默默无闻。但公司总经理西瓦尔上校是个雄心勃勃的企业家，他决心要干出一番惊天动地的事业来，使自己的公司在强手如林的航空工业中崭露头角。

1982年，西瓦尔在英国的一个展览会上获悉，英国将更换他们长期使用的训练飞机。他对这个信息非常重视，在展览会上，他流利地操着英、法、德、拉丁语言，熟练地使用外交手段，千方百计来证实这个信息的可靠性。

经过多方的接触和探索，西瓦尔上校得知英国人确实要更换训练飞机。于是他就进一步了解英国对新的训练飞机将有什么要求。由于西瓦尔本人是飞行员出身，对训练机的要求比较清楚，加上他将触角伸到英国航空界的各个方面，终于掌握了英国对新的训练飞机的要求：要耐用，可以训练使用30年以上；要有能力抵御飞鸟的撞击，因为飞鸟撞击是飞行训练中最易发生的事故；要性能良好，能在短时间内迅速上升到高空等等。

西瓦尔上校掌握了这些情况后，毅然决然地将自己公司正在试制的飞机，按照英国飞行训练部门的要求加以改进，满怀信心地等待英国空军进行招标。

1983年底，英国空军正式招标了，参加投标的来自世界各地的18家航空工业公司，这些公司都比巴西航空工业公司资格老、实力强，但由于西瓦尔事先作了充分的准备，可谓是成竹在胸。他能投合英国人的所好，全方位地满足他们的需要，而且价格也比较便宜，所以压倒了其他竞争者，一举中标，向英国出售了130架军事训练飞机，成交额为2亿美元。这不仅是巴西出口史上的奇迹，也使各国的飞机制造商惊讶不已。

租贼公司

一天，在加拿大多伦多一家大百货商店内，人来人往，一派繁忙。突然，男装部柜台前发生骚动，顾客们看到这么一个场面：商店两名警卫员揪住一名盗贼，盗贼竭力挣扎，大声否认自己行窃；可警卫不由分说，将他押往商店办公室。围观者面面相觑。办公室的门一关上，警卫即放开盗贼，拍着他的肩膀道："好，好！半小时后再到文具部柜台前表演一番！"

原来，这是在做戏，是做给顾客看的。这个令人现丑的"盗贼"，不是真贼，而是百货商店花钱从"租贼公司"请来的雇员。那么，"租贼公司"是什么样的"企业"呢？老板是谁呢？说来真是饶有趣味。

"租贼公司"的老板名叫寇亨，如果不是读译音而是释其义，那就是"盗贼大亨"了。寇亨现年30来岁，是一个智商超群、精明过人的汉子。有人问起他怎么想到要办这个奇特的"专业公司"时，他笑道："戏法人人会变，各有巧妙不同。当今世界五彩纷呈，什么行业不是无奇不有？百货商店、商场顾客如云，其中当然混有梁上君子。不是常常听到某店、某商场闹贼吗？即使配备了阵容坚强的警卫，也是防不胜防。我想，对付小偷的最

佳办法之一,就是当场抓获让其丢人现丑,使其他小偷有所震慑,不敢动作。这就叫杀一儆百。根据这个设想,我才办起了这家公司,专门为商店商场提供儆猴的鸡们。"问者听了,莫不赞妙。

果真不出寇亨所料,他的"租贼公司"一开张,便有生意抢上门来。那些苦于惯偷作案的商店、商场,情愿以每次 100 美元的代价前来租"贼",带回去频频表演"擒贼"戏,用以威慑真正的盗贼。实践证明,假戏真演,真贼敛手,小偷作案率大大降低。寇亨公司业务骤增,为满足客户需要,又是进人,又是扩大公司门面。一些职业演员、表演系的学生都心甘情愿应聘于寇亨,进入"盗贼"角色,以增加自己的收入。

寇亨这个崭新的"企业",居然获得社会舆论的肯定和好评,说这是一举三得的好事:商店满意,自家发财,还创造了就业的机会。

设奖巧催书

加拿大卡尔加里市有一家公共图书馆,历史悠久,规模宏大。有位名叫卡尔的学者,为了学术研究,成了这家图书馆的常客。可遗憾的是,他列出的书单常常有些书借不到,为此他常望书架而兴叹。

一日,卡尔写一篇论文需查证一些资料,借书单开上书名交给了管理员。

过了一会,管理员空着手歉意地对他说:"先生,实在对不起。这些书一本也没有。"

卡尔想,这家图书馆真是徒有虚名。便去找馆长提意见。

馆长是个和蔼的老头,听完卡尔的陈述,马上打电话叫管理图书的负责人来到办公室,询问究竟。

那位负责人无可奈何地说:"不错,这些书全有。可都在别人手中借着,有的借了几年仍不归还。"馆长生气地说:"为什么不催?"负责人回道:"催了,各种办法都试过,就是不奏效。"

馆长问:"逾期不还的图书大约有多少?"

负责人红着脸说:"有 5000 多册。"

馆长大吃一惊,对卡尔说:"卡尔先生,十分抱歉,今天没能满足您的要求。如果您不着急的话,过一周您再来,我保证您能如愿。"

馆长送客走后，苦思冥想，终于想出了一个绝妙的催书办法。他立即把秘书叫来，交代了一番，秘书依照他的吩咐去办了。

这一招果然见效，在短短的几天内，逾期借书者争先恐后地将书还给了图书馆，一个星期内大多数完璧归赵。其中有一本书是读者在 1927 年借的。

一个星期后，卡尔带着似信非信的心情再次来到图书馆，果然如愿以偿地借到了所需的书。他好奇地询问馆长这是怎么一回事。馆长笑笑，递给他一张报纸广告。上写："本图书馆将在一周内对归还借阅时间最久的一本书的读者颁发奖品。"

那位 1927 年借书的读者果真得了奖。

第6章

劝谏：四两拨千斤的艺术

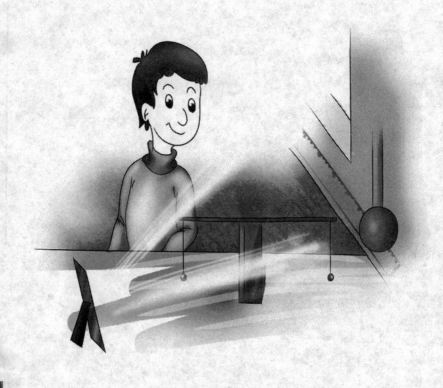

三餐炒饼

著名相声演员马季师从相声表演艺术家侯宝林，学到了演技，也懂得了做人。他在成名后，也非常重视培养学生。当今活跃在舞台上的相声演员姜昆，就是他的学生。

姜昆很有才华，学习也很努力。但他写相声段子时，一写就是写唱的。马季发现了这个倾向，感到这固然是因为姜昆嗓子好，想充分发挥自己的特长，但是只写唱段，不利于全面发展、提高技艺，也不完全符合相声的表演规律。为此，马季总想找个机会向姜昆指出这一点。

一天晚上，姜昆来到马季家，见马季正在做晚饭，便问道："你在做什么饭吃呀？"

马季答："炒饼。"

姜昆问："早上吃的什么？"

马季答："炒饼。"

姜昆又问："中午呢？"

马季答："还是炒饼。"

姜昆很有感触地说："呵！你怎么搞的，一天三顿都吃炒饼。"

马季朝姜昆一笑，说道："其实，吃饭和你那聊话（即相声段子）一样，总吃一样饭就让人腻，只有隔三岔五的变变花样才有新鲜感。再说，要想把饭做好了，就得练蒸花卷、闷米饭的本领。"

这些话听来寻常，好像师徒两人在说相声似的。但其中富有深意。姜昆是个聪明人，知道老师在点拨自己，炒饼就算好吃，也不能一日三餐当饭，自己嗓子再好，也不能老是唱着说相声。从此姜昆不仅丰富完善了唱段的写作，也不断开拓新的表现手法，从而使自己的相声技艺得到了很大的提高。

猎人临终出题试才

达斡尔族有个单身的老猎人，曾这样想：在临死之前，我要把心爱的猎

枪送给一个最聪明的人。

有一天，老猎人果然病倒在床上。这时，从外面进来四个小伙子。老猎人就把心事告诉了他们，并决定考考他们。他说："有一头大牛，它的肚子能装进三个屯子。这一年，牛死了，忽然从南边飞来一只老鸹，叼起一只牛大腿，飞了一阵，落到正在山坡上吃草的山羊的角上了。这时，在山羊前边坐着一个人，一睁眼睛山羊钻到眼睛里去了。你们说，到底什么大呢？"

甲说："牛大，因为它的肚子能装进三个屯子。"

乙说："老鸹大，因为它把能装三个屯子的牛大腿都叼走了。"

丙说："羊大，因为羊角上就能落住叼牛大腿的老鸹。"

最后一个，是那位放马的青年，他说："人的眼睛大。因为人的眼睛能看见世界上的一切。不论牛大腿、老鸹、羊，最后还不是都装进眼睛里去了吗！"

老猎人点了点头说："你才是最聪明的人。人的眼睛是什么都能看到的。可惜，他们三个人，眼光太短啦，不宜拿我的枪。"老猎人把枪送给了放马的青年。

委重任考验众官员

古代波斯（今伊朗）有位国王，想挑选一名官员担当更加重要的职务。他把那些智勇双全的官员全都召集了来，试试他们之中究竟谁能胜任。

官员们被国王领到一座大门前，面对这座国内最大、来人中谁也没有见过的大门，国王说："爱卿们，你们都是既聪明又有力气的人。现在，你们已经看到，这是我国最大最重的大门，可是一直没有打开过。你们之中谁能打开这座大门，帮我解决这个难题？"

不少官员远远张望了一下大门，就连连摇头。有几位走近大门看了看，退了回去，没敢去试着开门。另一些官员也都纷纷表示，没有办法开门。

这时，有一名官员却走到大门下，先仔细观察了一番，又用手四处探摸，用各种方法试探开门。几经试探之后，他抓起一根沉重的铁链子，没怎么用力拉，大门竟然开了！

原来，这座看似非常坚牢的大门，并没有真正关上，任何一个人只要仔细察看一下，并有点胆量试一试，比如拉一下看似沉重的铁链，甚至不必用多大力气推一下大门，都可以打得开。如果连摸也不摸，看也不看，自然会感到对这座貌似坚牢无比的庞然大物束手无策了。

国王对打开了大门的大臣说："朝廷那重要的职务,就请你担任吧!因为你不光是限于你所见到的和听到的,在别人感到无能为力时,你却会想到仔细观察,并有勇气冒险试一试。"他又对众官员说："其实,对于任何貌似难以解决的问题,都需要开动脑筋仔细观察,并有胆量冒一下险,大胆地试一试。"

那些没有勇气试一试的官员们,一个个都低下了头。

巧点拨勤劳致富

泰国有个人名叫奈哈松,迷恋黄金胜于世界上的一切东西。他把全部钱财、精力和时间,都倾注在探索炼金术的试验中,不久以后,花光了自己和妻子的全部积蓄。妻子由于家境贫困,跑到父亲那里诉苦。

父亲叫来奈哈松说："我已掌握炼金术的秘密,并备齐了炼金所需要的物品,现在只缺少一样东西,但我年事已高,怕是心有余而力不足了"

奈哈松急切地说："快告诉我该怎么办?"

"那好吧,我需要三公斤从香蕉叶下搜集起来的白色绒毛,这些绒毛必须是你自己种的香蕉树上的。等你收齐绒毛后,我自有办法炼金。"奈哈松第二天立即着手栽植香蕉树。

当香蕉成熟时,他小心翼翼地在每一张叶子下面收刮白绒毛,珍藏在一个大坛子里。这一天,他喜气洋洋地将坛子运到岳父家里。

岳父说："现在,你把那边的门打开看一看。"

奈哈松打开那扇门,立即看见满屋金灿灿的,叫他眼花缭乱,定神一看,原来全是金子。他的妻子儿女都站立在屋中。

妻子笑着对他说："这些金子是我们 10 年来种香蕉挣来的。"

岳父这时说："辛勤的劳动,才是真正的炼金术啊!"

贤妻妙计劝夫

越南有两个兄弟,反目成仇。哥哥非常富有,而弟弟一贫如洗。哥哥

对待别人慷慨大方,然而从不帮助自己的弟弟。妻子对此感到不安,决心要丈夫改变对弟弟的态度,后来她终于想出一条妙计。

这一天,丈夫外出不在家。妻子杀了一条狗,用草席将它包好,扔在花园的角落里。傍晚丈夫回家了。她装出一副惊慌的样子说:"今天上午,有个小男孩来讨饭,我当时很忙,没时间拿东西给他吃。他又是哭又是闹,惹得我好心烦。我拿起棍子去揍他,万没想到,刚一动手他就倒地而亡。这可把我吓昏了,我把他用席子包了起来,放在花园里。我们该请谁帮忙,把乞丐悄悄地埋葬呢?我不想让邻居知道这件事。"

哥哥急忙跑去找知心朋友,要求他们帮助埋葬乞丐。可是他们都推说,他们很忙,没有时间。哥哥垂头丧气地回到家里,妻子说:"你为什么不去跟你弟弟谈谈?也许他会帮助你。"

哥哥只得求助于弟弟。弟弟闻讯立即跑来,同哥哥一起将裹在草席中的尸体埋葬了,然后一声不响地回家去了。

妻子此时心平气和地开导丈夫说:"如果没有你弟弟的帮助,我们肯定要遇到麻烦的。你现在还相信你那些'忠实'的朋友吗?"

哥哥的良心受到谴责,以往那么冷酷地对待弟弟,使他感到惭愧至极。

第二天,他的朋友们都来拜访他。他们以为他的妻子真的杀死了一个乞丐,都想乘机来敲诈勒索。他们纷纷威胁说:"快给我们一些钱,否则我们要去告发:你的老婆打死了一个乞丐。"

哥哥异常紧张,正要付钱,被妻子拦住了。朋友们见她不肯出钱,便向地方长官告发此事。地方长官下令传讯夫妻俩。

妻子十分镇定地说:"我杀死了一条狗,我只是想考验一下我丈夫的朋友,要看看,他们对他是否真正称得上肝胆相照。"

地方长官命令将尸体从花园里挖出来。见确实是一条死狗,就处罚了那些忘恩负义的朋友,同时夸奖了那妇人的贤惠,因为她给了丈夫极好的忠告。

自此,哥哥再也不和那些假情假意的朋友交往,而同胞弟和睦相处了。

竹筐救祖父

在尼泊尔的一个小村庄里,住着一家人。这家子共有四口人:丈夫、妻

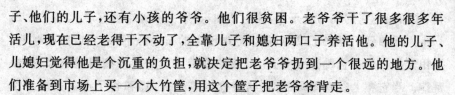

子、他们的儿子，还有小孩的爷爷。他们很贫困。老爷爷干了很多很多年活儿，现在已经老得干不动了，全靠儿子和媳妇两口子养活他。他的儿子、儿媳妇觉得他是个沉重的负担，就决定把老爷爷扔到一个很远的地方。他们准备到市场上买一个大竹筐，用这个筐子把老爷爷背走。

日落时，男人带着一个大竹筐回来了。天完全黑下来了，他把老爷爷抱起来放到竹筐里。

"父亲，您知道，我们不能再照顾您了。我们决定把您送到一个神圣的地方，那儿所有的人都会对您很好的。您在那儿会比这儿生活得更有趣。"

老爷爷马上看出了他们的用心，气愤地训斥道："你这个忘恩负义的畜生！想想你小时候那些年，我是怎么照顾你的。你就这么报答我！"

男人恼羞成怒，猛地背起大竹筐，匆匆走出了屋门。孩子一直偷偷地看着。在父亲就要消失在夜幕里时，他向父亲喊道："爸爸，把爷爷送走后，千万记着把筐子带回来。"

男人转过身来，迷惑不解地问道："为什么？"

孩子回答："等您老了，我想把您送走的时候，还用得着这个大筐子呢。"

听了儿子的话，男人的腿颤抖起来。他没法再往前迈步。回转身，又把老爷爷背回家了。

谷仓失火受罚

菲律宾有六个兄弟，五个做哥哥的对小弟弟都很残忍，希望他早点死掉，好占有他的一份田地。

一天，他们那里出现了一大群老鼠，先把六兄弟的庄稼糟蹋了，接着又跑到他们的谷仓，把粮食也吃光了。六兄弟只好买来一只凶猛的大猫。他们还决定每个人分别占有猫身上的一部分，哪一部分出了什么事，就由占有它的人负责。老大占有了猫头，老二占有了猫的右前肋，老三占有了猫的左前肋，老四占有了猫的右后肋，老五占有了猫的左后肋，留下一条尾巴给了小弟。大伙把猫带回家以后，老鼠都被抓光了。于是兄弟们重新把田地种上了稻子，收获以后，粮食又装满了仓库。

猫抓光了老鼠，就闲待在屋子里。一天，猫在玩耍的时候，尾巴受了重

伤，小弟弟把它的伤口洗干净，涂上了油，又用一块碎布裹好了。

六兄弟到田里去了，那只猫想把尾巴上的布条抓下来，它就跑着跳着，又甩又抓。后来它跳到火旁边，带油的裹带着了火。猫痛得跳起来，拼命乱跑。当它爬上谷仓屋顶的时候，谷仓也着了火，猫和谷子都被火焰吞没了。

等到兄弟们从田里回来，谷仓已经烧成灰烬。一个邻居把谷仓烧毁的经过告诉了他们。做哥哥的都非常生气，他们冲着小弟弟说："你要赔偿这些损失，不赔就要你的命！"

他们来到审判官那里，老大代表原告，先把案情讲了一遍，然后说："这个粗心的家伙占有了猫尾巴，是猫尾巴引火烧掉谷仓的。"

"谁看到起火的？"审判官问。

那个看到猫爬到谷仓屋顶的邻居也跟着来了，他证实了这件事。

于是审判官转向哥哥们说："火灾是那只猫的尾巴惹起的吗？"

"是尾巴惹起的，"老大说，"所以他要赔偿我们的损失。我们要拿他的命当罚款，他除了生命就没有什么可以赔偿我们的了。"

"为了猫和粮食的损失，你们就想要弟弟的命吗？"审判官说。

"当然啦，"老大说，"他还要把土地赔我们才行。"

"让我们研究一下火是怎样烧起来的吧，"审判官说，"假如那只猫只有头和身体，而没有尾巴，是不是可以爬到屋顶上呢？"

"可以的，大老爷。"老大说。

"那么，没有头和身体，尾巴可以爬到屋顶上去吗？"

"那不会的，大老爷。"

这使得法庭里的人们都看着几位哥哥大笑起来。

五个哥哥说："好吧，我们原谅弟弟，这事就结了吧。"

但是审判官摇摇头说："这件事不能这样结束。现在谷仓烧掉了，猫也死了，一定要有人来赔偿这个损失。这要五位哥哥来赔。既然他们心肠硬得甚至要自己兄弟的命，就让他们把父亲留下来的土地赔给他们的弟弟吧。"

妙喻劝诗人

从前，德国有一位很有才华的年轻诗人，写了许多吟风咏月、写景抒情的诗篇，可是他却很苦恼。因为，人们都不喜欢读他的诗。这到底是怎么一回事呢？难道是自己的诗写得不好吗？不，这不可能！年轻的诗人向来不怀疑自己在这方面的才能。于是，他去向父亲的朋友——一位老钟表匠请教。

老钟表匠听后一句话也没说，把他领到一间小屋里，里面陈列着各色各样的名贵钟表。这些钟表，诗人从来没有见过。有的外形像飞禽走兽，有的会发出鸟叫声，有的能奏出美妙的音乐……老人从柜子里拿出一个小盒，把它打开，取出了一只式样特别精美的金壳怀表。这只怀表不仅式样精美，更奇异的是：它能清楚地显示出星象的运行、大海的潮汐，还能准确地标明月份和日期。这简直是一只"魔表"，世上到哪儿去找呀！诗人爱不释手。他很想买下这个"宝贝"，就开口问表的价钱。老人微笑了一下，只要求用这"宝贝"，换下青年手上的那只普普通通的表。

诗人对这块表真是珍爱之极，吃饭、走路、睡觉都戴着它。可是，过了一段时间之后，渐渐对这块表不满意起来。最后，竟跑到老钟表匠那儿要求换回自己原来的那块普通的手表。老钟表匠故作惊奇，问他对这样珍异的怀表还有什么感到不满意。

青年诗人遗憾地说："它不会指示时间，可表本来就是用来指示时间的。我带着它不知道时间，要它还有什么用处呢？有谁会来问我大海的潮汐和星象的运行呢？这表对我实在没有什么实际用处。"

老钟表匠还是微微一笑，把表往桌上一放，拿起了这位青年诗人的诗集，意味深长地说："年轻的朋友，让我们努力干好各自的事业吧。你应该记住：怎样给人们带来用处。"

诗人这时才恍然大悟，从心底里明白了这句话的深刻含义。

识骗局妙设喻

中世纪时，有个埃及国王接连打败了伊斯兰教和天主教的王国。但他连年用兵，国库快空了，此时，又急需一笔巨款，却发现再也拿不出钱了。他的主意打到了犹太富翁麦启士德的身上。但他知道犹太人决不会轻易出钱，得做个圈套让他钻才行。国王思索了好久，总算想出了一个妙计——他把麦启士德请进宫，摆上山珍海味盛情款待。酒过三巡，国王喷

着酒气向富翁请教道："麦启士德先生，听说您学识渊博，智慧过人，我想借此机会向您讨教一个问题。"

麦启士德见国王那副故作谦恭的表情，怀着戒备心理说："不敢当，不敢当。"

"不必谦虚。"国王继续说，"听说您对宗教很有研究，所以我想请教一下，在犹太教、伊斯兰教、天主教中，到底哪一种才算是正宗呢？"

聪明的麦启士德一听此话，就知道国王在要弄阴谋诡计，假如自己偏袒哪一方，而贬低另外两方，说不定会中他的圈套。这问题不能直接回答，不妨同他兜个圈子再说。他想了一会，沉着地说："陛下所提的这个宗教问题，真是太有意义啦！这使我想起了一个有趣的故事，假如陛下允许我讲完那个故事的话，就一定能得到一个美妙的答案。"

国王点点头说："那您请讲。"

麦启士德讲的故事是这样的——从前有个大富翁，家里有数不清的金银财宝，特别有一件稀世珍宝，是一只闪烁着异彩的戒指，价值连城，富翁特别珍爱。临终前，他在遗嘱上写道：得到这戒指的便是他的继承人，其余的子女都要尊他为一家之长。遗嘱嘱咐后代要永久保存好这个传家之宝，不能让它落到外人的手里。

得到这戒指的子子孙孙，都用同样的方法立遗嘱教后代们遵守，谁得到戒指谁便是一家之长。后来，这戒指传到某个后代手里，他有三个儿子，个个受到他的钟爱。在临终前，他拿不定主意，到底把戒指传给谁。当时，三个儿子都向他请求得到戒指。他想不出好办法，只得私下里请来一个身怀绝技的匠人，仿造两只戒指。父亲临终前，就把这三只连匠人也难分真假的戒指，私下里分别传给了三个儿子。这下可好，待父亲一闭眼，三个儿子都拿出戒指作为凭证，要求以家长的名义继承产业，可是谁也分辨不出哪只是真品，于是，究竟谁应该做真正的家长的问题，直到现在还无法解决。

麦启士德讲完故事后，微笑地对国王说："尊敬的陛下，天父所赐给三种民族的三种信仰，难道不是和这三种情形一样吗？你问我哪一种才算正宗，其实，大家都以为自己的信仰是正宗。他们都可以抬出自己的教义和戒律来，以为这才是真正的教义、真正的戒律，以为自己是天父的真正继承人。这个问题之难以解决，就像是那3只戒指一样，实在叫人无从下个正确判断。陛下您说对吗？"

国王面对聪明机灵的麦启士德，一下子傻了。

贝利不抽烟

世界球王、被人们称为"黑珍珠"的巴西足球运动员贝利，自幼酷爱足球运动，并很早就显示出他超人的才华。

有一次，小贝利参加了一场激烈的足球赛，累得喘不过气来。

休息时，贝利向小伙伴要了一支烟。他得意地吸起烟，嘴里吐出一缕缕淡淡的烟雾。小贝利有点儿陶醉了，似乎刚才极度的疲劳也烟消云散了。

这一切，全被父亲看到了，父亲的眉头皱起了一个大疙瘩。

晚上，父亲坐在椅子上问贝利："你今天抽烟了？"

"抽了。"小贝利意识到自己做错了事，低下了头，准备接受父亲的训斥。

但是，父亲并没有发火。他从椅子上站起来，在屋里来来回回走了好半天，才平静地对贝利说："孩子，你踢球有几分天资，也许将来会有出息。可惜，你现在要抽烟了，抽烟，会损坏身体，使你在比赛时发挥不出应有的水平。"

父亲又语重心长地接着说："作为父亲，我有责任教育你向好的方面努力，也有责任制止你的不良行为。但是，是向好的方向努力，还是向坏的方向滑去，决定的是你自己。我只想问问你，你是愿意抽烟呢？还是愿意做个有出息的运动员呢？孩子，你该懂事了，自己选择吧！"

说着，父亲还从口袋里掏出一沓钞票，递给贝利，并说道："如果你不愿意做个有出息的运动员，执意要抽烟的话，这点钱就作为你抽烟的经费吧！"父亲说完便走了出去。

小贝利望着父亲远去的背影，猛然醒悟了，他拿起桌上的钞票还给了父亲，并坚决地说："爸爸，我再也不抽烟了，我一定要当个有出息的运动员。"

从此以后，贝利不但与烟无缘，还刻苦训练，球艺飞速提高。15岁参加桑托斯职业足球队，16岁进入巴西国家队，并为巴西队永久占有"女神杯"立下奇功。如今，贝利已成为拥有众多企业的富翁，但他仍然不抽烟。

对症治理涂写污染

在巴西的里约热内卢市,过去涂写污染十分惊人,大街的墙上以及其他各个公共场所,到处都是乱涂乱画的痕迹。市政当局派出不少清洁工专门为此打扫卫生。据该市市长马塞格·艾斯卡先生说,该市每月都要额外开支大约2500美元用来清除市区建筑物上的这些污迹。

一天,市长请卫生部门召开对策。在会上,有个小伙子建议说:"凡喜欢乱涂乱写的人,无非有一种发泄欲望,那么,我们就对症下药,欢迎他们发泄嘛。不妨如此这般……"

第二天,一种新奇的"涂写园地"在市内要地开辟了:只见有几处地方摆了几块大黑板,并宣布:任何人都可以在上面随心所欲地涂写:留言、牢骚、政论、诗歌等等,欢迎任何人在这上面发泄,而且涂满了有专人在旁边擦黑板。但是那些擦黑板的人,都是些在其他地方乱涂乱写而由警察"请"到这里来义务劳动的。并且"涂写园地"是流动的。

从此,里约热内卢市乱涂乱画的风气也就逐渐得到了改正。

第7章

常识：隐藏在生活中的智慧

称重辨数量

汉朝时,百姓十分喜爱吃一种叫做油炸徽子的面食,其细条相连成环形,极易断碎。由于该食香酥可口,做此生意的挑担货郎大街小巷到处可见。

一天,有位叫张五的货郎,挑着卖剩的徽子回家,行至一小弄口,突然被里面窜出的一个小伙子撞翻在地,徽子全部落地而碎,无法再卖。张五急红了眼,一把拉住小伙子要他赔偿。

小伙子开始不肯,可围观的人都说他的错,自知理亏,只得认倒霉。他看了看地上的碎徽子说:"这里有多少枚?"

张五由于刚才小伙子的蛮横无理,心头尚恨,决计敲他一下,便回答说:"300枚。"

小伙子一听不信,只肯赔50枚的钱。张五不同意,说撞碎多少赔多少。两人谈不妥,又争吵起来。围观者越来越多,可谁也无法判断究竟该赔多少为好,因为徽子全碎了,根本搞不清有多少。

此时,正逢新任京兆尹的孙宝充途经此处,问清原因后,对张五和小伙子道:"张五卖徽子乃本小经营,被小伙子你无意撞碎,赔偿理所当然。可究竟赔多少亦要实事求是。"

孙宝充问张五究竟被撞碎多少油徽子,张五心中生怯,自知刚才开口数目较大,便改口说是200枚。

孙宝充看了看地上的碎徽子笑道:"你一会儿说300枚,一会儿说200枚,自己也搞不确切。这样吧,今天我来调停判断吧。"

众人不解,看孙宝充如何处理此事。孙宝充不慌不忙地命人到街上买来一枚油徽子,当众称出分量,然后再叫人把撞碎的油徽子全部捧起放入称盘,分量称出后又把那一枚完整油徽子的分量加以折算,当即准确得出了原来张五被撞的徽子数量了。张五红着脸接过小伙子掏出的赔银,连声道谢而去。

大唐求亲三解难题

　　唐太宗时,西藏王松赞干布听说内地有个文成公主,既漂亮,又能干,就派大臣禄东赞去求婚。这时,印度、波斯等好多国家也派了使臣到内地求婚。

　　唐太宗李世民决定让求婚的使臣们比赛智慧,说:"哪个最聪明,就把公主许配到他们那里去。"

　　第一次,太宗叫人牵出100匹马驹和100匹母马,叫使臣们找出哪匹驹是哪匹母马生的。别的使臣都把毛色相同的分在一起,以为白色的马驹是白色的母马生的,黑色的马驹是黑色的母马生的,黄色的马驹是黄色的母马生的。结果都错了。禄东赞是这样分的:他先把马驹和母马分开关起来,隔了一夜才把母马一匹匹地放到马驹中去。马驹一见自己的妈妈来了,忙扑上去吃奶,就这么一匹匹地放,一匹匹地找,不一会全分出来了。

　　太宗帝又出了一道难题:叫人扛来一根两头削得一样大小、一样光滑的檀香木棍儿,问使臣们,哪头是根,哪头是梢。使臣们你望望我,我望望你,谁也答不出来。只有禄东赞跑了出来,用一根绳拴住木棍,然后把它放在花园的池塘里。他指着下沉的一头说:"这下沉的一头是根,那浮着的一头是梢。"皇帝连连点头。

　　最后,太宗在使臣们面前放了一块很大的玉石,要他们把上边的一个洞眼用线连穿起来。这个洞眼很小,从这头到那头,要经过一条曲曲弯弯的孔道,而且很长很长。使臣们一个个试着用线去穿,怎么也穿不过去。禄东赞也在一边感到为难。忽然,他见地上有只蚂蚁在蠕动着,心生一计,他忙把丝线拴在一只蚂蚁的腰上,然后把它放到孔眼上去慢慢吹气,而在孔眼的那一头放了一些蜜糖。那蚂蚁就扭动着腰肢,努力地向前爬着。就这样,把丝线穿了过去。

　　太宗帝见三道难题全让禄东赞解了出来,想:一个使臣都这么聪明能干,那么,藏王一定更加聪明能干了。就答应把文成公主嫁到西藏去。

挫刀捉妖愈心病

唐朝时,洛阳有座寺庙。一个老和尚屋里的铜磬,常常自己会发出低沉的声音。半夜,寺中的钟声悠扬地响起来,铜磬也跟着幽幽地响,似鬼魂在啜泣,如幽灵在飘荡,老和尚神情悸动,恍惚不宁,以为妖怪作祟。时间一长,老和尚被吓病了,卧床不起。既然是妖怪作祟,和尚们谁也不敢去搬掉那口铜磬,以免招灾上身。

老和尚的朋友曹绍夔前来看望。谈起铜磬作怪的事,曹绍夔觉得很奇怪,仔细察看铜磬,与别的铜磬并无两样。这时,寺庙里开饭,饭堂里响起钟声,那磬也跟着发出"嗡嗡"声响。老和尚又惊惶不安起来。旋即,钟停了,那声音也停止了。曹绍夔见老和尚如此害怕,不由好笑。他故弄玄虚地对老和尚说:"明天你请我喝酒,我帮你捉妖。"

老和尚不相信地摇摇头,说:"你若能捉妖,别说一顿酒,就是你天天来,我也请你!"

曹绍夔诡谲地笑道:"捉妖只是举手之劳,你不用太客气。"

第二天,老和尚备了丰盛的酒菜,曹公毫不客气,把好酒好菜吃个精光。酒足饭饱之后,从袖中抽出一把锉刀,在老和尚眼前晃了晃,然后"刺拉——刺拉——"地把光溜溜的铜磬挫了好几道口子。老和尚被弄糊涂了:"你这是……"

曹绍夔说:"哪里有什么妖怪呢?是因为磬和寺里的钟标准音相同,钟一响,它也就随着响起来。现在挫了几道口子后,和钟的标准音不同了,磬就不会自己响起来了。"

老和尚终于明白了,拍着自己光亮的脑袋说:"怪不得每次钟一响,铜磬也响,原来鬼怪是它!"这时,钟又响了,可是磬真的不再和鸣了,老和尚的病也就好了。

泥船捞铁牛

宋朝年间,黄河发洪水,冲垮了河中府城外的一座浮桥,这浮桥原是用许多条空木船一艘紧靠一艘排起来，从这岸连到那岸，上面再铺许多木板架起来的。为了不让浮桥移动，人们铸了八只大铁牛，每只大铁牛有上千斤重，放在两岸，用来拴住浮桥。这座浮桥既可以走人，也可以通过牲口和车辆，是河中府的交通要道。

这年洪水泛滥，不但把浮桥冲得一干二净，而且连八只大铁牛也冲到了河里。洪水退去以后，交通要道需要马上开通，河中府准备重建浮桥。连结两岸的船只准备就绪，就缺拴牢木船的大铁牛了。如果再铸，既费时又费料，最好的办法就是把河中的铁牛打捞上来。可是上千斤的大铁牛不要说在河底里，就是在岸上，要移动它半步，也非易事。况且，铁牛沉入河底后，已经陷进泥沙之中，谁有办法把它打捞上来呢？

为了尽快重建浮桥，河中府在城墙上贴了一张《招贤榜》，写的是广请能人贤士，打捞铁牛，重建浮桥，造福百姓等。

这一天，来了一个和尚，法号怀丙，是个很有学问的人。他在榜前看了一会，上前把《招贤榜》揭了下来。有人好心地劝他说："师父，揭《招贤榜》不是闹着玩的，一只铁牛上千斤重，你能把它们都捞上来吗？"

和尚笑了笑说："铁牛是被水冲走的，我就叫水把铁牛送回来。"

怀丙和尚揭了榜后，先请熟悉水性的人潜到水底，摸清了八只大铁牛的位置。接着，怀丙和尚指挥着一班船工，用两只大木船装满了泥沙，并排拴在一起，两只木船之间用木头搭了个架子，怀丙指挥着把船划到铁牛沉没的地方，叫人带着拴在木架上的绳索潜到水底下，缚绑牢铁牛，再在木架上收紧绳索，然后叫船工把船上的泥沙铲到河里去，随着船中泥沙一点一点减少，船身一点一点地向上浮，待到两船的浮力超过船身和大铁牛的重量时，陷在沙中的大铁牛就一点一点向上拔，直到船身带着大铁牛悬在水中时，怀丙就叫船工们把船划到岸边。这样来回反复八次，终于把八只铁牛全部打捞上来。

河中府百姓无不称赞怀丙和尚智慧过人。

河底得石兽

沧州之南有座濒河的古庙，因为年久失修，一场暴风雨后倒塌了，庙前两只石兽也倒在河底里。很多年过去了，庙里的和尚们四出云游，化缘筹

款,准备重造大庙。

大庙建成之后,庙门的石兽一时却请不到高明的石匠重新打制,和尚们便悬赏,请人到河里去打捞原先的两只石兽。可是船工们打捞了好几天,连个石兽影儿也没捞到。人们摇摇头,都说道:"这两只石兽一定是被河水冲到下游去了。"

于是,几个身强力壮的青年小伙子一路捞下去十几里,花费了十数天,仍然连个石屑也没捞着。大伙儿有点儿灰心了,但又总觉得事情太奇怪:石兽又沉又大,明明是落在河底里了,总不见得会插上翅膀越出水面飞走吧?

正当大家惊疑不定的时候,当地一位德高望重的学者说道:"这又高又大的石兽,有多沉重!怎会在河底里被河水冲到下游去呢?石头是坚硬沉重的,而河底的土沙是松浮不实的,石兽只会沉陷在河沙里,一定越陷越深,埋在河底深处啦!"

"对啊——"众人恍然大悟,于是又下船到大庙旧址附近的河里去捞。可是忙了半个月,还是一无所获。

这时,有个老船工路过此地,听说这件事,便笑着说:"你们怎么不全面研究一下河底土沙运动的规律呢?河底的石兽不应该到下游去找,也不应该在落下的地方去找,而应该到上游去找。为什么呢?因为石头是坚实沉重的,河沙是松浮不实的,石兽沉到河底,微流是冲不动它的,可是不断冲击的急流能把拦着它的石头下面的泥沙渐渐掏空,激流越冲,那空穴越大,等到空穴大得使得石兽失去重心时,石头必然会翻筋斗似地倒在空穴里。激流又不断地冲出空穴,石兽又倒翻在空穴里,这样周而复始,石兽不就是慢慢地溯流而上了吗?你们不到上游去找它们,反而到下游去找它们,岂非南辕北辙了吗?"

大家按照老船工的指点,摇着船儿到几里外的上游去找,果然把那两只石兽捞到了。

名医妙手惩恶少

金华县城有个花花公子叫施王孙,吃喝玩乐,五毒俱全,还常常依仗当官的父亲之势欺压百姓。

一次，施王孙看中城西方员外的女儿方姣仙，要娶她为妻。中秋那天，施家强行把方姣仙抬回家，姑娘宁死不肯拜堂。施家只好暂把她安顿在一间冷清的屋子里，准备再设法劝她回心转意。

说也奇怪，空守了一夜的施王孙，第二天起来，就觉得浑身发痒，脸孔也有些浮肿了。过了一天，脸孔竟越来越肿。家里人认为他得了邪症，马上去请义乌名医朱丹溪。

朱丹溪来到施家，看过病人后，又来到病人住过的新房，一会儿就判断出病因来了。但他知道这病人的为人，于是就对施王孙的母亲说："这可是奇病啊，书上都没有记载。叫'棺材病'！这奇病不用吃药，只要做到两条：一，将未入洞房的'媳妇'放走，连同嫁妆一套，送给她带回去；二，立即派人上山，砍十六根杉树，做棺材一具。"

施母心中砰砰乱跳，不禁发问："做棺材有何用呀？"

朱丹溪说："这就叫奇病须用奇法治。你儿子强逼女子成亲，这是大忌，如果同房，必死无疑。幸好还未同房，从今以后，只可清心寡欲，不可任性放纵。今用新棺材一具，让他先进去躺 3 天，粥饭也送进棺材里去吃。3 天后，保他全好。"

施家一切照办。3 天后，睡在棺材里的施王孙的病果真好了，这才从棺材里爬出来。

后来，朱丹溪的一位学生问这是什么原因？朱丹溪笑道："恶人得了病理该先治恶后治病。要知道此乃是'漆疗'！是接触到新房里那套新漆嫁妆而引起的。所以，我就让他把强逼的女子放走，把嫁妆也送掉，教他改恶从善，再给他治'漆疗'。其实，'漆疗'是很容易治好的，一般只需用新鲜杉树皮煎汤洗洗身就会好的。我安排他睡 3 天棺材，效果不也差不多吗？"

钻铁佛骗局露底

五代后晋时，魏州冠氏县华村有座庙，由于年久失修，香火稀落。

某日，下大雨。村中几位在旁耕作的农妇躲进庙里避雨。惊异地发现庙里不知何时新添了一尊大佛，高有一丈多。正议论间，忽闻这佛像说起话来。

消息传开，远近村民纷纷进庙烧香上供。一向冷落的小庙居然热闹非凡，每天如同赶集一般，连许多头面人物亦来进奉。此事传至县衙门，县令将信将疑，便去一试，果闻大佛能作人语，且有头有脑。县令将此事报告了州府。

当时，后晋之主石敬瑭镇守郴县，闻此觉得甚为诧异，便差遣衙将尚谦前往进香供奉，顺便查明是真是假。尚谦手下的主簿张辂听说此事后，请求与尚谦同往。

到了庙前，张辂对尚谦耳语一番，便悄然藏身于庙旁小树林。

尚谦驾到，和尚们受宠若惊，纷纷外出迎接。礼毕，尚谦请住持拿出庙内和尚名册点名，一个不少。便命众和尚陪同到做道场的大殿之中去。主持知尚谦到此进香的目的，忙道："大人到此，是否先请去客房休息一下。"

尚谦微笑道："不必了。"

和尚们无奈，只得随尚谦前往。

此时，藏于林中的张辂乘和尚不备，悄悄随后进入和尚住的房子，仔细察看，居然发现里面有一条暗道。顺着暗道往前走，竟走到铁佛底下，那铁佛竟是空心的。张辂大喜，看来庙中确实有诈。于是他爬到铁佛的空身里，只见众和尚正陪着尚谦走进殿堂，一本正经准备念经。他在佛身中大喝一声："听着，众和尚！"从而揭穿了这个骗人的把戏。

众和尚大惊失色，纷纷跪地求饶。

验伤捉贼

一天晚上，某县县衙内出现一桩盗窃案，县令陈懋仁察看现场，并未见留下多少痕迹，便传当夜值班的两名士兵询问。

那两个士兵脸上绑着护伤的布，手上及胸前贴着伤膏药，一脸痛楚的样子回答道："昨晚巡夜时，见几个黑影窜墙越檐进入衙门，便追踪进院，不想遭到围攻，寡不敌众，被强盗打昏不省人事。醒来发现强盗已远去。"

陈懋仁命兵士解开绑带及膏药一看，只见一片黑伤，果是厉害。便安抚一番，退堂回房。

陈懋仁在房中踱来踱去，觉得那两个兵士身上的黑伤很是奇怪。照理，凡被棍棒打伤者，至少会皮破肿胀。可那两个兵士却没有这种症状，而且行走如常，不似受伤后又累，难道是假伤？可一时又无充分证据。

陈懋仁心中闷闷不乐，来到后园散心，见老花匠正在给花草培土浇水，便上前闲聊。过了一会，他见园中土坡长着几种奇怪的草，颜色黑黑的，可开的小花却雪白雪白。这种草他不识，便问老花匠。

老花匠道："这种草叫'千里急'，是药草。涂在身上会出现受伤的颜色。几天方退，不过只需用露水擦洗立即便褪。"

陈愁仁一听，认定那两兵士所言有假，决定一试真伪。当时便采了一把"千里急"回堂上，将两个受伤兵士传来，叫他们把草药捣碎，分别涂在另外两个人的胸部、手腕及脸上。不一会，涂的地方果然发黑，与伤痕无异。那两个巡夜的兵士知道事已败露，可仍嘴硬不肯承认。

陈懋仁笑道，"不承认亦无妨，待会我用露水来给你们擦一下如何？"

两个兵士见瞒不下去，只得招认。原来，他俩昨日值班，见衙门内有许多值钱的东西，便偷偷地窃出，然后将"千里急"涂在身上，伪造伤痕，想蒙骗县令。

河中除树

某县有条大河，河中有棵百年老树，河流湍急，行船驶过屡屡撞坏。

一日，尹县令路过河边，见不远处走来一群送殡队伍，一个年轻妇女身穿孝服，抚着棺材失声痛哭，十分可怜。上前一问，方知年轻妇女的丈夫行船撞上这棵老树，落水身亡。尹县令看着屈曲盘旋、隐隐高出水面的老树，决心除掉此树，搬掉祸根。

可是，决心归决心，难题还真不少，派出除树的民工望树兴叹，回来摇着头对尹县令说："树干在水中，十分牢固，无法挖出。"

尹县令也没了办法。树除不了，就像一根桩横在他心里，使他坐立不安。恰巧尹县令的远房堂兄阿贵前来看望他。阿贵是修水利的巧匠，知道尹县令的苦衷后，略一沉思，爽快地说："这有何难，我来帮你解决。"尹县令就把除树的事交给阿贵主办。

阿贵先潜到水底，丈量出水下树干的长度，然后搬来杉木，敲敲打打做

了个巨桶,两头没有盖。先让人砍掉老树在水上所有的枝干,又把巨桶载上船,驶到树旁,请几个彪形大汉把巨桶从树梢穿下,深深地打入水中,上口露出水面,再用大瓢舀干桶里的河水,然后在桶中锯了大半天,终于把老树锯掉了。

查硫磺辨人造假雷

清朝雍正十年六月的一天深夜,河北献县城西一个村庄里,有一个村民被响雷击身而死,知县闻报后,率人前往现场勘查验证。检查完毕,吩咐死者亲属将尸体装入棺木埋葬了事,便打道回府。

半月后,县令忽然把一个人带到衙门审问:"你买火药干啥?"

"用火药打鸟!"

"用火枪打鸟,只需几钱火药,至多也不过一两左右足够用一天了。你却买了二三十斤,是什么原因?"

那人说:"我想留着多用些日子。"

县令突然又盘问:"你买火药不到一个月,算来顶多用去二斤吧,剩下的放到哪里去了呢?"

那壮年男子愣在那儿,一时回答不上了。县令派人严加审讯,那个男人供认了自己与死者妻子通奸后合谋杀人的罪状。再去审问死者的妻子,她也哭哭啼啼地承认了谋杀亲夫罪。于是县官判决两人斩首示众。

结案后,众人问县令:"你怎么知道凶手是这个人呢?"

县令说:"要知道,造假雷击人的现场没有几十斤炸药是不成的,而要造假雷必须用硫黄,自己没有,就要到城里商店去买。现在正值盛夏,并非过节放礼炮的时候,买炸药的人寥寥无几。我秘密派人到集市上去查问,挨户问店主,哪个人买炸药最多,都说是城西工匠某某人。然后,再查实工匠买炸药给了谁,又听工匠说炸药是替另外一个人代买的,因此获得凶手证据。"

又有人问县令:"大人,那夜正是雷雨大作,你怎么知道那个打死人的雷是假造的呢?"

县令道:"雷击人自上而下,不会裂地;如果毁坏房屋,也必自上而下。可是,我在现场察看时,却发现山草、屋梁都被炸飞了。同时,那村庄距城不过几里，雷电应该与城里相差无几。可是，那一夜，雷电盘绕在浓云之中，没有下击的样子。所以知道那击死人的雷定是人工伪造的。但那个时候死者的妻子回娘家去了，难以马上问清，所以必须先查凶手，才能审讯同谋的女人。"

煮石头治病

清初，太原有个女子，因受了丈夫李小牛的气得了病。李小牛请了许多医生都没治好，就去请傅山先生。

傅山说："这个病，不见病人也能治，只是我手头药味不全，你去捡一块鸡蛋大小的深色石头，用温火煎，水煎少了，再添上继续煎。啥时候煮软了，你来拿药。千万不能让水干了，要人不离火。"

李小牛捡了一块鸡蛋大小的深色石头，但是添了七七四十九次水，石头还没软。妻子坐起来问："是不是煎法不对？"

小牛说："傅山先生就是让这样煎的。"

妻子说："要不，我看着火，你去问问。"说着下了炕。

小牛去问傅山先生："已经煎了两天了，药引怎么一点也不见软？"

傅山反问："现在谁替你看火？"

"我妻子看着呢。"

"她病已好啦。此病要治，首先得消气。她见你那么没明没黑地煮石头，气就消了。气消则肝木苏，她能替你煮石头，说明病已好了。"

小牛回家一看，妻子病果然好了。

牛腹取钉

驼背李老汉驾着牛车赶集回到家，把在集上买的一捆菠菜和给儿子打家具用的一包铁钉朝牛车旁一放，就去酒店喝酒了。

等到驼背李老汉喝了个痛快，回到牛车旁时，发现牛车旁除了一张包铁钉的纸外，一捆菠菜和一包铁钉全部让那条精壮的水牛吃掉了。

"哎哟，我的娘！牛把铁钉吃到肚子里了。这……这叫我怎么办啊？"

李老汉急得团团转，看着不进食的水牛，只是一味悔恨自己不该去喝那杯酒。

放学回家的儿子看到父亲愁成这个样子，动开了脑子。他想：如果给水牛动手术，从胃里取出铁钉，此事很费劲，家在农村，也不现实。那么是否有既不用伤及水牛、又可安然取出铁钉的办法呢？想着想着，突然，一个点子在他心中跃出。"爸，有办法了，我能把铁钉从牛肚子中取出来了。"

"你怎么办？"

"爸，你先去设法搞块核桃大的磁铁，和一根细长的尼龙绳来。"

一会，父亲弄来了磁铁与绳子。儿子把磁铁牢牢地系在尼龙绳的一端，然后用竹片把牛嘴撑开。他让父亲扳好张开的牛口，自己把系着绳子的磁铁送进牛的咽喉。

水牛把磁铁咽到了胃里。此时，儿子再把磁铁慢慢拉出。只见上面果真吸有六颗铁钉。接着，父子俩如此三番地进行了几次，吸出的铁钉愈来愈多了。

过了几天，本已不进食的水牛，逐渐恢复了正常。

智斗土司

壮族有个土司，他家附近有个公塘，是灌溉全村宅田地的，村里人叫一个老头管着，他在塘里养了很多鱼。土司想霸占公塘，第一步是赶走这个老头。土司把家里养的一群鸭子赶到塘里去，每天去吃鱼。老头子叫苦不迭。公颇爱打抱不平，给老头想了一个办法。

公颇买了很多麻线和钓钩，把麻线弄成二三尺左右，每条线的一头都绑好钓钩，捉来许多小青蛙作饵；另一头系上一块石头或砖头，把它放到倾斜的塘边或塘中露出水面的大石头上。

一天，土司家的鸭子又被赶下了塘，鸭子吞食起青蛙，钓钩也跟着到了肚里，一走动，石头或砖头跟着掉到塘里，便把鸭子拉着沉下水去。慌得放鸭人忙去报告土司。

公颇说一定是塘里有鬼。见土司不信，公颇又说："那么晚上我陪您去看看。"

公颇马上去找老头，叫他在天刚黑时找些萤火虫来，又把很多钓钩绑到麻线上，用些蚯蚓作饵，这一回不绑石头，却绑了浮标，每个浮标的后尾都钉上萤火虫，放下水塘去。

晚上，公颇带土司来到塘边。土司见到满塘都漂着火光，很奇怪，突然，塘里的鱼吃起诱饵了，触动浮标，浮标一动，火光也动了。诱饵给拉下去，浮标和萤火虫也给拉下水去，火光就消失了。一时间满塘的萤火虫忽明忽暗，渐渐少下去。

公颇说："老爷，这不是鬼火吗？"

土司一听，吓得拔腿跑了。公颇跳下塘去，把沉到塘底的鸭子全摸上来，送给了孤老头子。

巧答难题

藏族有个叫阿龙的孩子在大地主家里放羊。那家地主心狠手辣，饭不给阿龙吃饱，工钱到了月底却总要七折八扣，住的地方是羊棚。阿龙很想不干了，可又受到契约的束缚，难以脱身。

一天，早已看出阿龙心思的财主，为了寻开心，竟开玩笑地说："阿龙，你只要答出三道题目，我就将契约还你，放你回家。"

阿龙兴奋极了，说："好，您把全村人都叫来作证人。"

村民们全都给叫来了。地主指着两位小姑娘说："咦，她俩之间有一个是哑巴，你说谁是哑巴？"

阿龙瞟了两个小姑娘一眼，猛地从腰间拔出一把寒光闪闪的尖刀。一个姑娘吓得直喊："妈呀，不要杀我！"另一个只是"哎哎"地叫。阿龙指着后者说："她是哑巴！"村民们齐声喝彩。

地主面色很难看，又叫来两个男孩，对阿龙说："他俩中有个聋子，你说谁是聋子？"

阿龙朝他俩端详了一会，突地跑到男孩背后，猛然吹出三声口哨。一个男孩连忙捂住耳朵，转过身来；另一个男孩仍然呆呆地站着。阿龙指着呆男孩说："他是聋子。"村民们鼓掌大笑。

面色发白的地主，恼怒地叫人牵来两只毛色、大小一样的山羊，对阿龙冷冰冰地说："哪是老羊？哪是小羊？"

阿龙仔细地看着两只山羊，偏着头想了想，便从腰间抽出羊鞭，朝半天

空"叭"地甩了一下响鞭，两只山羊被赶往溪边。一只山羊蹚水过溪，另一只却直往后退缩。阿龙指着后退的山羊说："这是小羊，过溪的是老羊。"村民们异口同声喊好！原来老羊经常过惯河溪，所以不怕水；小羊过河经验不够，所以怕水。

地主这下子像棵被早霜打蔫了的草，只得履行诺言，将契约交还给阿龙。

绷带做管道

茫茫冰天雪地，死寂荒野。日本一支探险队历尽千辛万苦，来到了南极，他们准备在这里过冬。

在阿琪队长的指挥下，队员们冒着寒冷，齐心协力把一根根铁管很快连接起来，准备铺设一条管道，把船上的汽油输到越冬基地。管道在延伸，眼看就要接通，突然，大伙儿发现输油管不够！

队员们心急如焚，到处寻找。可是翻遍了每个角落，都没有找到一寸管子。队员们面面相觑，大家都开始想办法，可谁也没有好点子。这时，有个叫阿敏的队员眨了眨明亮的眼睛，喊道："咱们可不可以用冰来做管子？"

"用冰做管子？"众人疑惑不解。

阿敏说："气温这么低，那冰还不跟铁一样坚硬吗？"

"可是冰坚如铁，难做管道呀？"众人还是不解。

阿敏对大家说："喂，我们不是有很多绷带吗？"

绷带？那还用说。为了对付意外的伤病，以便随时抢救，每个队员随身都带着一大包呢。此外，船上还有几十箱备用的，简直能开绷带批发公司了。

可绷带是绷带，管道是管道，两者是风马牛不相及的。

阿琪队长猜中了众人的心思，说道："用绷带做成冰管是完全可以的。它可以解决造型和冰冻两个方面的问题。把绷带缠绕在铁管上，就解决了造型问题。往缠在铁管上的绷带上浇水，在南极冬天摄氏零下几十度的低温下，水很快就可结成冰。再把中间的铁管抽出，冰管就造成了。"

当阿琪队长兴致勃勃地讲完，大伙儿全乐了。一拥而上，动手工作起来。很快，一根根冰管被连结起来，一直通到日本探险队的南极越冬基地。

试纸的发明

波义耳是17世纪英国著名的化学家、物理学家。出生于爱尔兰的利斯莫尔城堡。1654年他移居牛津后，开始研究化学和物理学问题。

一天早晨，波义耳正要到实验室去，花匠送来了一篮美丽的紫罗兰。波义耳随手拿起一束花观赏着，闻着那扑鼻的清香走进了实验室。他的助手取来了两瓶实验用的盐酸，波义耳想看一看盐酸的质量。那个助手就将盐酸倒进了烧瓶。波义耳把紫罗兰放在桌子上，去帮助那位助手。盐酸挥发出刺鼻的气味，像白烟一样从瓶口涌出，倒进烧瓶的淡黄色液体也在冒烟。

"这盐酸不错！"波义耳放心了，从桌上拿起那束花准备回书房。这时他突然发现紫罗兰上也冒出了轻烟。原来，盐酸溅到花儿上了。他赶紧把花放到水里去洗刷。过了一会儿，紫罗兰的颜色由紫色变成红色的了。

波义耳饶有兴趣地把书房里那个盛满鲜花的篮子取来，对助手说："取几只杯子来，每种酸都倒一点，再拿些水来。"

波义耳在几个杯子里分别倒进不同的酸性液体，再往每个杯子里放进一朵花，全神贯注地观察着，看看有什么新的变化。只见深紫色的花儿渐渐变成了淡红色，过了一会儿又变成了深红色。

这样，他就得出了一个结论："不仅是盐酸，其他的各种酸类，都能使紫罗兰变成红色！"波义耳兴奋地对助手说："这可太重要了！要判别一种溶液是不是呈酸性，只要把紫罗兰的花瓣放进溶液中去试一试就行了！"

但是，紫罗兰并不是一年四季都开花的。波义耳想了一个办法。他在紫罗兰开花的季节里收集了大量的紫罗兰花瓣，将花瓣泡出浸液来。需要使用的时候，就往被试的溶液里滴进一滴紫罗兰浸液。这就是他发明的"试剂"。

走到这一步，波义耳还没有停步。他又取来了蔷薇、丁香等花卉。将它们的花瓣泡浸液来试验，接着又用草药、苔藓、树皮和各种植物的根进行同类试验。最有趣的是用石蕊泡出的浸液：酸和碱本来像水一样，是无色

透明的,可是,如果在石蕊浸液里滴进酸性溶液,就显出红色;滴进碱性溶液就能使石蕊浸液变成蓝色。

后来,他发明了一个更简便的方法,即用石蕊浸液把纸浸透,再把纸烘干。要用时只需将一小块纸片放进被检验的溶液里,根据纸的颜色变化就能知道这种溶液是呈酸性还是呈碱性的了。

波义耳把这种石蕊纸叫做"指示剂",也就是后来人们所说的"试纸"。

魔星的发现

距地球 100 万亿公里,有一颗学名叫"大陵五"的恒星,关于这颗恒星,在古希腊神话里,有过这样一个传说:美杜莎是个魔法无边的女妖,虽然她长得美丽异常,那一头长发却非常可怕。原来,那头发是一条条毒蛇变成的。美杜莎还有一种妖术:谁要是从正面直接看见她,谁就会立刻变成一块石头。

为了替民除害,一个英雄想出了一条妙计,他以盾牌为镜,从盾牌中看准了女妖的头,一刀砍了下去,女妖被砍死了,她的头变成了一颗星星。人们把这颗星称为"魔星"。这就是"大陵五"恒星。

许多年过去了,人们或许已把这颗星星淡忘了。到了 1782 年,这颗星星的另一个秘密,却被英格兰一位名叫约翰·古德里克的聋哑青年发现了。

古德里克从小就喜欢在晴朗的夜晚静静地观望星空。对于那一望无际的天宇,他充满了好奇心。他常常凭肉眼数着天上的星星,辨认各类星座,注意着星体的变动,探索着宇宙的奥秘。

这年冬天,古德里克用自制的天文望远镜观察"魔星",他发现:这颗星有时暗,有时亮,与看到的其他星不一样,亮度有着明显的变化。他惊奇地想:"这种亮度的变化是什么原因造成的呢?"他决心揭开这个奥秘。

从此,他几乎着魔了一样,每天晚上盯住"魔星",坚持对它连续跟踪观察。他整整观察了一个冬天,终于弄清了"魔星"明暗变化的规律:他发现"魔星"由亮逐渐变暗,再由暗变亮的周期是 2 天零 21 个小时。

这天晚上,古德里克又守在望远镜旁。只见一片流云渐渐遮住了星星的闪光,过了一会星星又出现在望远镜里,虽然,这在观测天象时是常见的,而这次却意外地使他受到新的启发:"是什么流动的东西挡住了它? 使它变得忽明忽暗？如果是流云,那么不会有规律地出现,而我发现这种现象是有周期的,那一定有除流云以外的原因!"

这时,他又联想到日食。耀眼的阳光,由于受到月亮的遮挡变得暗淡了,等月亮移开时,太阳又重放光芒。

经过反复观察,思索,古德里克作出了这样的推断:"魔星"身边一定有一颗比较暗的行星围绕它旋转,当这颗行星转到地球"视线"范围之内的时候,地球上的人们看上去,"魔星"就变暗了;当行星转出地球的"视线"外,"魔星"射出的光线又恢复原来的样子,人们看上去,自然又变亮了。

当时,古德里克只有 18 岁,作出这个独创性的见解后,他还没来得及进一步去证实它就离开了人间,死时仅 22 岁。

1888 年,也就是古德里克死后 100 年,西方天文学家用科学的方法证实了他的设想。"魔星"成了第一颗被发现的"变星",人类研究"变星"的历史从此开始了。

墓石移动的原因

1924 年,英国的侦探小说《福尔摩斯探案集》的作者柯南道尔在英国北部的斯戈托勒多地区旅行。

一天,某男爵的遗孀来拜访他,说:"五年前,先夫不幸去世。我为他建造了一座墓。谁知每年到了冬天,墓石就会移动一些。"

"墓石仅仅在冬天移动吗?"

"是的。这个地方的冬季特别冷。每年一到冬天,我就到法国南部的别墅去。春天再回来,并去先夫墓地扫墓。这时,总发现墓石有些移动。"

柯南道尔好奇地请夫人带他去墓地看看。

在一堆略微高起的土丘上,墓地朝南而建。四周有高高的铁栅栏围住。在沉重的四方形台石上面,有一个直径 80 厘米的用大理石做成的球石。为了不使球石滑落,台石上挖了一个浅浅的坑,把球石正好嵌在坑里面。正面的十字架差不多隐没在浅坑里了。

浅坑里积有少量的水,周围长满苔藓。如果球石的移动是人为现象,用杠杆来移动它,那在墓地的苔藓上总该留有一些痕迹,可又一点痕迹也没有。如果有人不用杠杆而是用手或身子推球石,那凭一两个人的力气是

根本推不动的。"会不会是地震的缘故?"柯南道尔问。

"附近的人说最近几年里没有发生过地震。所以我想一定是亡夫在显灵。"

柯南道尔摸了一下浅坑里的积水,沉思片刻后说:"夫人,很抱歉。墓石的移动与男爵的灵魂没有任何关系。"他研究了球石所安放的浅坑里积有雨水的现象后,就明白这是怎么回事了。

原来,这个地方的冬天特别冷。由于下雨落雪,使坑里积了水。到夜晚就结成冰。白天,这坑里南面的冰因受太阳的照射,又融化成水,而北面由于没有太阳照射,仍结着冰。这样,北面的水结成冰,而南面的冰又融化成水,沉重的球石便渐渐地出现倾斜,从而非常缓慢地向南移动。其正面的十字架,必然也会渐渐地被隐埋起来。这就是男爵的墓石之所以移动的原因。

清扫空中走廊

英国某军用机场上,科学家詹姆斯先生呆呆地站在那朦胧的雾天中。雾是那么的深,别打算看三米以外的东西了。

在这多雾的国度,却苦了英国皇家空军的飞行员了。让他们怎么在这能见度极差的机场起飞和降落呢?这是在第二次世界大战期间,英国的一架架歼击机、轰炸机随时要凌空而起,去对付德国空军!

詹姆斯先生在机场上绞尽脑汁,考虑着怎么突破这大自然的天然屏障。詹姆斯试验了一次又一次,均告失败,这雾的空间太庞大了。忽然,詹姆斯灵机一动:燃烧地面!通过燃烧使地面气温升得高高的,高温逼得雾气蒸发成水滴落地,空气能见度不是可以大大提高了吗?

詹姆斯和机场后勤人员开始日夜忙碌起来。机场跑道两旁全安装上了管道。"砰砰砰",大家抡臂挥锤,管道上每隔一定距离便凿出了一个小孔。

他们用四轮小铁车拖来了一筒筒航空汽油,灌到管道小孔内喷出来为止。

詹姆斯一声令下,士兵们手捧点火装置,飞也似地点燃每个小孔。一刹那,整个机场陡然出现一个个火炉,熊熊燃烧,空气受到热火烤炙,雾气渐渐消散。目睹这一壮景，英国军人为初步成功，纷纷高声欢呼。

1943 年 11 月，英国人第一次用这种方法在浓雾笼罩的机场上空清扫出了一条空中走廊。"英国雄鹰"终于可以随意地升空出击。英国在整个第二次世界大战中，一直采用这种放火驱雾法。战后，它让英国的 2500 架飞机，近一万名飞行员安全降落在英国本土呢！

锡扣失踪之谜

100 多年前。俄国首都彼得堡。

朔风凛凛，瑞雪霏霏。气温突然下降到零下 30 度！军营里开始发军大衣了。嗨，崭新的军大衣穿在身上有多暖和呀！

过了一会，士兵们都叽叽喳喳议论起来："咦，军大衣上怎么连一颗纽扣也没有呢？真是太奇怪啦！"

就连沙皇的卫士穿的军大衣也没有纽扣，沙皇知道了这件事，很气愤，传令把监制军大衣的大臣传来问罪。

大臣说："这事儿就怪啦，我曾经到过制军大衣的工厂的，亲眼见制衣厂的工人把一颗颗银光闪闪的锡纽扣钉上去的呀！"

沙皇吹胡子瞪眼睛："可是事实上，现在连半个纽扣也不见了！你快去查一个清楚，到底是谁在搞破坏！"

大臣吓得连声说"是"，马上到仓库里去调查。

管理仓库的官员说："军大衣运来时，确实是有锡纽扣的，一直到发放军大衣时才打开仓库，那时没注意去查看纽扣，不过现在还剩下一部分军大衣。"

大臣取过一件查看，也没有锡纽扣，只是在钉扣子的地方，有灰色的粉末。奇怪，锡纽扣怎么失踪的呢？大臣百思不得其解，忧愁极了。

大臣有位朋友，是个化学家。他听说这件事后，就对大臣道出了锡纽扣失踪的秘密。大臣把科学家引荐给沙皇。

科学家对沙皇说："锡有个特性，在摄氏 13.2 度以下，就会慢慢变成松散的灰色粉末。而现在气温已到了零下 30 度，如果纽扣不失踪才奇怪呢？"

沙皇还不大相信，科学家就拿了一个锡酒壶放到皇宫外的台阶上。几天后再去看，手一碰上去，那锡酒壶果然变成了一堆粉末。于是，那个大臣

被宣告无罪。

预测磁铁矿

俄罗斯库尔茨克地区的铁矿有着极其丰富的蕴藏量。但这个大铁矿的发现,不是有意勘探的结果,而是一次偶然旅游才发现它的存在。发现它不是用高级的探矿仪器,而是一只平平常常的指南针。

1874年的一天,俄罗斯物理学家斯米尔诺夫到库尔茨克地区旅游。他随身带着一只小巧的指南针。走着走着,有一次,当他拿出指南针测定方向时,只见指南针凝固不动了,死死地定在一个方向上。他觉得很奇怪,以为指南针出了毛病,轻轻地抖动了一下,但是指南针还是一动也不动。

回家整理旅游物品的时候,他发现指南针的指针还是很准确地指向南方,指南针轻轻地抖动着,但是始终对着南方。他对着指南针左思右想,确定不是指南针出了毛病。那么是什么原因使指南针在那个神秘的地方竟会失灵呢?指南针之所以会指向南方,那是因为地球自身是个大磁体,也有南极和北极,磁极与地球的南北极并不重合,但相距不远。指南针受到磁力的吸引,因此,指南针一直指着南方。在库尔茨克时指南针忽然不动,会不会这里有个大的磁场,把指南针紧紧地吸住了呢?

他又一次来到库尔茨克,与上次一样,到了一定的区域里,指南针又失灵了。在相当大的一个区域里,指南针都不再指向南方,而是被什么东西吸住不动。只有远离这个地方,指南针才会恢复活力。

他相信,这里的地下一定有个强大的磁场。也许是一个巨大的铁矿。铁矿有可能感应了磁性,有了自己的磁场。于是,他写了一篇文章,预言库尔茨克的地底下,有一个大型的磁铁矿。

30多年后,1923年,苏联政府又想起了这个科学预测,派出了地质学家们对这个地区进行了地球物理勘探。探井钻机开始隆隆地转动起来。当钻到163米深的地方,取出了样品,经过化验,证明是氧化铁矿石。它的藏量丰富,磁性也很强烈。因此,在它的上面,铁矿产生的磁场紧紧地吸住了指南针,使指南针到了这里就会失灵。

狮身人面像涂油脂

1843年，俄国的沙皇从埃及掳掠了一部分狮身人面石像，把它们放在皇宫里自己欣赏。

前苏联的一位考古老学者，一天来到彼得格勒博物馆，停留在一座狮身人面石像前，仔细观察了一番后，惊奇地说："想不到这狮身人面像竟然得了'消瘦症'啦。"

旁边有位博物馆的管理员听了老学者的话后，笑着问："您说它'消瘦'了，有什么根据吗？"

老学者说："我曾经看过这狮身人面像的档案，清楚地写着它的身高、身长、腰围和颈粗。可现在看来，已变得瘦小多啦。"

管理员说："是啊，我们发现，在石像周围的地上，常常出现一层层的粉末，冬天更严重，粉末中还夹带一些细小的沙粒呢。请问，这是什么原因呢？"

老学者说："把埃及和我们这里的气候相比较，就可明白它'消瘦'的原因。我们这里的空气比埃及潮湿。潮湿的空气里，含有很多水分，水联合氧气和硫酸气，一齐向石像进攻，把石头中的一些物质溶解了，使另一些物质发生了化学反应，这样，石像的结构就变得越来越松了。"

老学者只轻轻抚摸了一下狮身人面石像，手指上就沾了一大块粉末。他指着石像继续说："石像身上原有无数缝隙，而我们彼得格勒的冬天比埃及寒冷多了。在这么寒冷的天气里，石像的缝隙里的水就冻成了无数的水冰碴。水冻成冰，体积要增大十分之一，于是就拼命往外伸张自己的身体。这个伸张力是巨大的，它能使指头大的面积受到5000斤的力，把石像的裂缝撑大，于是就会有粉末掉落下来。"

管理员高兴地说："先生，看来石像的'消瘦病'被你摸到病根了，那么再请您开个'药方'吧。"

老学者说："请你们把石像的全身涂满油脂，把所有的缝隙全部堵塞住，这样，空气和水分就无法再向它进攻了。"

管理员向馆长汇报了老学者的话，就按照这个"药方"为石像"治病"。以后，那狮身人面石像果然再没有"消瘦"下去啦。

阿基米德测王冠

古希腊著名科学家阿基米德（公元前287—前212年）的浴室里,阿基米德在洗澡。

浴盆里放了大半盆热水,阿基米德坐了下去,忽然觉得浑身轻飘飘的,身子浮动着,那热水哗哗地直从盆里溢出来。"水放得太多了。"他下意识地站了起来。盆里的水落了下去,他孩子气地又重重地坐下去,水又往上升起,没过盆沿溢了出来。

忽然,他眼睛一亮,跳出浴盆,光着身子冲到门外,跑上大街,高喊道:"我知道啦!我知道啦!"咦!这老头疯了吗?瞧,他浑身一丝不挂。

其实,阿基米德没有疯,他解开了一个重要的秘密,一时有点忘乎所以。

几天前,地中海的西西里岛上的叙拉古王国的国王,叫金匠做了一顶纯金的王冠,漂亮极了。可大臣们却窃窃私语:"谁知道是不是纯金的。"

国王听了这种议论后,就叫人把王冠称了一下,可是王冠和交给金匠的金子一样重,没法辨别里面有没有含别的什么金属。国王就把聪明的阿基米德召来,让他弄个水落石出。

现在,阿基米德在洗浴时得到了一种启发,他觉得,马上就可以弄清这个王冠的秘密。他给国王做了这样一个实验——他找来一块和金冠同样重的纯金块、两只同样大小的罐子和盘子,然后把王冠和金块分别放进装满水的罐子里。当水从罐子里溢出来时,各用盘子接着。最后把这些水分别称一称,结果,发觉溢出来的水不一样多。

阿基米德对国王说:"现在我可以断定,这只王冠里掺有其他金属。"

国王问:"为什么?"

"王冠和纯金块一样重,但如果王冠是纯金的,那么,它们的体积也应该是一样大,放进水罐里,溢出的水也应该是一样多。现在,放王冠的罐子里溢出来的水多,说明王冠的体积比纯金块大,由此可见,王冠不是纯金的。"

国王忙派人把金匠抓来一查问,果然是用同样重的黄铜代替,铸在金冠的内层。王冠中掺假的秘密就这样被揭开了。

发现超声波

1793 年夏季的一个夜晚,意大利科学家斯帕拉捷走出家门,放飞了关在笼子里做实验用的几只蝙蝠。只见蝙蝠们抖动着带有薄膜的肢翼,轻盈地飞向夜空。斯帕拉捷见状,感到百思不得其解,因为在放飞蝙蝠之前,他已用小针刺瞎了蝙蝠的双眼,"瞎了眼的蝙蝠怎么能如此敏捷地飞翔呢?"他下决心一定要解开这个谜。

在进行这项实验之前,斯帕拉捷一直认为:蝙蝠之所以能在夜空中自由自在地飞翔,能在非常黑暗的条件下灵巧地躲过各种障碍物去捕捉飞虫,一定是由于长了一双非常敏锐的眼睛。他之所以要刺瞎蝙蝠的双眼,正是想证明这一点。事实却完全出乎他的意料之外。

意外的情况更激发了他的好奇心。"不用眼睛,那蝙蝠又是依靠什么来辨别障碍物,捕捉食物的呢?"于是,他又把蝙蝠的鼻子堵住,放了出去,结果,蝙蝠还是照样飞得轻松自如。"奥秘会不会在翅膀上呢?"斯帕拉捷这次在蝙蝠的翅膀上涂了一层油漆。然而,这也丝毫没有影响到它们的飞行。

最后一次,斯帕拉捷又把蝙蝠的耳朵塞住,飞上天的蝙蝠东碰西撞的,很快就跌了下来。斯帕拉捷这才弄清楚,原来,蝙蝠是靠听觉来确定方向,捕捉目标的。

斯帕拉捷的新发现引起了人们的震动。从此,许多科学家进一步研究了这个课题。最后,人们终于弄清楚:蝙蝠是利用"超声波"在夜间导航的。它的喉头发出一种超过人的耳朵所能听到的高频声波,这种声波沿着直线传播,一碰到物体就迅速返回来,它们用耳朵接收了这种返回来的超声波,使它们能作出准确的判断,引导它们飞行。

"超声波"的科学原理,现已广泛地运用到航海探测、导航和医学中去了。

原子弹爆炸试验

美国新墨西哥州南的沙漠上，炽烈无比的闪光，震耳欲聋的巨响。紧接着是一个明亮灼眼的火球迅速膨胀、上升，同时地面上掀起一个粗大的尘柱，当尘柱追上直径达五百米的大火球时，便形成高达十几公里的蘑菇状烟云——世界上第一颗原子弹试验成功啦！这是 1945 年 7 月 6 日凌晨。

参加试验的科学家、工程技术人员全部蹲在附近的掩体里。因为他们知道：原子弹爆炸是一种剧烈的原子核裂变过程，它巨大的能量，在一瞬间以三种形式释放出来：一种是在爆炸中心产生极高的温度，辐射出大量的热；一种是空气受热剧烈膨胀，产生激烈的冲击波；还有一种是产生相当多的放射性物质，造成放射性污染。

可是，一个出人意料的情景出现了：身穿防护衣的意大利物理学家费米，突然跃出了掩护体，直向原子弹爆炸的试验场飞跑。一边把小纸片举在头上，使它随着气流飘落。当他跑回来时，扬了扬手中的小纸片，眼中闪烁着奇异的光，兴奋地宣布道："我测出来啦——第一颗原子弹爆炸的威力，相当于两万吨梯恩炸药爆炸时放出的能量！"

两小时后，经过精密仪器测定的结果送来了，居然和费米的纸片实验结果基本相符。人们感到万分惊奇，纷纷向费米询问，他是怎么计算出来的。

费米平静地答道："我根据原子弹爆炸时三种形式能量之间的关系，选择了其中最容易测量的一种——利用空气受热剧烈膨胀产生的强大气流的功能，作为推算整个爆炸能量的依据，而气流的功能，又可根据它的速度推算出来。我用纸片来做实验：气流的速度可以看做纸片漂流的速度，纸片的速度可以根据纸片飘落的时间和距离计算出来，而时间和距离又可以根据我特定的脚步求得。当然，推算出来的结果，只能是个近似的数值。"

人们由衷地敬佩费米大无畏的精神和非凡的智慧。

瓶中断线

卡尔·弗里德里希·高斯是德国 19 世纪著名的数学家、物理学家。高斯不到 20 岁时，在许多学科上就已取得了不小的成就。对于高斯接二连三的成功，邻居的几个小伙子很不服气，决心要为难他一下。

小伙子们聚到一起冥思苦想，终于想出了一道难题。他们用一根细棉线系上一块银币，然后再找来一个非常薄的玻璃瓶，把银币悬空垂放在瓶中，瓶口用瓶塞塞住，棉线的另一头也系在瓶塞上。准备好以后，他们小心翼翼地捧着瓶子，在大街上拦住高斯，用挑衅的口吻说道："你一天到晚捧着书本，拿着放大镜东游西逛，一副蛮有学问的样子，你那么有本事，能不碰破瓶子，不去掉瓶塞，把瓶中的棉线弄断吗？"

高斯对他们这种无聊的挑衅很生气，本不想理他们，可当他看了瓶子后，又觉得这道难题还的确有些意思，于是就认真地想起解题的办法来。

繁华的大街商店林立，人流如川。在小伙子为能难倒高斯而得意之时，大街上的围观者越来越多。大家兴趣甚浓，都在想着法子，但无济于事，除了摇头自嘲之外，只好把期望的目光投向高斯。

高斯无意地看了看明媚的阳光，又望了望那个瓶子，忽然高兴地叫道："有办法了。"说着从口袋里拿出一面放大镜，对着瓶子里的棉线照着，一分钟、两分钟……人们好奇地睁大了眼，随着钱币"当"的一声掉落瓶底，大家发现棉线被烧断了。

高斯高声说道："我是把太阳光聚焦，让这个热度很高的焦点穿过瓶子，照射在棉线上，使棉线烧断。太阳光帮了我的忙。"

人们不由发出一阵欢呼声，那几个小伙子也佩服得连连赞叹。

大陆漂移说的创立

一天，德国气象学家魏格纳躺在病床上看书，看的时间长了，他放下书本，想活动一下身子再看，同时让眼睛也休息一下。他尽力把自己的视线推得远一些，看看窗外。这时，他的目光落在了贴在墙上的一幅世界地

229

图上。

他很有兴趣地看着那奇形怪状的陆地地形，看着那曲曲折折的海岸线，那海洋，那岛屿。看着看着，他发现大西洋西岸的巴西东端呈直角的凸出部分，与东岸非洲几内亚湾的凹进去的部分，一边像是多了一块，一边像是少了一块，正好能合拢起来，再进一步对照，巴西海岸几乎都有凹进去的部分相对应。魏格纳想："看起来就像用手掰开的面包片一样，难道大西洋两岸的大陆原来是一整块，后来才分开的吗？会不会是巧合呢？"一个个问题在他脑海中跳跃着，这个偶然的发现，使他感到十分兴奋。

"如果我的推测是正确的话，我一定要用事实来证明它！"魏格纳又冷静地思考起来："假如现在被大西洋隔开的大陆原来是一整块的话，那么，形成大陆的地层、山脉等地理特征也应该是相近的，隔在两岸的动物、植物也应有一定的亲缘关系，它们曾有过相同的生存环境。"

病好之后，魏格纳走遍了大西洋两岸，进行实地考察。在考察中他发现：有一种蜗牛既生活在欧洲大陆，也生活在北美洲的大西洋沿岸。可以想象，蜗牛不可能远涉重洋，也没人听说过曾经有人"引进"过这种野生的蜗牛。

他还对同样出现在巴西和南非地层中的龙化石进行比较研究，认为，这种爬行小动物也不可能跨越大海，最重要的是，这种龙在其他地区的地层中并没有被发现过。根据生物学家达尔文的物种进化原理，相同的生物不可能在相隔很远的两个地区分别独立地形成，它们必定起源于同一个地区。种种迹象表明，两岸的大陆原来是连在一起的整块！

于是，1914 年，魏格纳创立了一个崭新的学说——大陆漂移说。他指出：现在的美洲与欧洲、亚洲、非洲，澳大利亚与南极洲，本来是连在一起的。大约两亿年前，由于地壳的运动，大陆慢慢分裂，开始缓慢地漂移，渐渐成了现在的样子。并且，现在还在慢慢地漂移着，他认为：印度次大陆是从南极洲漂移过来的，与正在向东漂移的亚洲相撞，而突起的"世界屋脊"喜马拉雅山就是这样形成的。这种运动至今还在悄悄地进行着，喜马拉雅山至今也没停止向北拥挤。对资料的分析研究证明，1300 多年以来，西藏与印度之间的距离缩短了大概 60 米。而澳大利亚也正在向北漂移。

"整个人类居住的陆地，就像巨大无比的航船，在非常缓慢地漂流，移动。世界千百万年后的面目，真不知道会变成什么样子呢！"

音乐驱蚊子

加拿大蒙特利尔一带蚊子特别多，根据生物学家考察，当地竟有 44 种形形色色的蚊子，而且统一的特点是嗜好吸人血，并且嗡嗡地叫着干扰人们的休息，连灭蚊专家也为此伤透脑筋。

有一天，蒙特利尔广播电台的播音员用甜美的声音向全市宣布：从今后蒙特利尔广播电台要为听众专门设置赶蚊子的专题音乐广播，播放时间为上午 11 点到 12 点，下午 4 点到晚上 8 点。

那音乐播放以后效果很不错。有一位听众打电话告诉电台工作人员，说他有一次在湖边钓鱼，当他打开收音机收听赶蚊子广播的音乐时，舒服极了，没想到刚关掉收音机，就拥来一群蚊子，再打开收音机，蚊子就全飞走了。接着他好奇地问：为什么这种专题音乐竟能赶走蚊子呢？

后来播音员向大家揭开了这个谜：原来，该电台的一个股东，在法国度假时发现，只有交配过的雌蚊才会叮咬人，因为它们需要用人或者其他动物的血液来孕育受精卵，所以拼命地吸血。在这个时候呢，雌蚊讨厌那些厚着脸皮来求爱的雄蚊子。这位电台的股东想：播放一种雄蚊子的声音，不是能够使雌蚊子逃之夭夭吗？一些生物学家根据这一奇特的设想，就推出各种各样雄蚊的声音，通过电波追逐那些嗜血如狂的雌蚊们，经过测定，当地的 44 种蚊子中有 30 种雌蚊一听到那电台里的声音，就会四处逃窜，再也顾不得吸人血了。

用手识颜色

伊拉克首都巴格拉的大街上，人如穿梭，热闹非凡。

这天，天气特别好，太阳旺旺地燃烧在头顶。一个盲人挂着拐杖，蹒跚地行走着，卖罐商人利拉的叫卖声把他吸引了过来。盲人翻了翻混浊的眼珠子问道："怎么个卖法？"

利拉又说了一套不知重复多少遍的话："白罐 2 元一个，黑的比白的结实耐用，要 3 元一个，现在只剩下 4 个白罐和一个黑罐了。"

"那我买一个黑罐。"盲人付给利拉 3 元钱。此时,利拉蹦出个邪念来:他是盲人,就给他一个白罐。谁知盲人将它上下摸了一会,又伸手摸柜上其余 4 个,突然气愤地叫道:"你这个奸商,怎么竟欺骗一个双目失明的人!"

利拉以为盲人受骗多了,见绳疑蛇,故意吓自己的,便狡黠地说:"老人家,你就别疑神疑鬼了,我不至于坏到要欺骗你这样令人同情的人吧。"

"奸商!狡辩!"盲人更加气愤了。

过路行人纷纷围过来。知道事实真相后,一致指责利拉利欲熏心,道德沦丧。利拉见众怒难犯,只好给盲人换了一个黑罐,并不停地道歉。但大家都觉得很奇怪:盲人的手怎么能分辨出颜色呢?

盲人解释道:"很简单,白罐子反射阳光,黑罐子吸收阳光。不信,你们摸,黑罐子比白罐子热得多了。"

大家一摸,果然如此。

燕子何处过冬

故事发生在 18 世纪的瑞士北部城市巴塞尔。这个城里有个补鞋匠,在街角上搭了个棚子,每天在那里为人们补鞋,一连干了好多年。他那棚子的檐下有一只小巧玲珑的燕巢,那是一只雌燕筑的。每天,燕子飞来飞去,跟补鞋匠混得好熟啊!可是到了每年秋后,那燕子总要飞到老远的地方去,到第二年春天才会翩翩飞来。

"燕子究竟飞到哪里去了呢?"有一年,在快接近深秋的一天,补鞋匠向住在不远处的一个老学者讨教这个问题。

老学者认真地说:"2100 年前的古希腊哲学家亚里士多德曾下过一个结论:家燕是在沼泽地带的冰下过冬的。多少年来人们一直把这个结论当做真理。可是在我们生活的这个时代,有个叫布丰的科学工作者,捉了五只燕子放到冰窖里,结果它们全冻死了。这就对亚里士多德的结论提出了质疑。"

补鞋匠说:"老先生,您说了半天,还没有回答我的问题:这燕子到底去什么地方过冬?"

老学者摆摆手,耸耸肩,说:"我的回答只能是四个字——去向不明。"

补鞋匠回到家里，头脑里老是盘旋着燕子到哪里去过冬的问题。忽然他想："既然燕子每年都准时飞回来，那么它的去向也一定是比较固定的吧！"

他灵机一动，写了这么一张纸条："燕子，你是那样忠诚，请你告诉我，你在什么地方过冬？"写完后，把纸条缚在燕子的腿上。

几天后，补鞋匠手搭凉棚，一直目送那只可爱的燕子在白云下消失。一天、两天、三天过去了，燕子没有回来。

补鞋匠盼啊盼啊，好不容易把冬天打发走了，把春天迎回来啦！

一天，那只燕子又欢快地飞回来了，只见它腿上缚了一张新的纸条，上写："它在雅典，安托万家过冬，你为什么刨根问底打听这事？"

补鞋匠把这张纸条交给那个老学者看，老学者眯缝着眼睛看了好一会，心里惭愧地说："我还不如一个补鞋匠呢！"后来，老学者把这事写进书里。

从此，人们开始给燕子记标放飞，逐渐搞清了燕子的迁徙规律和路途。

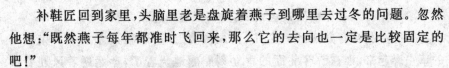

以火灭火救游客

在南美洲的一个大草原上。这里好像是一片金色带绿的海洋，一朵朵鲜花被阳光沐浴得多么艳丽，一群旅客在这一望无际的大草原上快乐地追逐嬉戏，为自然博大、壮丽、充满生机唱着颂歌。忽然灾难降临了——他们的身后蓦地窜出一团大火，风也呼啸了起来，为烈火助威，风风火火，直向旅客们扑来！仿佛有一条巨蟒在用它的一千张嘴吹着火焰。

这些旅客从没见过这狂暴肆虐的场面，惊慌失措地乱奔乱跑。但是，越来越旺的火势来得更猛更快，看来，无论怎么跑，也难逃出烈火的魔爪。

就在这死难临头的惊险时刻，一位老猎人出现在游客们的面前："各位，别跑了，大家还是听我的话，动手拔掉这一片干草，清出一块地面来。"

游客们见是一位老猎手，觉得他经验丰富，就马上按照他的吩咐，七手八脚地猛干起来，很快就清出了一大块地面。

火是从北面烧过来的，老猎人让大家站到空地的南端，自己跑到空地的北端，并把草堆搬到北边去。他默默地望着渐渐靠近的大火，仿佛在沉着地对待快撞到枪口上的野兽一般。

233

游客中有人恐慌地问："老猎人，火再烧过来怎么办？"

"别急，我自有办法。"一会儿，大火快烧近时，老猎人才拿了一束很干的草点燃起来，堆在游客北面的草立刻熊熊地烧着了，竟然逆着风迎着大火方向烧去。这两股火立刻打起架来。火势居然慢慢小了，而留给游客的空间越来越大。两股大火斗了一阵子，终于"精疲力竭"，慢慢地熄灭了下去。只剩下大股黄褐色的烟柱，还在草地上不住地盘旋上升。

当获救的旅客向老猎人讨教"用火灭火"的奥秘时，老猎人深深地吁出一口气，说："在烈火上面的空气受热后会变轻而上升，各方面的冷空气就会去补充。这样，在火的边界附近，一定会有迎着火焰流去的气流。等到我们北面的大火接近我们的草堆时，我把草堆点燃后，那么，我们这边的火，就会朝着风的相反方向蔓延开去，两股火后面的草都没有了，就会渐渐熄灭，当然，火不能点燃得太早，也不能太迟。"游客们恍然大悟。

第8章

改变：用利害打动人心

献艺阻止建高台

春秋时代,晋灵公为了个人的享乐,强迫大批百姓,耗用大量钱财,建造极其豪华的九层高台。他怕臣子们劝说阻止,就下令说:"谁敢劝阻,格杀勿论!"

有个叫荀息的大臣,很为国家担忧,他求见晋灵公。晋灵公认为荀息是来劝阻的,就举起箭,拉开弓,等着他来,只要他一开口规劝,就射死他。

荀息拜见晋灵公后,装做轻松愉快的样子,说:"大王,我是来表演一个小技艺,让您开开心的。"

晋灵公问:"什么小技艺?"

荀息说:"我能把12个棋子堆起来,上面再加几个鸡蛋。""哎,这玩意儿有趣!"晋灵公一下来了劲,忙放下弓箭,命侍从拿出棋子和鸡蛋。

荀息认真地先把10个棋子堆起来,然后又把鸡蛋一个一个地加上去。旁边观看的人,担心鸡蛋会掉下来,都紧张得屏住呼吸,瞪圆眼睛。晋灵公也惊慌急促地叫道:"危险!危险!"

荀息却慢条斯理地说:"这没有什么了不起的,还有比这更危险的呢!"

晋灵公说:"好,我也愿意见识见识。"

荀息见时机已经成熟,就不再做别的表演,立起身子,无限沉痛地说:"启禀大王,请让我进几句话,臣即使死了也不后悔!为了建成九层的高台,三年来,国内已经没有男人耕地、女人织布了;国家的库存已经空虚,邻近的国家将要侵犯我们。这样下去,国家总有一天要灭亡的。建造高台,就像这叠鸡蛋一样危险,请尊敬的大王三思而后行!"说着泪滴衣襟。

晋灵公见荀息说得合情合理,态度婉转诚恳,这才明白建造高台对国家有这么大的危害,叹了口气,说:"我的过失竟然严重到这种程度了!"于是就下令停止建造高台。

如此"葬"马

楚庄王养了好多的马。其中有一匹是他最心爱的马,他给它穿上五彩缤纷的锦衣，养在富丽堂皇的屋子里，睡在有帷幕有绸被的床上，拿切好的枣干喂它。可惜，这匹马越来越胖，享了没多久福，就腿一蹬断了气。

这下，楚庄王特别的伤心，对大臣下令说："你们快去找天下最好的棺材把它装进去，外面还要套上一个好棺椁，而且要用大夫的礼仪埋葬它。"

有的大臣劝谏道："大王，怎么可以把大官的礼仪用在畜生身上呢？"

楚庄王脸一沉，说："谁敢再来劝我不要厚葬马，我就杀死他！"大臣们一个个缩着脑袋，不再吭声了。这时，宫殿演员优孟失声痛哭起来。楚庄王奇怪地问："你哭什么呀？"

"我哭马呀！"优孟边哭边说，"这匹马是国王您最心爱的。我们堂堂的楚国，有什么样的事办不到呢？只用大夫的礼仪来埋葬它，还是太亏待它了。我看应该用君王的礼仪埋葬它才对呀。"

楚庄王问："怎样用君王的礼仪来埋葬它？"

优孟答道："臣请求用雕刻花纹的玉做棺材，外面再套上文梓木做成的大棺材。派士兵们挖大坑，叫百姓运土，供给它的祭品要最上等的东西。还要请各国的使者来吊唁它。诸侯听到了这件事，都会知道大王轻视人而看重马！"

楚庄王听到最后才明白，优孟哪里是哭马，而是用巧妙的语言来劝自己不要太看重马。他觉得自己错了，叹了口气说："难道我的过错竟是这样的严重吗？你觉得该怎样处置这匹马呢？"

优孟说："请大王把这匹马当做六畜来埋葬——在地上挖个土灶作为棺木的外套，用铜铸的大鼎作为棺木，用姜、枣、粳米为祭品，用大火把它煮熟煮烂，最后把它埋葬在人们的肚皮里。这就是最好的处置办法。"

最后，楚庄王叫厨师把马肉烧得喷喷香，分给大家吃了。

用寓言巧谏吴王

春秋时期，吴王想出兵攻打楚国。有的大臣劝阻说："楚国正处于强盛时期，现在还不能去和它交战。望大王三思而行。"

吴王一心想称霸，此时哪里听得进劝谏之言，拔出寒光闪闪的宝剑厉声说："我已经决心进攻楚国，谁再敢劝阻，我就把他碎尸万段！"吓得大臣们再不敢开口了。

王宫里有个年轻的卫士,认为这次出兵不是正义之战,肯定会失败的,但又不敢面对吴王讲。他想了好几天,终于想出了一个办法。这天,他一清早就走进王宫的后花园。手里拿着一把弹弓,转到东,转到西,连衣服被露水打湿了也毫不在乎。就这样,他在那里转了三天。

吴王见了,觉得很奇怪,就把卫士叫到跟前,问:"你为什么老在花园里走来走去,把衣服都弄湿了呢?"

卫士恭恭敬敬地说:"报告国王,我是在观察一件挺有趣的事呢——花园里有一棵树,树上有只蝉,它在树的高处喝着露水并且得意地鸣叫,却一点儿也不知道有只螳螂藏在它的后边,弯着身子,举着前爪,准备扑上去捉它呢;可是那只螳螂,也完全没有料到,在它的身后有一只黄雀,正悄悄地伸长脖子想去啄;那黄雀却根本不知道我正拿着弹弓,正对着它瞄准呢!"

吴王笑道:"确实很有趣。"

卫士继续说:"尊敬的国王,蝉、螳螂、黄雀只想到它们眼前的利益,却没考虑到隐藏在身后的危险啊!"

吴王沉默了一会,恍然大悟:原来卫士在用寓言来巧谏,想让他停止进攻楚国。他笑笑说:"你讲得很有道理。"于是取消了攻打楚国的计划。

妙喻搬兵

齐威王时,齐国有个辞令家叫淳于髡,满脑子是巧妙的比喻。

当齐国开始振兴时,楚国却来侵犯了,齐威王想派使者去赵国搬兵。可派谁去呢?他扫了一眼朝中文武百官,决定派能言善辩的淳于髡去赵国搬兵。他让淳于髡驾上车马10辆,装上黄金100两。淳于髡见了放声大笑,连系帽子的带也笑断了。

齐威王说:"先生嫌这些东西少吗?"

淳于髡说:"怎么敢嫌少呢?"

齐威王说:"那么刚才笑什么呀?"

淳于髡说:"今天我从东面来时,看见有个农民在田边拜求田神赐个丰收年,他拿着一只猪蹄和一杯酒,祈祷说:'田神啊田神,请你保佑我五谷成熟,米粮满仓吧!'他的祭品那么少,而想得到的却是那么多,所以禁不住要笑他。"

齐威王领悟了他的话，马上给他黄金 1000 两，车马 100 辆，白璧 10 对。淳于髡于是出使赵国，搬来了 10 万赵兵。楚国闻讯，立即撤兵。

纳贤问计

公元前 318 年，燕国发生内乱，齐国乘机攻打燕国，杀死了燕王。不久，燕昭王即位。为了收复失地，他亲自登门向燕国贤者郭槐请教寻求贤能人才的计策。

郭槐说："成帝业的国君，把贤人作为老师看待；成王业的国君，把贤人作为朋友看待；成霸业的人，把贤人作为大臣看待；而国家也保不住的国君，则把贤人作为奴隶看待。大王如果虚心听取贤人的教导，恭恭敬敬地拜他为师，那么，天下的贤人就会归附到燕国来。"

燕昭王说："我倒真想向所有的贤人学习，只是不知道先去召见谁最合适？"

郭槐没有直接回答，而是讲了这么一个故事——

从前有个国王想用千金去买一匹千里马，但三年过去了也没有买到。有个大臣对国王说："让我来为大王效劳吧！"

过了三个月，那个大臣找到了一匹千里马，可已经死了，就花了五百两黄金，把马骨买了回来。

国王大怒道："谁让你用重金去买马骨的！"

大臣说："一匹千里马的骨头尚且花了五百黄金，更何况活的千里马呢？天下的人必然认为大王是诚心买千里马的人，肯定会把千里马送上门来的。"

果然不到一年时间，就得到三匹千里马。

郭槐讲完故事，又说："现在大王如果真想寻求贤人做老师，那就请从我开始吧。连我郭槐都能受到重用，何况比我更有才能的人呢？他们一定会从千里之外赶来的。"

燕昭王觉得很有道理，就为郭槐修建了宫室，并把他作为老师看待。这件事传开以后，很多贤能的人从各国前来投奔从善如流的燕昭王。

239

母亲阻止儿子为将

赵母得到赵王要任用她的儿子赵括为大将的消息，日夜坐卧不安。她知道儿子不是做大将的料子，这样的重任他担不起呀！特别让赵母不放心的是，眼下赵国的军队正在长平与秦军对峙，赵王中了秦国的反间计，撤换了原先的大将廉颇。没有实战经验的儿子走马上任，打了败仗，丢城失地，这不仅害了国家，也害了儿子。她决定写封信给赵王，陈述利害得失。

赵母在信上写道：

"我的儿子赵括没有能力担任大将。大王不要以为他是大将赵奢的儿子，他一定也有大将的才能。其实，他们父子之间差距大着呢。他父亲在世时做大将，每次得到大王的赏赐，从不留给自己和家里的人，全部分赏给作战勇敢的将士们。受命之日，整个身心都在带兵打仗上，从不过问家里的事。可是，我的儿子全然不像他的父亲，大王奖赏给他的金银财物，都藏在家里，还时时准备着购置房屋田产。他的志向这样短浅，心胸这样狭窄，怎么能当好大将呢？我是从赵国的安危出发，请求大王不要委任我的儿子为大将。"

赵王接到赵母的信，摇摇头说："天下哪有做母亲的不为自己儿子升官而高兴的呢？赵括的母亲不赞成儿子做大将，真是个怪人，我不能听她的话。"

赵母知道赵王不听自己的劝告，一定要任用赵括为将，生气地又给赵王写了一封信，说道："我了解自己的儿子，可是你大王不听我的话，日后赵括打了败仗，这不是我的责任了，请不要连累我！"赵王只得同意了。

果然不出赵母所料，赵括担任大将后，把廉颇原来制订的军纪废除了，加上指挥失误，结果兵败身死。赵王因为赵括母亲有言在先，因而没有株连她。

寓言巧息战

魏王要发兵攻打赵国，许多大臣都反对，却都无法阻止魏王。季梁听说后，直奔王宫。魏王看见季梁大汗淋漓地走进宫中，以为外面发生了什么重大的事情。

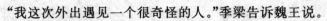

"我这次外出遇见一个很奇怪的人。"季梁告诉魏王说。

"这个人怪在什么地方呢?"魏王催着季梁说下去。

"事情是这样的,"季梁接着说,"我在路上碰到一个坐在马车上的人,正往北方赶路,我问他到哪里去呀?他回答说要到楚国去。我告诉他楚国在南方,怎么往北走呢?他不以为然地说:'你不用担心,我的马跑得快极了。'我又劝告他说:'马跑得快又有什么用呢?你是方向搞反了!'他依然十分自信,说:'你瞎嚷嚷什么呀?我有很充足的路费,我的车夫有很娴熟的驾驭技术,何愁走不到楚国呢?'我知道再劝也没用,叹了口气说:'可惜你把好车好马用歪了,你这样走下去,离楚国不是越来越远了吗?'那个人不再答话,驾着车还是向北方飞驰而去。"

"真是一个怪人!"魏王感慨地说。

"这个人能不能走到楚国,这不用我们担心。"季梁不失时机地转换了话题,"可是如今大王要发兵攻打赵国,却直接关系到我们魏国的成败得失。大王依仗地域辽阔,兵精粮足,就无缘无故地去攻打赵国,借以扩张魏国的领土,成就霸主之业。可是,这样不明智的行动必然遭到赵国和天下人民的强烈反对,那么,大王要做天下霸主又怎能够实现呢?这种举动越多,离大王的目的地就越远,这同驾车向北要到楚国去的那个人又有什么两样呢?"

魏王听了季梁的话,觉得季梁说得很有道理,当即取消了攻打赵国的计划。

萧何慧眼识韩信

韩信连夜逃离汉营的消息让萧何知道了,他跨上马背就去追赶韩信。萧何慧眼识英杰,对韩信的政治、军事才能十分钦佩,多次向刘邦推荐要重用韩信,刘邦未肯明确表态,韩信耐不得寂寞,才偷偷逃离汉军的。

萧何追了两天两夜,才追上韩信,好言好语地把韩信劝回军营。刘邦听人说萧何逃走了,几乎急出了眼泪。正在自叹自怨时,萧何来见刘邦。刘邦责怪说:"我什么地方亏待了你,你也跟着人家逃跑呀?"

"臣没有逃跑,而是去追逃跑的韩信。"萧何解释说。

刘邦气得大骂起来:"一个韩信,小小的治粟部尉,值得你去追回来吗?"

"大王怎么能这样看待韩信呢?"萧何趁机向刘邦说起韩信的好处来,"大王如果要与项羽争夺天下,韩信是帮助你成全帝王之业最合适的人才了。大王到底有没有重用韩信的打算呢?"

刘邦听着萧何这么一说,才动了心,高兴地说:"我就封他个将军,怎么样?"

萧何严肃地说:"这还不够。"

刘邦为了自己的事业,下了最大的决心,说:"我拜韩信为大将,你把他叫来,当场就拜。"

萧何提醒刘邦说:"拜大将是件大事,不可马虎草率。大王应该挑选吉日良辰,斋戒沐浴,搭设像样的拜将台,举行隆重的拜将仪式,韩信才能行使大将的职权,为大王的帝王之业出力效命!"

韩信拜将以后,果然不辜负萧何的期望,在刘邦与项羽争夺天下的楚汉战争中屡战屡胜,为建立西汉政权建立了卓越的功勋。

冯唐巧劝文帝

云中太守魏尚镇守边疆,屡建奇功,在朝内外享有很高的声誉。可是在一次向汉文帝报请战功时,他因为误差六颗敌军的头颅,被汉文帝捉拿下狱。不久,南北边塞频频出事,军情紧急。

当时有个老郎官叫冯唐的,对魏尚遭到如此不公正的处罚心中不服,一心想救出魏尚,苦于没有机会接近汉文帝。

有一天,汉文帝乘着宫车在京城里漫游,路过郎署的时候,遇见冯唐,两人聊了起来。文帝叹了一口气,说:"现在匈奴逞强,屡犯边塞,如果廉颇、李牧尚在,我以他俩为将,还怕匈奴吗?"

冯唐见来了机会,于是大声说道:"陛下就是得了廉颇、李牧,也不一定能重用他们。"汉文帝一听就气呼呼地起身回宫。这时,冯唐也感到很沮丧。

不一会儿,宫中派来一个侍臣,把冯唐带去了。但汉文帝却和颜悦色地说:"你说说我为什么就一定不能重用廉颇和李牧呢?"

冯唐回答说:"我听说古时候贤明的君王派遣将帅出征,都要举行隆重的仪式,亲自为将帅推车,并授权给将帅;在行军作战中,对军功的奖励和处罚,都由将帅们去决定,再向君王报告。就是以前赵国的李牧,在镇守边塞的时候,赵王命令规定:边关的租税,都由李将军用来奖励战士们,不要向朝廷缴纳。可是陛下现在能不能也像当年的赵王那样信任和器重一个镇守边疆的大将呢? 举个例说,云中太守魏尚在守卫边疆的时候,他的忠心和才能并不比李牧差,全军上下都愿意为他效力,可是,陛下却为他报功中敌首差六个而将他下狱。魏尚的这些过失,同他的功劳相比,算得了什么呢? 所以,我认为陛下即使得了廉颇、李牧,也不一定能重用他们。"

汉文帝听到这里,恳切地说:"我以前这样对待魏尚是错了,你赶快拿了我的令牌,到狱中释放魏尚,让他官复原职,立即出镇边疆。"

匈奴畏惧魏尚,不敢冒犯,边陲又安定起来。

汉宣帝平叛

汉宣帝的龙案上放着一封书信,拆开一看,原来是茂陵的徐福写来的,信上说:"霍家掌权的时间太长了,他们的子孙人人封侯,连霍家的女婿都掌握了兵权,权势实在太盛了,连皇上都不放在他们的眼里。皇上如果不采取措施抑制他们的势力,说不定霍家要走上反叛灭族之路呀!"

汉宣帝虽然对霍家也有成见,可是皇后是霍家的人哪,如何下得了手呢? 再说,自己对霍家恩重如山,他们也不至于会心怀二心谋反篡权。他把书信丢在一边不予理睬。没有几天,徐福的书信又到了汉宣帝的案头,再次提醒皇上对霍家要提高警惕。汉宣帝仍然把信搁置一边不理。几个月后,当汉宣帝第三次收到徐福上书的时候,他开始讨厌这个人了。

事隔不久,霍家果然阴谋政变,幸好被人告发,没有造成大害。汉宣帝大怒,咬牙切齿地严令将霍家消灭,重赏告发的人,唯独没有赏赐三次上书的徐福。

有人为徐福受到皇上的冷遇愤愤不平,上书汉宣帝说:"我听过这样一件事,有个客人到人家去玩,看见这家的烟囱是笔直向上的,旁边还堆着不少柴草,就劝告他们说,这种状况很容易发生火灾,应该把烟囱砌成弯曲的,把柴草搬到较远的地方去。那家主人说烟囱已经砌了几年了,都是这个样子,从没有出过事。不久这家真的失火了,附近的人都去救火。火灾扑灭了,主人请救火的人到他家去吃酒,唯独没有请那个提醒注意火灾的

客人赴宴。后来经人批评后,才把那位客人请到宴席上坐了上位。"

汉宣帝看到这里,觉得那家失火的人把提建议的客人忘了,这是不足取的。接着,他又读了下去:"徐福三次上书陛下,指出霍家权势太重,应该防止他们走上谋反的邪路。如果皇上采纳了徐福的意见,限制了霍家的权力,那么,霍家就没有力量谋叛了,也不致遭到灭族之祸,国家也就没有必要拿出大量的土地和官侯分封众人。可是,陛下却偏偏不赏徐福,这同遭到火灾的主人独独不请提建议的客人上酒宴一样,是不公平的。这样,以后谁还敢冒着危险上书陛下,去揭露你身边潜伏着的隐患呢?"

汉宣帝觉得这个上书人说得合情合理,就把徐福召进宫殿予以重赏,还让他当了个郎官。

徐童拆字阻伐树

东汉末年,南昌有个姓徐的儿童,11岁,聪明伶俐,善于辩驳,大人们很喜欢带他玩。

一次,有个叫郭林宗的老先生邀请徐童到他家做客。徐童刚踏进他的庭院,见老先生在叫一些人砍院中的一棵大槐树。徐童说:"郭伯伯,你瞧这树长着圆形的枝盖,挂满了墨绿色的叶子,像一把巨大的华盖,夏日遮掉骄阳,冬天挡住狂风,它显得那样生气勃勃,得天独厚的样子,多么可爱啊!您却要砍掉它,这不是太可惜了吗?"郭林宗老先生摇头晃脑地说:"最近我看了一本书,书中说:'庭院天井四方方,方方正正口字状,院子当中如有木,木在口中不吉祥。'你想,木在口中,不是一个'困'字吗?谁愿在困境之中生活呢?"

徐童觉得老先生的话实在太可笑了,于是他也一本正经地说:"先生,我最近也看了一本书,书中说:'房屋造得四方方,方方正正口字状,房屋当中如住人,人在口中不吉祥。'您想,人在口中,不是一个'囚'字吗?谁愿囚禁在牢房之中呢?所以说如果因为'困'字不吉利,就要把庭院中的树木锯掉,那么'囚'字就更不吉利了,房屋中也就不能住啦!"

顿时,郭林宗哈哈大笑起来,连连摆手,叫大家不要砍树了。

正话反说除杂草

隋炀帝在位时间虽不长，但经常外出游览和巡视。一次，他率领他的长孙杨晟巡视榆林地区，当时那个地区是一个蕃地，由突厥族的染干统管。天子降临蕃地，是一件大事。染干诚恐地迎接隋炀帝和他的随行人员。

杨晟见染干虽然礼貌周到，但都城中杂草丛生，十分荒芜，就想严肃地指出来，但他想到，突厥归附不久，不能妄加指责，况且说出这种小事似乎不雅。但这个事情虽小关系到属国对天子的态度问题，所以又不能不说。

杨晟故意指着帐前的草对染干说："这里草的根是不是特别香？"染干立即拔了一根草，放在鼻下闻了闻，说："没有香味呀？"杨晟露出奇异的神色："我还以为这是香草呢！"

染干直率地说："草又不是花，哪来香味呢？"杨晟继续说："这就是我感到奇怪的原因。因为我随圣上到处巡视时，只看见香花，而没看到杂草，而在这里却看到杂草，没看到香花，所以我以为这些草是香的，用以代替香花的。"

染干听了恍然大悟，感到了自己的失误。向杨晟谢罪："这都是奴才的罪过。"他赶紧拔下佩刀，弯腰割起草来。突厥族的贵人们见染干割草，也纷纷跟随着一起干了起来。同时，他们的行动也影响了都城的百姓。大家都拿着工具，清除杂草，没多少工夫，就把都城的环境整治得焕然一新，他们还开阔了一条通往蓟县的道路。

借古讽今劝太宗

有一天，李世民满脸怒气，要杀为他养马的人，旁人没有一个敢替养马人说话的。这时，长孙皇后走过来，看见丈夫的脸色不好，知道又有了不愉快的事，于是柔声问道："皇上为什么事在生气呢？"

李世民告诉她说："我的那匹最心爱的马好端端的突然死去，一定是养马人不负责任，让马吃了什么东西。你知道这匹马跟着我南征北伐，立下赫赫战功。现在无病而死，叫我怎么不伤心呢？因此，我一定要杀死这个

245

养马人,看谁以后还敢不负责任!"

长孙皇后很不满意李世民的做法,想说几句好话救下养马人,可是握有至高无上权力的丈夫正在气头上,恐怕难以帮上这个忙了。这时她突然想起历史上发生过类似的事,想:不妨讲给丈夫听听,也许能让他回心转意。

"陛下,你听说过齐景公杀养马人的故事吗?"长孙皇后的第一句话就把李世民的注意力拉过来了,他饶有兴趣地听着皇后说下去。"齐景公的一匹马死了,要杀养马人。有个叫晏婴的臣子站出来说,养马人有三条罪状。齐景公高兴地催着晏婴快说哪三条,晏婴说:'第一条罪,养马人失职,没有养好马而被杀;第二条罪,养马人使国王因马死而杀人,全国的老百姓知道了,必然会埋怨国王把马看得比人还重要,这会损害国王的声誉;第三条罪,诸侯知道了这个消息,必然会看不起齐国,降低齐国的威信。'齐景公一听,杀一个养马人会带来那么多的麻烦事,那不杀就是了。"

李世民听到这里,知道皇后是在借说故事说服自己,想想也确有道理,于是改变了主意,释放了那个养马人,仍任用他为自己养马。

县官爱民获罪

后唐皇帝庄宗特别喜爱打猎。一天,庄宗领着一帮人赶到中牟县围猎,一头受了伤的野猪逃进麦田,踩坏了好多青青的麦秆。

中牟县县官目睹此景,心里发急,跪地叩头劝道:"皇上,别派人追了,再糟蹋好多麦苗,老百姓要少吃好多口粮呢。"

话音刚落,庄宗当即大发雷霆:"把这狗胆包天的县官绑起来,推出去宰了!"

一声令下,在场的人俱噤若寒蝉,心里虽纷纷不平,但谁敢出声阻拦?宫殿里的演员敬新磨站在一旁,突然眼前一亮,想出了救县官的办法。他冲上前去,指着绑着的县官破口大骂:"你这糊涂的东西,你这头蠢猪,亏你还作一方父母官! 难道你不知道皇上最爱打猎吗?"

皇帝见这个宫殿演员帮自己骂县官,很高兴。

敬新磨越骂越有劲:"你这狗官真长了花岗石脑袋不开窍。你应该事先把那一大块麦田空起来,事先通知皇上来围猎。为啥偏叫老百姓在上面种庄稼？要播种杂草、灌木，派人捉了野兽放进去，让皇上打猎时满载而归！你还怕老百姓饿肚皮？怕国家收不上税吗？"敬新磨越说越激动，仿佛真的沉浸在某个角色中，右手中指在那县官的鼻尖前直晃："你要明白，皇上打猎是大事，老百姓饿肚子是小事；让皇上高兴是大事，国家不收税是小事。这个道理谁都懂，偏你不明白？"

慢慢地，庄宗听出敬新磨是话中有话：他是在委婉地批评我呀。看样子，如果硬要一意孤行，杀了这县官，下属们会不满，名声也不好。

最后，庄宗摆手道："算了，这县官一片爱民之心，放了他吧。"

五两纹银买纸

宋代著名画家米芾，小时候曾经跟村里的一个私塾先生学写字。学了三年，费了好多纸，却写得很平常，先生气得把他赶走了。

一天，一个赶考的秀才路过。米芾听说他字写得很好，就去求教。秀才说："要我教你，得用我的纸才行。我的纸五两纹银一张。"米芾吓得目瞪口呆。秀才说："不买我的纸就算了。"

米芾急了，忙说："我找钱去。"母亲经不住米芾的苦苦哀求，只好把唯一的首饰当了五两纹银。秀才接过银子，把一张纸给了米芾。

这只不过是一张普通的纸，但米芾不敢轻易下笔，只是认真琢磨字帖。他用手在书桌上画着，想着每个字的间架和笔锋，渐渐入了迷。

半天后，秀才来了，问："怎么不写呢？"

米芾说："纸贵，怕废了纸。"

秀才笑道："你琢磨了这么半天，写个字我看看。"

米芾写了个"永"字，既和字帖上的字一样，又好像不一样，很漂亮。

秀才说："写字不只是动笔，还要动心。你已经懂得窍门了。"

几天后，秀才要走了，送给米芾一个布包，并叮嘱要在他走后打开。米芾目送秀才远去，打开布包一看：原来是自己那五两纹银！

米芾一直把五两纹银放在书桌上，时刻铭记那位苦心教他写字的秀才。

小守官智劝元世祖

元世祖忽必烈二十年,正是元朝灭南宋统一中国的第五年。有一天,有人直接向宫廷告发,原南宋宗室中某人图谋不轨,要在江南造反!元世祖大怒,马上派人去抓被告发之人。

守卫宫廷的官吏阿鲁浑萨里闻讯,匆匆忙忙赶到元世祖身边劝阻:"那个告密者言不可信,必有讹诈,陛下千万不能随便去抓人哪!"

元世祖发问道:"你怎么会知道是诬告呢?"

阿鲁浑萨分析道:"如果真有谋反之举,下面郡县官吏怎么会不知道呢?告发者不通过郡县报上来,而直接来宫廷密告,这大有陷害仇人的嫌疑。现在江南刚刚平定,民心尚未完全归附,如果只听信这一个人的告密而随便抓人,必然会使民心浮动,人人自危,正中了小人之计!"

听完阿鲁浑萨的话,元世祖立刻豁然开朗:唉,孤家可没想得这么透啊!他马上下令:急召那位使者回来!

同时,元世祖派人把告密者移交郡里官吏审讯。经一审,果然是诬告。原来告密者曾经向被告者借钱,因未借成,他便诬告谋反,企图陷害。

朱元璋封赏刘伯温

传说,朱元璋在南京登基,建立了明朝,就准备封赏功臣、亲戚和朋友。功臣有数,亲朋无数,沾亲带故的都算上,那是多如牛毛。朱元璋觉得这事不好办。

一天,刘伯温建议他外出散散心,把他带到最热闹的城隍庙。进了庙,朱元璋见大殿西侧的粉墙前围着一大批人,发现墙上有幅画,画的是一个人,头上长着一束一束挺起的头发,乱得像草鸡窝一样,每束头发上顶着一顶帽子。

朱元璋带着百思不得其解的心情回到宫里。刘伯温这才告诉他:"陛下,我想这个画家真了不起,他是用画向陛下进谏:开国以后,要防止一桩事:冠(官)多发(法)乱!"其实这是刘伯温叫画家这样画的。

朱元璋于是说："好，我立即采纳。传旨出去，今后只封功臣，不封亲朋。"

幼童止斗殴

日本有个孩子叫新左卫门，一天，隔壁突然传来争吵声。说实在的，他家隔壁有了这家兄弟合开的点心铺后，叫卖声、争吵声常搅得人心烦意乱。今天更是兄弟两人手里各拿着刀子，寒光晃来晃去。

新左卫门对他们兄弟俩同室操戈十分鄙夷，但为了免除一场流血事件，决定管管闲事。他跑进店铺，搬起架上的点心，抛在大街上，喊道："喂，快来吃点心，免费点心。"

人们听说是免费点心，纷纷围上来。兄弟俩见状，收起刀子，一齐奔过去责问孩子："你好哇，竟敢趁火打劫，谁教你这样做的？"

新左卫门毫不在意，慢条斯理地答道："不是你们要互相斗殴吗？都打死了，这店里没人，点心不就要发霉了吗？所以趁现在吃掉，你们说是不是？"

新左卫门说着，又要扔点心，兄弟俩说："请别扔，我们再也不打架了。"

这兄弟俩又和好了。

国师预言救百姓

有一个国王统治着苏瓦仑国，但是他对朝政毫无兴趣，对老百姓的疾苦漠不关心。宰相和将军把持朝中一切，狼狈为奸，胡作非为。满朝文武大臣看到这一切无动于衷，唯有国师感到忧虑和不安。

有一天，大殿上只有国王和国师两个人，为了捉弄国师，国王问："先生，请你告诉我，五年之后我们的国家将会是怎样的景象？"

国师打开占星术的书看了起来。一会儿，他装作大惊失色的样子，说："大王陛下，五年之后我们国家的情况将惨不忍睹：灾荒四起，哀鸿遍地，民怨沸腾。"

听了国师的话，国王哈哈大笑，说："这就是你的预言？我的国师！如

果将来事实证明你的预言不对,那怎么办?"

"如果那样,我愿听从大王发落。"国师回答说。

"好!要是你的预言错了,我就砍下你的脑袋!"国王说。

第二天,国王一上朝就完全变了一个人。他先罢了宰相和将军的官,任命自己信得过的人来担任。他把朝政大事一手抓了起来,打开国库,救济贫苦百姓,向农民免费发放农具和种子。渐渐地,国家有了起色,一天比一天富裕强大起来。

很快,五年时间过去了。国王把国师召到面前,洋洋得意地说:"先生,你的预言准不准? 没有忘记吧,你将要受到什么惩罚?"

国师说:"大王,我向您作预言的时候,我们国家正处于危难之中,到处都是饥荒,老百姓成批地饿死。那种惨状我实在看不下去。我深知大王您的脾气,所以我故意向您做了那样的预言。现在我感到非常高兴,因为您为老百姓谋求幸福,才是国王的第一职责。如果您要砍我的头,就痛痛快快地砍吧! 我毫无怨言,因为我的一个预言使成千成万的老百姓免于饿死和冻死。"

这时国王醒悟过来了,说:"先生! 我对您无礼了! 您的预言使我明白了自己的职责。您要永远留在我身边,多指点!"

巧设妙喻评三朝

从前有一个国王,认为自己把国家治理得比他父亲和爷爷的时候还好。

有一次,国王问各位大臣:"我的政绩比起我祖父和父亲来如何? 百姓们现在的生活比以前更幸福了,对吗?"

听了国王的问话,不等其他大臣开口,敢讲实话的宰相就抢先说:"大王陛下! 这个问题要由亲身经历过您的祖父、父亲以及三朝代的老人来回答。这些大臣是回答不了的。"

国王下令在京城里寻找这样的老人。最后找到了一个老头,是位织布匠,他亲身经历了国王、国王的父亲和国王的祖父三代王朝。

国王把这位织布匠召进王宫,问道:"你经历了我们祖孙三朝,你告诉我,我的政绩怎么样?"

织布匠说："大王陛下，听我慢慢道来——50年前，是您的祖父掌朝。一次发生了大风暴，成千成万的房子被掀走了屋顶。为了躲避风暴，一个过路的人提着钱袋，领着满身都是首饰的儿媳妇，来到了我家。我款待他们吃了饭，等风暴过去又用牛车送他俩回去。等到您父亲当政时，我已经成了一个老头。每当想起那次刮大风的事，我总是寻思：那一天我不应该什么也没有要就把那位富人送回去。现在，大王您继了位，只要我一想起那件事，就责怪自己：我多么愚蠢！家里来了财神爷竟白白把他放走了！趁着那天刮大风，我把他们俩的财物弄到手，那该多好！抢了那财主的钱袋，夺下他儿媳妇的首饰，这样我就发大财啦！唉，现在只要一想起那件事，我就非常后悔！"

国王很快明白了老织布匠的意思：他祖父把国家治理得比他父亲好，他父亲治理得又比他好，而他治理得最糟糕。国王从老人的话中受到教益，开始着手改进自己的朝政。

求定居牛奶放糖

很久以前，印度在外国人中的名声很大，不少波斯（现称伊朗）人愿意到印度定居。一群波斯人来到印度的京城附近时，便决定进王宫拜见国王。

他们往前走了一程，就被国王的士兵拦住了。波斯人告诉他们："我们要进王宫拜见国王，请求国王允许我们在这个国家住下来。"

士兵头领说："要是这样，那你们派一名代表进王宫。"

那时，统治着这个国家的是贾德沃·拉纳国王。他是一位十分精明的人，他的才智是附近许多国家都闻名的。

波斯人的代表来到了大殿，他向国王深深地鞠了一躬，等国王问他，才告诉了来意。国王听完，把宰相叫到身边，小声吩咐了几句。

宰相把一个仆人叫到跟前，向他交代了几句。那仆人捧着一碗牛奶走上大殿，宰相把这一满碗牛奶给那位波斯人的代表，说："这就是我们对你们头领的回答。"

代表捧着这碗满满的牛奶走出了王宫。

等在边界的那些波斯人，看到他们的代表捧着一碗牛奶回来，都用疑

惑不解的目光望着头领。这位头领也很聪明,对伙伴说:"国王意思是说,像这碗牛奶满得不能再装一样,他的国家老百姓很多,多得再不能容纳任何人了。外国人想到这个国家来居住是不可能的。"头领说完,把一撮白糖慢慢地撒在牛奶里,牛奶没有溢出来,头领向代表交代了几句,又派他捧着牛奶回王宫去。

代表捧着牛奶低着头对国王说:"大王陛下,我们的头领往牛奶里放了一撮白糖。他说,这样的牛奶不但不会溢出来,而且味道变得更甜了。我们来到你的国家不会成为贵国百姓的负担,而会像这牛奶中的白糖一样,与他们融洽相处。"

回答得真妙!国王同意这群波斯人在他的国家居住了。

断织励夫

战国时的乐羊子,一天在路上拾到一块金子,高兴极了,回到家马上交给妻子。谁知妻子却瞪了他一眼,说:"有志向的人不喝盗泉的水,廉洁的人不受别人怜悯而轻蔑的施舍。而你在路上拾到别人丢失的金子,却是那样高兴,我不觉得这种贪财求利的品行是高尚的!"

乐羊子很惭愧,立即把金子丢到野外去。后来,他在妻子的鼓励下,去远方求学。

一年过后,乐羊子回了。正在织布的妻子问:"你已经学到很多知识了吗?"乐羊子说:"不,我在外面游学久了,很想家人呀!"

妻子很生气,立即操起一把剪刀,把没织完的绸子剪断了,然后说:"你知道吗?这绸子是用蚕丝在织布机上织成的。一根丝虽然很细很细,但只要不断地织,就能由一丝织成一寸,由一寸积累成一尺,由一尺积累成一丈,由一丈积累成一匹。现在,你出外游学,每天学到一些新鲜知识,逐步培养美好的品德。如果半途而废,和剪断的绸子有什么不同呢?"

乐羊子听了这一番朴素而又生动的话,很受启发,又外出学习,整整七年没有回家。后来,他成为一个道德高尚而且学识渊博,足智多谋的人了。他于公元前 408 年被魏文侯拜为大将,一举收服了中山国。

烛之武巧言退秦师

公元前 630 年,秦国和晋国联合进攻郑国。秦军驻扎在郑国都城的东边,晋军驻扎在郑国都城的西边。在团团包围之中,郑国君主文公连夜召集文武百官商量对策。

有个大臣说:"面对两大强国的左右夹攻,我国危在旦夕啦! 但是,只要我们能够说服秦国退兵,敌手只剩下晋国,我国才能脱险。"

郑文公急切地问他:"您说派谁去劝退秦军呢?"

那人推荐道:"大夫烛之武。"

半夜,天空漆黑一团。在城东,郑文公亲自把烛之武送到城楼上,他命令士兵拿来一只大筐,叫烛之武坐进筐中,把他徐徐下放到城外的墙根。

烛之武偷偷地来到秦营中,一见到秦穆公就伤心地哭了起来。

秦穆公喝道:"你是什么人? 深更半夜哭什么呀?"

烛之武说:"我是郑国大夫烛之武,在哭我们郑国快要灭亡了。"

秦穆公说:"这怎么要到我们军营里来哭呢?"

烛之武说:"我也是来替你们秦国哭呀!"

"你这是什么意思?"秦穆公好生奇怪,"我们秦国快要打败你们郑国了,怎么要你来哭我们秦国呢?"

烛之武说:"我们郑国的国土,和贵国并不相连。我们在东,你们在西,中间隔着晋国。所以,我国亡了之后,只能被晋国占领。那时晋国就会比以前更强大,而贵国也就相对地显得比晋国弱了。替别人打仗争土地,最后又拱手送给人家,这合算吗? 再说,晋国的侵略野心,哪里有满足的时候? 它东边灭了郑国,难道就不想向西边的秦国扩张了吗?"

秦穆公沉思了一会,说:"你说得对。"

烛之武说:"您如果肯解除对郑国的包围,我们郑国从此一定心向贵国,做个'东道主',贵国使者在东方道上往来经过的时候,郑国一定尽主人的责任,好好招待贵宾,这对你们没有什么不利啊!"

秦穆公立即答应撤兵,并且和烛之武歃血立盟。秦军悄悄班师回国,还留下杞子等三位将军,带领两千秦兵,替郑国守城。晋国文公见秦穆公不告而别,也只得下令撤军。

幼女巧言救父

齐景公平时十分喜爱一棵大槐树。一天,他指令下属派人日夜守护大槐树,还在树旁竖立了一块木牌,上面写着告示:"碰撞槐树的受刑,损坏槐树的处死。"

从此,齐国京城的人都远远地避开大槐树,生怕不小心触犯了景公颁布的刑法,遭受刑罚。

一次,有个叫衍的人喝醉了酒,摇摇晃晃走过大槐树,恰巧看树人坐在树下打瞌睡,一时疏忽的衍撞到树干上,碰伤了一小块树皮。齐景公听说此事后,大发雷霆,立即传令将衍逮捕。

衍突遭大难,女儿婧的心情十分焦灼,便急匆匆来到相国的官府里,拜见晏子。晏子问道:"你有什么事?"

婧伤心地回答道:"我父亲叫衍,他觉得我们国家风雨失调,粮食歉收,心里很是痛苦,便在昨天私自向名山神水祭祀,祈祷连年丰收,国富民安。不料多喝了一些酒,神智失控,不小心损伤了大槐树,触犯了刑法。现在大王要处死我父亲,这样我就成为孤儿。我个人受点委屈倒是小事,主要是大王这样做,是有损于国家法制的尊严,也会降低君王的威信。别国的人听了,不就会嗤笑我们齐国制定法律,看重树而看轻人,爱树而害人吗?"

晏子听了,连声道:"有道理,有道理。"还没来的及送走婧,就驱车直往王宫,拜见齐王,请求免去了对衍的惩罚。

齐国京城的百姓纷纷翘起大拇指,赞扬婧说:"小小年纪了不起。她既挽救了父亲的生命,又帮助国家维护了法律的尊严。"

学生雄辩演说家

齐国有个雄辩的演说家,名字叫田巴。此人生就一张铁嘴,口若悬河,同人辩论,没有一个人是他的对手。

有个名叫徐劫的人,有个能言善辩的学生鲁连,只有12岁,听说田巴的赫赫声名,心里很是不服气。一天,他对徐劫说:"老师,我想去同田巴辩

论一番,好让他不要再摇唇鼓舌,瞎吹牛皮,好不好?"

徐劫看了看鲁连,摇摇头说:"你这小小年纪,行吗?"

鲁连昂起头,拍拍胸说:"行,一定行!"

鲁连见了田巴,就单刀直入地说道:"我曾听人说过,厅堂上的垃圾没有清除,哪还顾得上铲除郊野的杂草呢? 在短兵相接进行搏斗的时候,怎能防备远处射来的冷箭呢? 这是什么道理呀? 这叫事情有个轻重缓急,如若急事不办,次要的事却先办,岂非乱套? 现在,我国形势非常危急,南阳地方有楚国大军屯驻,高唐一带遭受赵国军队攻打,聊城被十万燕军团团围困。田先生,您可有什么救急的妙计吗?"

田巴一时张口结舌,红着脸说:"没有办法。"

鲁连笑道:"国家紧急不能想出拯救之法,人民危亡不能提出安抚之计,哪还算什么擅长演说的学者呢? 真正有价值、有本事的辩才必须能解决实际问题啊! 可您的滔滔演说,只像猫头鹰喋喋不休的空叫声,让人讨厌死了。希望您今后还是少开尊口吧!"

田巴越发无地自容,羞惭地说:"说得对,说得对。"

第二天,田巴专程前去拜访徐劫,赞不绝口地说:"您教出来的那个学生鲁连,何止是小马驹啊,而是追万里风的骏马啊。"

从此,田巴不再夸夸其谈了。

12岁的少年巧舌如簧

战国时,秦王派遣大臣蔡泽去燕国拆散燕国和赵国的联盟。燕王听信蔡泽的话,叫太子丹去秦国做人质,又请秦王派一个大臣来燕国当相国。

秦国吕不韦派张唐到燕国去。张唐说:"我曾经为秦昭王攻打过赵国,赵国悬赏说:'能抓到张唐,赏赐100里土地。'现在去燕国一定要经过赵国,我不能去。"

曾经伺奉吕不韦的是个12岁的孩子,名叫甘罗,他是甘茂的孙子。听说这件事以后,甘罗就对吕不韦说:"让我去说服他,叫他去赵国。"

吕不韦大声斥责道:"我亲自请他,都不肯去,难道他会听小孩子的话?"

甘罗不服气地说:"从前项橐7岁的时候,就当孔子的老师,现在我已

经12岁了！"

吕不韦说："那么，你就去试试吧。"

甘罗见了张唐问："将军的功劳与武安君白起比谁大？"

张唐说："武安君南边打败了强大的楚国，北边打败了燕国和赵国，每战必胜，每攻必取，不知打了多少回胜仗，夺到了多少座城池，我哪儿比得上他啊！"

甘罗又问："那么文信侯的权力跟应侯范雎的权力比起来，哪个大呢？"

张唐说："当然是文信侯的权力大。"

甘罗说："应侯要攻打赵国，武安君不愿意去，离开咸阳七里就死在杜邮。现在，文信侯亲自请您上燕国当相国，将军却坚决不干，我还不知您将死在什么地方呢！"

张唐慌忙叫人整理行装，准备出发。

厨师救赵王

陈胜的部下武臣将军得了邯郸后，自立为赵王。陈胜闻讯大为震怒，想要把武臣等家眷全部杀头，然后发兵攻赵。

相国房君劝道："暴秦还没有消灭，难道还要树立一个强敌吗？我看不如派人去贺喜，并叫他们发兵西袭秦国。"

武臣的谋士张耳、陈余见楚王陈胜派人来道喜，就提醒赵王说："您自立为赵王，楚王不会高兴，派使臣来道喜不过是将计就计罢了。灭了秦国后，就会来灭我们了。不如北取燕代南攻河内，得手后，楚王就拿我们没办法了。"

赵王觉得这话有理，就派韩广率军攻燕。谁想韩广到了燕地，竟自立为燕王。赵王领兵北上，驻扎在燕国边境，准备攻燕。

一次，赵王随便出去走走，却遇到了燕军而被俘虏了。燕军的主将把他扣留作为人质，开出条件，要分得一半土地，才放赵王回去。赵国派去的好几个使臣都被杀掉了，没有办法。

这时，赵军中有个厨师说："我去跟燕军谈判好了，我有办法让赵王和我一起回来。"

他去了燕军的大营，对燕军主将说："你知道张耳、陈余是什么样的人吗？"

燕将说："他们是贤人。"

厨师说："你知道他们要想怎么样？"

燕将说："想要回他们的赵王罢了。"

厨师却笑道："你还不知道他们要想干什么吗？赵王武臣和张耳、陈余他们驱策军队，不用兵革就能占领赵地几十座城池，他们都有野心想以南面为王，谁难道只是甘心做别人的卿相啊！臣与君的地位怎么能比？现在大势刚定，所以不敢三分各立为王。以年纪的大小为序，先立武臣，安定赵地的民心。现在赵地已经安定下来了，他们两人也想在赵地自立为王，只是还没有机会。现在你把他杀掉，那么他们就可分赵地而自立为王了。以原来赵国的实力，攻燕那是轻而易举的事，何况以两贤王联合起来，以申讨杀王之罪为名，燕就会很快地被灭掉了。"

燕将觉得他说的话很有道理，就把赵王释放了。

赵咨答曹丕施辩才

曹丕自称魏王后，马上派使者昼夜兼程赶到江东，宣布封孙权为吴王，加九锡。吴王孙权委曲求全，接受了魏的爵命。送走魏国使者，他心里却在嘀咕：让哪位做使者入魏回谢呢？曹丕肯定有种种刁难之辞，这人一定要机智过人、能言善辩。对，叫赵咨去吧！

赵咨刚拜见过曹丕，曹丕真的笑眯眯地扔过一句话："吴王是什么样的君主呢？"

赵咨马上朗声相告："是聪明仁智雄略之主。"

曹丕一听，脸色骤变，心中大为不快，但还是装出一副大感兴趣的样子："赵先生，能不能讲详细点？"

赵咨深施一礼道："既然魏王给了我天大的面子，我就举吴王做的几件实事吧。"赵咨清清嗓子，继续侃侃而谈："鲁肃出身平民之家，吴王让他作心腹大臣，这不是聪吗？吕蒙是士兵出身，吴王培养他作领兵上将军，这不是明吗？俘虏了魏将于禁又不杀他，这不是仁吗？攻下了荆州却不命令士兵大开杀戒屠城，这不是智吗？拥有三州之地，却心想着天下四方，这不是讲策略吗？"

　　赵咨这番话句句讲事实，软中带硬，曹丕不好发作，略皱皱眉，转移话题："吴王有学问吗？"

　　赵咨马上接过话茬："吴王选拔贤能，专心研究兴邦济国大计。一有空闲，广泛阅读经书史籍。不过，他才不学那些迂腐的书呆子，死啃书本寻章摘句抠字眼！"

　　曹丕话锋一转，扔过一道难题："吴王这么起用贤人，国力这么强大，能向外南征北战讨伐吗？"

　　赵咨道："大国有征伐的雄兵，小国也自有防御的良策。"

　　曹丕突然嘿嘿笑了："赵先生，跟你开个玩笑：吴国怕不怕魏国呢？"

　　赵咨挺起胸脯，直视曹丕："东吴有百万雄师，以宽阔的长江作护城河，还怕谁呢？"

　　曹丕佩服道："吴王手下，像先生这样的人才有多少呢？"

　　赵咨答道："聪明通达的人近百人，像我这样的人嘛，车载斗量，多不胜数啊。"

　　曹丕心中暗暗赞道："应对半晌，没半句破绽，真是旷世奇才呀！"

织布匠破哑谜

　　从前，印度有个国王。一天，正当他坐在宝座上想问题，突然进来一个侍从报告说："邻国来了一位使臣，要求拜见大王。"

　　国王吩咐立即带使臣上殿。来使走上大殿，向国王敬了礼，接着用自己的宝剑在国王的宝座四周划了一个圆圈，然后就一声不响地在一旁坐下。国王几次和他说话，但是他闭紧嘴巴什么也不说。国王立即召集群臣开会，要他们设法解决这个难题。

　　大臣们想了很久，谁也不明白来使的用意。国王大怒，说："多丢人，这么一点儿小事就把你们都难住了。快去，到全国各地去找一个能破这个哑谜的人！"

　　一天，有几个大臣来到了一个织布匠的家里。发现这个织布匠能够把极细的纱织成布；乱成了一团的纱，他能很快地理清头绪，既不弄断纱，又不留下结。大臣们想：他也许能够解答国王的难题。就把国王的忧愁告诉他，并说："你跟我们一块儿走，去告诉国王，那个使臣的来意是什么。"

织布匠临行时，带了一只公鸡，又往口袋里装了一些玻璃球。大臣们谁也不明白他的意思。

织布匠来到王宫，国王觉得很惊异：他怎么能是全国最有学问的人呢？但是到这时国王也顾不得考虑很多了，就叫他去见那位使臣。

织布匠来到外国使臣的跟前，向他抛了几颗玻璃球。作为回答，使臣立即从口袋里掏出一大把小豆撒在地上。织布匠看到他撒豆子，马上把身边的大公鸡放了出来。一会儿的工夫，地上的小豆全进了公鸡的肚子。来使看到这情景，一句话也没说就悄悄走了。

国王和所有在场的大臣，仍然不明白刚才这场哑剧的意思。最后，织布匠就解释给他们听："这使臣用宝剑在大王的宝座四周划一个圆圈，这是告诉说他们国家的军队要来围攻我们。我向他扔了几颗玻璃球，意思是说你们的军队跟小娃娃一样，你回去告诉他们好好做游戏，打仗的事趁早别想！可是来使扔出一大把小豆，这是说他们的军队数量非常多。我放出大公鸡回答他，我们的每一个战士都像这只大公鸡一样，一个能消灭你们几百个。他见我们这样回答，就乖乖地走了。放心吧，他们不敢再来进攻咱们了。"

国王高兴地说："当然！我们国家有了你这样聪明的人，谁还敢碰我们一根毫毛？今天我明白了，小小百姓也能解决大难题！"

驯服狮子的启示

很久以前，在埃塞俄比亚某乡村，有一位妇女很为她丈夫烦恼，因为她的丈夫不再喜欢她了，而她很爱自己的丈夫，却又不知道丈夫不喜欢她的原因。

于是，这个女人跑到当地一个巫医那里讲述了她的苦恼。着急地问这个巫医："你能否给我一些魅力，让我丈夫重新觉得我可爱呢？"

巫医想了一会儿回答道："我能帮助你，但在告诉你秘诀前，你必须从活狮子身上摘下三根毛给我。"

"巫医要狮子毛干什么呢？"女人虽然不明白其中的缘故，但为了自己婚姻的幸福，还是感谢了巫医，并准备付诸行动。

她走到离家不远的地方时，在一块石头上坐了下来。"我怎么能摘下

狮子身上的毛呢?"她想起确实有一头狮子常常来村里,可它那么凶猛,吼叫声那么吓人。她想了半天,终于想出了一个办法。

第二天早晨,她一大早就起床了,牵了只小羊去那头狮子经常来溜达的地方。她焦急地等着,狮子终于出现了。

她很快站起来,把小羊放在狮子经过的小道上,便回家了。以后每天早晨,她都要牵一只小羊给狮子。不久,这头狮子便认识了她,因为她总在同一时间、同一地点放一只温驯的羊在它经过的道上,以讨它的喜欢。她确实是一个温柔、殷勤的女人。

不久,狮子一见到她便开始向她轻声吼叫,大约是打招呼吧,还走近她,让她敲敲它的头,摸摸它的背。每天,这个女人都会静静地站在那儿,轻轻地抚摸它,狮子也乐意同她接触。女人知道狮子已完全信任她了,于是,有一天,她细心地从狮子的鬃上拔了三根毛,并兴奋地把它拿到巫医的住处。

巫医惊奇地问她。"你用什么绝招弄到的?"

女人便讲了她如何耐心地得到这三根狮毛的经过。

巫医笑了起来,说:"现在我可以告诉你让你的丈夫重新觉得你可爱的秘诀了,那就是:以你驯服狮子的办法去恩爱你的丈夫!"

巫医的话真管用——后来,那女人的丈夫真的又和从前一样喜欢她了。

第九章

言辞：语言的智慧

聪慧少年妙答魏帝

三国时魏国的太傅钟繇有两个儿子，哥哥叫钟毓，弟弟叫钟会，两兄弟从小就很聪明，但性格却不同，钟毓比较憨厚，而钟会则比较调皮。

有一次，父亲午睡，钟会就出主意与钟毓一同溜进父亲的房间去偷酒喝。其实父亲是假装睡着，偷偷察看两个儿子的行动。

钟毓先向父亲跪拜，行礼如仪，然后才开始喝酒；钟会不但不拜，喝酒时，还向父亲做着鬼脸。事后，钟繇问钟毓："我既已睡着，为何行礼？"

钟毓答道："偷喝药酒心中志忑不安，不拜更觉不安。"

父亲又问钟会："你为何不拜？"

钟会答道："偷酒已属非礼，所以不敢行礼！"

钟繇见两个儿子回答得都很有理，满心欢喜，便没再加以责备。

魏文帝曹丕得知钟家兄弟的才能，就命钟繇带着孩子来见。

钟毓和钟会都是第一次见皇帝，但神态各异。大殿上庄严肃穆，魏帝高坐龙椅，威严显赫，卫兵列队，刀戟并举，钟毓一见这副阵势，紧张得满面流汗，而钟会则若无其事。

魏文帝问钟毓："你为什么出这么多汗呢？"

钟毓回答说："战战惶惶，汗出如浆。"

魏文帝又问钟会道："你为什么不出汗呢？"

钟会应声道："战战栗栗，汗不敢出。"

魏文帝和百官都惊奇不已，齐声夸奖兄弟俩聪明过人。

借谐音执法惩恶人

王羲之在任太守时曾断过一件案子。

一天，有个叫阿兴的猎人到衙门告状：若干年前，阿兴的父亲在深山打猎，被一只斑额老虎追赶，跌下山崖，一命呜呼，阿兴为了安葬父亲，曾向当地大财主鲁宋借用一块荒地。那天正遇鲁宋为母庆贺 80 大寿，正在兴头上，听了阿兴的要求，就爽快地说："这事容易，但你需送一壶酒为我母亲祝寿。"阿兴为此特意卖掉了一张狼皮，置了一壶好酒为鲁母祝寿。第二天就将父亲安葬在鲁宋指定的荒地上。

以后，阿兴继承父业，以打猎为生。他吃得起苦，熬得起夜，而且臂力惊人，枪法精通，慢慢地发达起来。最近他在深山捕杀了一只斑额大虎，不仅为父亲报了仇，而且将老虎卖得了数百两纹银，于是置办酒菜，与乡邻同享。

正当众人喝得酒酣耳热时，财主鲁宋带领家丁前来索债。阿兴慌忙申辩："我与员外素无钱财往来，当初员外好意，给我一块荒地葬父，小的已依要求孝敬了一壶好酒，此事已经了结，不知员外因何还要索债？"

鲁宋说道："我此来正为那块地之事，当初我要的是'一湖酒'，你只给了'一壶酒'，如何就算了清？想我那块地系风水宝地，岂是一壶酒就能买下的？"

两人当场就争执起来，众乡亲也作证说当初讲明的是一壶酒，但无法劝住鲁宋财大气粗，说他不过。王羲之明白是鲁宋恃强欺人，当时也不作判断，命阿兴回家静候消息。

当天，王羲之带着自写的一幅《乐歌论》来到鲁宋家中。只见鲁宋家深宅大院，院前小河连通村外大河，河内鹅鸭嬉水，鱼虾浅游，果然富甲一方。鲁宋见太守微服来访，忙迎进客厅。

王羲之说道："我对阁下的土产颇为喜爱，愿以《乐歌论》字幅换一活鹅。"

王羲之是有名的书法家，一字能值千金，一篇《乐歌论》真可谓价值连城，一只活鹅又何足道哉。鲁宋当场就慷慨应允。王羲之当即将《乐歌论》留了下来，让鲁宋第二天拿着活鹅到府衙来。

第二天鲁宋捉着活鹅来见王羲之，王羲之笑道："我的字幅岂止值一活鹅？我要的是一河鹅。"

王羲之又将阿兴传来，他高坐大堂道："鹅不论河，酒岂论湖？"说着把阿兴的状纸丢给鲁宋。鲁宋这才知道自己成了被告，这恶霸只得连连磕头，知错认罪。

幼童妙语答袁公

陈元方小时候头脑灵活，善于应对各种难以回答的问题。他 11 岁那

年的一天,去拜见一个被人称作"袁公"的大官。

袁公拉着他的小手问道:"你父亲在太丘做父母官,政绩显著,名声很好,他做了哪些深得民心的好事?"

陈元方应声答道:"不瞒袁大人,我父亲治理太丘的主要方法是:对倚仗权势、作威作福的人,进行严肃而诚恳的教育;对无权无势、善良受欺的人,无微不至地关怀和安抚他们。务必求得社会安定,人民都能安居乐业。日子一长,地方的民众自然对我父亲十分敬重,声誉也就鹊起了。"

袁公听了,连声叫好,说:"对啊,对啊。我过去做邺县的县令时,也是采取这些治理办法的。"

元方笑道:"莫非能者所见略同?您同我父亲可说是不谋而合啊!"

袁公见元方小小年纪就擅长辞令,而且对答如流,心里十分欢喜,因而产生了进一步考查他智力的想法,便心生一计,向元方提出了一个难题:"你可知道,究竟是你父亲向我学的,还是我向你父亲学的?"

元方朝袁公的脸孔略一观察,马上感觉到他笑容里蕴含着测试的深意,便笑着回答:"周公和孔子都是古代著名的政治家,他们一先一后,生在不同的时代;一西一东,出自不同的地区。可他们两人都是为百姓做好事,行仁政,也都受到民众的敬重和拥护。这样看来,周公的治理办法不是从孔子那儿学来的,孔子的治理办法也不是从周公那儿学来的!"

袁公听了,禁不住一把将陈元方抱了起来,举过头顶,连连呼喊道:"好,好,好!回答得这样机智得体。长大了一定能成为治国理政的贤才啊!"

改汉字计斩恶霸

隋朝,泉县恶霸冯弧,倚仗姐夫是朝内的吏部侍郎,无恶不作。一次与别人下棋,被对方杀得没有还手之力,他要对方把棋收回去,对方不肯,一怒之下,他竟用砖头砸死了对方。

此案告到知县魏复那里。魏复见冯弧一惯作恶,罪孽深重,写了判处冯弧死刑的案卷,火速呈报京城,待秋后处斩。但吏部侍郎批道:"此案不实,请魏县主另议。"将案卷退回后,又暗暗给魏复写信,说明冯弧是他小舅子,让他从轻处理,将来保举魏复晋升高官。与此同时,冯弧家里托人送来了许多金银古玩,玉帛绸缎,请魏复网开一面。魏复面对高官利禄的引诱,十分愤慨，痛责送礼之人。又把案卷呈报上去，但拖了一些时间仍被退回。

魏复又恨又恼，恨的是自己权小难以为民平冤，恼的是官场黑暗，徇情枉法。他看着被退回的案卷，忽然心生一计，狠狠自语道："冯弧呀冯弧，你必死无疑；吏部侍郎呀吏部侍郎，你这下有苦也说不出了！"于是第三次把案卷送到京城。吏部侍郎阅后，没细看案卷的内容，果然挥笔批了"同意斩处"四个字。

原来，魏复是这样写案卷的："杀人犯马瓜，无故将人杀死，欲予斩首示众，特报请审批。"批复回来后，他在"马"旁添了两点，"瓜"字旁加了"弓"字，变成"杀人犯冯弧"。吏部侍郎哪知是计，于是送了小舅子的性命。魏复急令衙役把冯弧就地处决。百姓奔走相告，大快人心。

神童妙语对教官

隋朝的名士何妥在小时候就跑到国子学里去了，站到教室旁虚心聆听那些学者的讲课。

某教室下课了，涌出了一批学生。走在最后的是一个教官，名叫顾良。他看见了何妥，又惊又喜地说："嗨，你不是远近闻名的神童何妥吗！今天什么风把你吹来啦？"

何妥恭恭敬敬地说："顾大人，特来国子学一游，顺便恭听您的教课，得益匪浅。"

顾良见他小小年纪说起话来，老成持重，在暗暗佩服之余，不免生出开玩笑的想法，便说："你这何妥的姓氏，究竟是'荷叶'的'荷'，还是'河水'的'河'啊？"

顾良说着，就有一些大学生围拢来，嘻嘻地笑着，看何妥怎么回答。

何妥略加品味，就明白了顾良玩笑之中揶揄的意味，于是应声答道："您老先生不是姓顾吗？请问，那是'眷顾'的'顾'，还是'新故'的'故'啊？"

顾良顿时难以招架。

少年智辩狂僧

隋朝时，有个和尚叫三藏法师。他对佛经也学了一些，但学得不深，可

是常常大言不惭,自诩为天下佛学权威。

一天,他照例设斋拜佛,讲经说法。各地佛教信徒慕名赶来,将设置讲桌的斋坛围得水泄不通。

等他讲完后,一些健嘴巧舌的子弟便迫不及待地提出一些稀奇古怪的难题来,哪知三藏法师竟是对答如流,而且还说这答案出自何处的佛经。

忽然,一个十二三岁的孩子从信徒人群中倏地站了起来,大声问:"大师,我记得有部佛经上写着关于野狐和尚的事,它把'狐'叫做'阿闍黎'(佛家语,意思是可作规范的高僧)。请问,这部佛经叫什么名字?"

三藏法师一时语塞,毕竟他阅历丰富,便马上来了个偷换论题的把戏,向小孩严厉反问道:"你这小鬼嗓子尖,个儿小,怎么不拿'声音'来补养身子呢?"

小孩不甘示弱,反唇相讥道:"请问你眼窝深,鼻子长,怎么不割下鼻子来充补眼睛呢?"

三藏法师又羞又恼,坛下却哄然大笑起来。

聪敏巧言辨獐鹿

北宋神宗年间,一个少数民族领袖派人送给王安石一对小兽:一头长着角,像鹿;一头也长着角,却也像鹿。

客人问一旁玩耍的王安石的小儿子王元泽:"王公子,笼里关着一头小鹿,一头小獐。你可知道,哪是小鹿,哪是小獐吗?"

五六岁的王元泽朝笼里打量起来,见里面的小走兽模样实在差不多,难以分辨清楚。但他很快地回答道:"小獐旁边是小鹿,小鹿旁边是小獐。"

客人见王元泽如此机敏,心里暗暗称奇!

巧解字谜谴财主

元朝著名画家、诗人王冕,小时候给财主放牛。年底领钱时,财主说:"你如果能解答出我的一个问题,就把工钱给你。"

财主说:"从前有伙穷人在锄地,挖出了一块玉璧。大家叫道:'是块宝贝呀！我们分了吧。'于是他们就把玉璧砸碎了，一人分到一块。可是他们却不懂，这块价值千金的玉璧一旦砸碎了就分文不值了，结果，这伙穷人仍旧是两手空空。——这是个故事谜，猜一个字，你猜吧！"

王冕说："你讲'穷人分宝贝还是穷'的意思，这不是'贫'字吗？"

财主只好把一年工钱付给了王冕。

王冕在财主家放牛，受尽折磨。一天，他对财主说："东家我说个故事，请你猜一个字。猜出了，我白给你干一年；猜不出，我就要告辞回家了。"

财主说："行，你讲吧。"

王冕说："从前，有个财主想出外做生意发大财。他雇了一个伙计，在合同上写明：财主出钱，伙计出力，一年后赚了钱三七开。干了一年果然发了大财。为了独吞，当伙计来分利时，财主哭丧着脸说：'昨天我们分手时，马受惊狂奔过来，把那只装钱的箱子踩扁了。'这样，那些钱全部装进了财主的腰包。你猜猜这是个什么字？"

财主猜不出。

王冕说："那财主对伙计说：马踩扁了钱箱，马和扁合在一起不就是'骗'字吗？财主老想骗人嘛。"

财主被王冕借机骂了一通，但又不好发作，只得让王冕回家了。

故作糊涂岳童机智奉劝

营邱子曾在一所私塾当先生，他对元朝的统治深为不满，可又无法摆脱，于是常借酒浇愁，聊以苟生，对那些拜读于自己门下的纨绔子弟毫无栽培之意，渐渐地养成了懒散的习性。他经常在课堂上打瞌睡。

学生中有一个小朋友大有意见，他就是后来扬名于天下的元朝著名学者岳柱。岳柱家境贫寒，但聪明好学，遇事总爱动脑筋。他打听到营邱子过去博学多才，为人师表，可现在为什么老爱打瞌睡，对学生不负责任呢？他决心解开这个谜。

有一天，上习字课，营邱子叫学生按字帖写字，自己伏案便睡，这下课堂里就乱了套。岳柱趁众学生闹得起劲时，悄悄走到讲台旁，摇醒正在打瞌睡的营邱子，低声问道："先生，您为啥老是打瞌睡？"

营邱子正在做梦，朦胧中被岳柱摇醒，真有点丈二和尚摸不着头脑，故

作神秘地回答道："我是到梦乡去见古圣先贤去了，就像孔子梦见周公那样，然后将古圣先贤的教训传授于你们。"说完便摇头晃脑地吟起："采菊西篱下，悠然见北山。"

"不对呀，应该是'采菊东篱下，悠然见南山'。"岳柱纠正道。

营邱子叹息道："茫茫人世，芸芸众生，人妖不分，何分东南西北！"

岳柱知道营邱子所谓的梦中托言纯属谎词，至于营邱子故作糊涂的缘由他也能领悟一二，他想让营邱子改掉打瞌睡的坏毛病，左思右忖，终于想出了一个好办法。

第二天上课时，当营邱子正摇头晃脑地读着"世间行乐亦如此，古来万事东流水"时，忽然发现岳柱也在打瞌睡，便大声呵斥道："懒惰成性，真是朽木不可雕啊！"可岳柱却不慌不忙地站起来说："先生，您冤枉人了，我是在学习呀！"

营邱子更怒了："明明是打瞌睡，还敢诡辩！"

"真的，我到梦乡去拜见古圣先贤去了，就像您梦见古圣先贤一样。"

营邱子有意刁难岳柱，问道："古圣先贤给了你一些什么教训？"

岳柱从容答道："我呀，见到了古圣先贤，就问他们：'我们的先生几乎每天都来拜望你们，你们给了他些什么教训？'但他们回答：'从未见过这样一位先生。'"

营邱子听了，顿时瞠目结舌，继而满脸羞愧。没想到一个身高齐腹的孺子，竟能以其人之道还治其人之身的办法，揭穿了自己的谎言。从此，他改掉了打瞌睡的坏毛病，对岳柱更是悉心栽培。

逞辩才解缙连碎二玉桶

金銮殿里，有一对是明代开国皇帝朱元璋制的玉桶，作为传国之宝，代代相传，也是国家权力的象征，历来有专人管理，谁也动不得。

传说有一天，有几个大臣指着其中一只玉桶，对翰林学士解缙说："人家都说你胆大，看敢不敢打掉这只玉桶？"

解缙说："打掉一只玉桶，有啥关系？"说罢，"咣啷"一声，把一只玉桶打碎了。那几个大臣赶快去报告皇帝。

皇帝传来解缙问："解缙，他们说你打掉了一只玉桶，是真的吗？"

解缙说："为了万岁的江山，我打掉了一只玉桶。因为天无二日，民无二主，只有一统（桶）江山，哪有二统（桶）江山？如果有二统（桶）江山，国家怎得安宁？"

皇帝说："对呀！只有一统江山，哪有二统江山？打得好！打得好！"

那几个大臣灰溜溜地退了出来。解缙跟着也出来。他走到门口，那几个大臣又围拢来，一个个伸出大拇指夸奖他有胆量，有办法，是个奇才，接着又激他说："解大人，你只敢打一只玉桶，还敢不敢打第二只玉桶？要是你敢打掉这只玉桶，就算真有本事。"

解缙说："这算得什么？"说罢，"哐啷"一声，把剩下的一只玉桶也打掉了。那几个大臣又飞也似的跑去报告皇帝。

皇帝大怒，又派人把解缙叫来问："解缙，你刚才说只有一统江山，没有二统江山，把那一只玉桶打掉了。现在，你把剩下的一只玉桶也打掉了，这是为什么？"

解缙奏道："玉桶江山，脆而不坚，铁桶江山万万年。为了陛下皇业永固，还是打掉玉桶换成铁桶吧。这样，江山就会像铁桶一样，万代相传了。"

解缙的话说到皇帝的心坎上，他立即下令铸一只大铁桶放在金銮殿上。那几个想陷害解缙的奸臣，只得干瞪眼。

茶中藏谜语

奸臣严嵩连夜写奏疏，编造罗洪先的罪名，准备早朝时在皇帝面前治他的罪。罗洪先是严嵩的亲家，这时住在严嵩家里的罗洪先，一直被蒙在鼓里呢！

严嵩的秘密却被他的女儿发现了，可是严府家法森严，即使做女儿的也不能随便行走，更不要说去通风报信了。急中生智，她让丫环给公公送一杯茶，再三嘱咐说："务必请我公公体会这茶的意思。"

罗洪先这时还没有睡，他见儿媳妇派丫环送茶，心里已是疑惑，夜半三更的还送茶水干什么呢？打开茶碗一看，只见水面上浮着两颗红枣和一撮茴香，更是疑惑。这个罗洪先亦是个官场人物，不过为人正直。他喝过各种各样的茶，唯独没有见过枣子茴香茶，而且儿媳带来言语要好好体会茶中之味，这倒引起了他的警惕。联想到今晚严嵩举行的宴会上，一些奉承

拍马的人都在一个劲地颂扬严嵩用巨鱼骨头当栋梁新造的客厅，自己听不进去，力排众议，当着客人的面批评客厅造得过于豪华和浪费，严嵩当场就沉下脸来。

他想到这里，再看看茶杯中那两颗血红的枣子和一撮茴香，顿时悟出它的含义来，莫不是儿媳已经得到信息，暗示我早（枣）早（枣）回（茴）乡（香），逃离此地？

罗洪先不觉惊出一身冷汗来，再也不敢上床入睡，第二天拂晓，就骑着快马急奔故乡。严嵩看见亲家已走，皇帝面前告状的事只得作罢。从此以后，这两位亲家再也没有往来。

巧言劝母

明代，有个叫翟永龄的孩子，母亲笃信佛教，对佛祖释迦牟尼可说是虔诚之至。逢年过节，她总要沐香汤，戒荤腥，设香案，烧纸钱，顶礼膜拜一番。即使平日，她也总是抓住一切空余时间，整日"阿弥陀佛，阿弥陀佛"地念得家人很烦恼。

翟永龄决心说服母亲不要再念个不停。这一天，大声呼唤道："妈妈，妈妈。"母亲不理他，一边在灶间烧火，一边"阿弥陀佛，阿弥陀佛"地念个不停。

翟永龄又高声喊道："妈妈，妈妈。"母亲一边答应，一边依然念"阿弥陀佛，阿弥陀佛"。

翟永龄穷追不舍，不停地喊道："妈妈，妈妈。"母亲忍无可忍，最后怒声责骂道："烦死了，我又不是聋子！你这么一直喊，有什么事啊？"

翟永龄说："我只不过叫了您五六声，您就不耐烦，可您自己对释迦牟尼整天地念了不知有几千遍的'阿弥陀佛'，佛祖听了岂非要厌烦死了！这样下去，可不得了啊！"

母亲一听觉得有理，惊慌地问："怎么不得了啊？"翟永龄说："我听一个有道行的云游老和尚说，佛经上讲的，如果教徒得罪了佛祖，活着要遭殃，死了不得升入极乐世界！"

母亲大吃一惊，从此再也不敢"阿弥陀佛"地念个不停了。

即兴赋诗

一天，徐文长在酒店喝酒，有几个并不认识他的廪生（由官府按时发给银子和粮食补助生活的秀才），大讲徐文长只有歪才，并无真才实学。

徐文长笑道："这么说，几位仁兄很有真才喽？那么我们来赛诗怎样？"

廪生们见他穿得很寒酸，就说："赛就赛，就是徐文长来也不在我们的话下，何况是你。"

店里的伙计认识徐文长，但并不点穿，只是提着酒壶上来凑热闹说："那么，就以这酒壶为题如何？"大家都说好。徐文长让那几个廪生先做。廪生们摇头晃脑，哼哼哈哈地闹了半天，也没吟出一首像样的诗来。

最后轮到徐文长，他吟诗道：

> 嘴儿尖尖背儿高，
>
> 才免饥寒便自豪。
>
> 量小岂能容大器，
>
> 两三寸水起波涛！

旁边喝酒的人一齐说："对呀！酒壶就是这样的。"

小伙计打趣道："不见得吧！据我看，徐文长吟的，倒更像这几个廪生！"

几个廪生这才知道面前的就是徐文长，只得狼狈地溜走了。

谋士测字惊崇祯

明朝末年，闯王李自成兵临北京城下，大明江山岌岌可危，崇祯皇帝惶惶不可终日。

传说有一天，崇祯脱下龙袍，带着一个太监走出皇宫，到街上去散心。走了一段路，见有一个测字摊前一幅白布招展，上写："鬼谷为师，管辂为友。"崇祯知道，这鬼谷和管辂都是古代著名的神算，而他平日最喜欢招些江湖术士进宫相面、卜卦，今日见了这号称以神算为友的测字先生，又想测测大明的前途如何。那测字先生见他们上前，忙笑问他们预测什么事。

"我家主人欲测国家事,"太监说,"就测那'管辂为友'的'友'字。"

测字先生想了一会,皱眉道:"若要测国事,恐怕不大妙啊,你看这'友'字这一撇,遮去上部,则成'反'字,倘照字形去解释,恐怕是'反'要出头。"

太监见崇祯脸色骤变,忙改口:"不是这个'友'字,是'有无'的'有'。"

测字先生摇摇头,说:"若是这个'有'字,则更为不妙啦。你看这个'有'字上部是'大'字缺一捺,下部是'明'字少半边,分明是说:大明江山,已去一半。"

崇祯倒抽一口冷气,忙捉笔写了一个"酉"字,说:"不是朋友的'友'和有无的'有',是申酉戌亥的'酉'字。"

测字先生叹口气说:"此字太恶,在下不便多言。"

崇祯催促道:"测字之人,只求实言,先生不必隐讳。"

测字先生神秘他说:"此话说与客官,切莫外传,看来大明江山,危在旦夕,万岁爷这位至尊已无所救也。你看这'酉'字,乃居'尊'字之中,上无头,下缺足,据字形而解,分明暗示,至尊者——大明皇帝将无头无足矣。"

崇祯一听,魂飞魄散,他恐怕李闯王杀进京城后真的会将他身首异处,使他无头无足,第二天就在煤山上吊而死。不久,李闯王就攻进了北京城。

你猜那测字先生是谁?他是李闯王派进城的一位谋士。兵书上说:"攻心为上,攻城为下。"谋士设下测字摊,专门在城中散布涣散军心的言论。测字先生利用测字三吓皇帝,不愧是随机应变的聪明人。

虎脖解金铃

南唐时候,金陵清凉山上有座庙宇,庙内香火旺盛。许多年轻和尚跟从著名的佛学大师法眼禅师在此学习佛法。其中有一个名叫泰钦的小和尚,聪明过人,性格豪放。

有一次,泰钦躲到后山烧野鸡肉吃,恰巧被寺庙管理者瞧见,被罚面壁三日。可他仍不思悔过,嘻笑称道:"酒肉穿肠过,佛祖心中留。"好像他比不吃荤的和尚还尊重佛祖释迦牟尼。这自然引起了众和尚对他的嫉恨。

有一天,泰钦私自到山下的集镇上闲逛,慢慢游到一家门口挂着"三杯倒"招牌的酒肆,不看则已,一看他的犟脾气就来了,心想:"你说'三杯倒',我偏要喝他五杯,看我倒不倒?"

泰钦喝得酩酊大醉而归，竟然还把肚中的污秽物吐在佛堂上，这下可招来了众怒。武和尚们持棒槌地，以示抗议；文和尚们联名上书给法眼禅师，一致要求把泰钦赶下山去，以正寺规。

法眼禅师不忍失掉这一聪慧的弟子，又怕触犯众怒。

他对在场的和尚们说："泰钦触犯寺规，理应处罚，姑念其学习刻苦聪颖过人，再给他一次机会。试猜一谜，倘若泰钦不能解，而诸位中任何能解，则按寺规将泰钦逼出山门；倘若诸位中无一人能解，而唯有泰钦能解，那么仍留他下来，面壁思过。"

法眼禅师接着出一谜语："老虎脖子上挂着一个金铃，谁能在不伤老虎的条件下把金铃摘下来？"

众和尚想："杀死老虎能轻而易举地解下金铃，可规定不伤害老虎；不伤害老虎去解金铃，就会被老虎吃掉。"众和尚们绞尽脑汁、搜索枯肠，结果仍然面面相觑，没有一个人能答得出。

这时，酒意未消的泰钦却说："我能解谜！——解铃还须系铃人。"

法眼禅师欣然说："泰钦答得对。"

众和尚实在泄气，但法眼禅师有言在先，不便违抗。泰钦也已领悟到法眼禅师的暗示和训导：自己造成被动局面要靠自己的努力来改变，自己的缺点错误要由自己来改正。

从此泰钦继续留在法眼禅师身边，潜心研读经文，最终成了精通佛学的著名大师——法灯禅师。

巧解"老头子"

纪晓岚在编纂《四库全书》时，一天，正值盛夏，打着赤膊坐在案前。

这时，乾隆突然驾到。衣冠不整见驾就有欺君之罪，更何况纪晓岚这副模样！他慌得连忙钻进桌子底下躲避。

其实乾隆早就看到了，向左右仆人摇手示意，叫他们别作声，自己就在纪晓岚藏身的桌前坐了下米。时间长了，纪晓岚感到憋气，听听外面鸦雀无声，又因桌围遮着看不见，闹不清皇上走了没有，于是偷偷伸出一根中指，低声问："老头子走了没有？"

乾隆心里又气又好笑，故意喝道："放肆！谁在这里？还不快滚出来！"

纪晓岚没法，只好爬出来跪在地上。

乾隆说："你为什么叫我'老头子'？"

纪晓岚回答："陛下是万岁，应该称'老'；尊为君王，举国之首，万民敬仰，当然是'头'；子者，'天之骄子'也。呼'老头子'乃至尊之称。"

"那这根中指又算什么？"

"代表'君'，'天地君亲师'的'君'。"

纪晓岚伸出一只手，动着中指说："从左边数起，天地君亲师，中指是君；从右边数起，天地君亲师，中指仍是君。所以中指代表君。"

乾隆笑道：'卿急智可嘉，恕你无罪！'

智改字化险为夷

从前有个专帮穷人打官司的讼师叫张胜，常能反败为胜，化险为夷。

一次，当地流氓刘金宝调戏农民林阿狗的妻子，正巧被林阿狗撞上，两人就打了起来。那流氓有些武功，把阿狗打个半死。阿狗妻急了，随手拿着一把斧子朝流氓劈去，谁想正劈在要命的地方，竟把他打死了。于是官府把阿狗夫妻俩抓到县衙门去。

阿狗的穷乡亲请张胜去为阿狗主持公道。张胜查了案卷，见上面的结论是：阿狗妻见丈夫被刘金宝打伤，急了，就用斧子劈死了刘金宝。如果按照这个结论，会将阿狗妻判为故意杀人罪，这罪名可大了，轻则要判十几年甚至无期徒刑，重则要偿命。办案的法吏是张胜的朋友，张胜对他说："刘金宝要入室欺侮女人，而且把阿狗打得要死，阿狗妻是为了自卫才动了斧子，按情理应该轻判，请老兄笔下留情。"

法吏说："已经记录在案，盖上了官印，不能再更改啦。"

张胜说："小弟倒有办法，只需改动一笔，就可救她。"

法吏忽然想起了两件事：前些时候，斗笠湖口漂来一具浮尸，法吏前去验尸，呈报单上写了"斗笠湖口发现浮尸"，湖口岸的老百姓很着急，怕官府因此来找麻烦，敲竹杠，张胜就请法吏把"湖口"的"口"字当中加上一竖，改成"斗笠湖中发现浮尸"，这样就使湖口的老百姓没了关系。

又有一次，有个农民因交不起租，家中的东西全被财主抢去。那农民一时性急，奔到财主家夺回一口锅。财主就告农民"大门而入，明火执仗。"

张胜知道后，在"大"字的右上角加了一点，就变成"犬"字。这样就显得不符合事实了：既"明火执仗"却"犬门而入"，使财主落了个诬告的罪名。

法吏想到这里，想看看张胜这次有什么妙计。就说："我也同情阿狗夫妻俩，如果你能改得巧妙，就请吧。"

张胜笑了笑，挥笔在"用柴刀劈死"的"用"字上轻轻一钩，改成"甩"字。"用刀劈死"，是故意杀人，要偿命；可"甩刀"就不一定致对方死命，只是甩得不巧，失手劈死。这样就把故意杀人罪降为误伤致死的过失罪，至多判二三年刑。

法吏笑道："你真是改一字救一命啊！"

替人追债

在一个钉鞋摊的旁边，一群人围着一位老先生，听他讲孔夫子的"言必信，行必果"。

韩老大听了一会问修鞋的皮匠："哎，师傅，这老先生是谁？ 讲得真带劲儿！"

皮匠小声回答："教书的，姓赵。你别听他满嘴讲得好听，可办起事儿来却不是那么回事儿，他在我这儿修了几次鞋，一次钱也没给。"

韩老大最恨那些光说不做的人，等老先生讲完一段后，便问："先生，我想请教个题：'赵钱孙李，周吴郑王'怎么个解释？"老先生说："你真是个愚人，连百家姓上的'赵钱孙李周吴郑王'都不懂。那不就是姓赵的赵、姓钱的钱、姓孙的孙等姓吗？"

韩老大说："先生，我解释的意思和您的不一样。我从后边给您往前解释，请您好好听着，王是王霸道的王，郑是不正经的正（郑），吴是耍无赖的无（吴），周是瞎胡诌的诌（周），李是不讲理的理（李），孙是装孙子的孙，钱是欠鞋钱的钱，赵是赵先生的赵。联一块儿是：王霸道，不正经，耍无赖，瞎胡诌，不讲理，装孙子，欠鞋钱，赵先生。"

赵先生火了："你讲的这是什么意思？ 快给我滚开！"

韩老大笑着说："先生，您别生气，也别着急，我还有话——您讲的言必信、行必果，也不全对。言必信，行必果，就是说了就做，要说到做到，可先生您呢？ 您在皮匠那修了几次鞋，为什么不给人家钱呀？"

"这……"赵先生张口结舌，可他很快又改口说，"我也没说不给呀，我是说等他什么时候要钱花，我就一块给他。"

"眼下我大儿子要娶媳妇，正等着钱花，你现在就给我吧。"皮匠在一旁答了话。赵老先生只好把钱给了皮匠。

才女巧解"三纲"

任嫣然是个女大学生，她的口才特别好，在全校是有名的。

一次学生会举办智力竞赛活动，任嫣然自然被推为本系的参加代表。不过，在抢答题时，竟差点出了"洋相"。

主持人出的题目是："三纲五常"中的"三纲"指的是什么？正确的答案是：君为臣纲，父为子纲，夫为妻纲。由于任嫣然一不当心，回答成："臣为君纲，子为父纲，妻为夫纲。"刚好把三者的关系弄颠倒了。赛场上的一片笑声洪水般涌来，简直可以把任嫣然淹死。

主持者正要为任嫣然打分：自然是要扣十分。在这紧急关头，任嫣然手按话筒朗声说："诸位不要笑嘛，我这'三纲'是新'三纲'，与古代的旧'三纲'完全是两码事。"

主持人说："从没听说过有新'三纲'。你倒是解释解释看。"

任嫣然扫视了一下整个赛场，赛场上一片寂静，大家都在洗耳恭听。她这时才用清脆悦耳的声音即兴演讲："现在，我们中国人民当家做主，而领导者，不管官职多大，都是人民的公仆，岂不是'臣为君纲'吗？我们的国家以计划生育为国策，一对夫妇只生一个孩子，于是孩子在家庭里都成了'小皇帝'，岂不是'子为父纲'吗？许多家庭中，妻子的权力一般都超过丈夫，所谓'妻管严'、'模范丈夫'不是为'妻为夫纲'作最好的脚注吗？"

台上台下一齐叫好。鼓掌声超过了刚才的嘲笑声。

主持人用话筒向全场宣布："鉴于刚才这位选手的应变能力和创造能力，我宣布，这道抢答题加20分！"

师徒书法服众人

一次，在北京香山饭店，一位青年书法家正在当众挥毫泼墨。围观者很多,求字的人也不少。

突然,在场的一位美国可口可乐的部门经理也要求给他写一幅字,而且提出了书写的内容。内容乃为孔子曰:"可口可乐好极了!"

这个要求可让青年书法家为难极了,不要说两千多年前的孔老夫子从没见过"可口可乐"这洋玩意儿;就是见了,他会替"可口可乐"做广告吗?

他实在无法下笔。不过他也知道那位美国人并无恶意,只是文化观念不同而已。要是不写呢,不仅让那位美国朋友扫兴,也影响到两国人民的友谊。

他正犹豫不决时,在一旁的他的老师鼓励他大胆地写,他只好如实照写了。

写完后,老师又让他加了一行字:"一位美国朋友的梦想。"他顿时明白了老师的用意。这一行字加得太好了,他就很快完成了这幅书法作品,既无损孔子的形象,又满足了外国友人的要求。

在场的观众都叹服书法家师生的这一招,连那位美国朋友也乐了。这样一写,把中国古代的圣人和现代美国人巧妙地联系在一起,幽默风趣溢于纸上。让孔子说一句话变成美国朋友的美好意愿,突出了孔子在外国友人心目中的崇高的地位,弘扬了中国的古老文明。这一尴尬场面想出的计策,真可谓绝妙之至!

阿凡提智斗财主

有一次,阿凡提给乡亲们行医看病,看完病后和大家一起吃哈密瓜,有个巴依(财主)偷偷把自己啃的瓜皮都放在阿凡提跟前。等到瓜吃完了,巴依叫道:"朋友们,快看啊,阿凡提跟前有多大的一堆瓜皮啊! 他的嘴多馋呀!"大家都笑了起来。

阿凡提笑道:"我吃瓜还留下瓜皮,巴依吃瓜,可连瓜皮都吞下去了。你们瞧,他面前半块瓜皮也没剩下呀!"

巴依自讨个没趣,就想刁难一下阿凡提,要他难堪。他说:"阿凡提,昨天晚上我正睡得香甜,一只老鼠从我的嘴里钻到肚子里去了。这怎么治疗啊?"

阿凡提随即说:"你马上抓一只猫儿把它活活吞下去,猫儿就会把老鼠吃了嘛!"

巴依两次败在阿凡提的手里,心里很恼火,就在阿凡提回家时,暗暗唆使自家的狗去咬阿凡提。阿凡提被狗咬了一口后,很生气,一棒子就把这只凶狗打死了。

巴依说:"我的狗只是要咬你一口,它并没有想把你咬死,你为什么把它打死呢?"

阿凡提说:"你和它合谋来咬我,我当然要把它打死。"

巴依问:"我怎么和它合谋呢?"

阿凡提说:"如果你没有和它合谋,你怎么知道它只准备咬我一口呢?"

巴依又无话可说啦。

奸商买柴中计

从前,哈萨克族有个十分穷苦的姑娘叫阿格依夏。一天,她拉着一爬犁柴禾到集市上去卖。

有个商人问她:"要卖多少钱?"

姑娘说:"5块。"

"全部吗?"

"全部。"

那个商人立即对旁边的商人们说:"听见了吧,各位,她将柴禾连牛和爬犁全部卖给我了,一共5块钱。"

阿格依夏这才知道商人作弄了她。她不动声色地问:"5块钱你拿手给我吗?"

商人摸不着她的意思,随口回答:"当然拿手给你!"

阿格依夏也向一旁看热闹的人们大声说:"这个商人拿手给我,你们听见了没有?"

人们不知道她有什么用意,都说:"听见了!"

牛赶进了商人的院子,人们也跟着拥了进来。这时商人拿出5块钱给阿格依夏,阿格依夏却一把抓住商人的手腕,举起斧头就要往下砍。商人吓得变了颜色:"你这是干什么?"

阿格依夏说:"你不是说拿手给我吗?既然已经定了,全部柴禾换你一

只肮脏的手,我自认吃亏算了!"片刻间发生的事,证人俱在,商人只得忍痛愿以 1000 金元的代价买回他的手。

潘曼智辩父母官

县城里有个贫苦农民,被人偷走了一头耕牛,到县衙门报案,县官却把他轰出大堂,那农民伤心地哭了。仫佬族的机智人物潘曼见了,决定帮他找牛。

第二天,潘曼和农民又到衙门去告状,状纸上告的偷牛人就是县官老爷。

县官大怒,喝令各打 50 大板。潘曼上前说:"启禀父母官!小小罗城,四个城门,四条大路,守城不守,知县不知,白吃俸禄。我的牛栏固如铁桶,你的城门烂如豆腐,半夜三更牛被偷,你说是什么缘故?"县官被问住了。潘曼又说:"这区区小事,你若不办,小人只好告到州府!"

县官自知治县不严,亏了道理,怕事闹大,难保乌纱帽,只好赔了一头牛。但他总想伺机报复。

一天,潘曼的母亲 70 寿辰,潘曼放了九枚地雷炮,表示孝心。县官忙派人把他抓去。原来官府规定:大凡上司来人或县官出巡,准鸣炮九响,其他的鸣炮九响,就要捉拿问罪。县官责问潘曼:"你放了九枚地雷炮,知道这是违法的吗?"

潘曼反问:"我放的九响地雷炮,三响是敬天的,三响是敬地的,三响是敬父母官老爷的,敬我母亲的一炮还没有放呢,罪从何来?"县官无话可说了。

小和尚斗法老和尚

从前,某山神庙里有个老和尚。在离寺庙不远处,住着个年轻美貌的女子。一天,老和尚把一些鸡蛋装到套盒里,哄骗小和尚说:"这里边装的是柿饼,你给那女子家里带去吧。"小和尚在路上打开套盒一瞧,里面装的是鸡蛋,不禁感到好笑,但还是把套盒给那女子送去了。

过了两天，老和尚包了十来条香鱼，对小和尚说："这是一把刀子，你给那女子送去吧。"小和尚在路上把那包拿出来打开一看，原来是香鱼。他笑着给那女子送去了。

过了五六天，有一家施主举办佛事，老和尚带着小和尚一起去。半路上，小和尚看到路边有一家农民养了很多鸡，便说："师父，您瞧，那家养了多少柿饼的妈妈呀，那柿饼不是你送给那女子的吗？"老和尚很不好意思。

办完佛事，师徒归来。他们走到河岸上了大桥。小和尚看到河中的游鱼，又大声说："师父，您看这下边的河水里，有多少刀子在游动啊！这样的刀子不是您送给那女子的吗？"

老和尚想，这小子在路上一定看了鱼才这么说的。便斥问道："你看到的东西，光看看就算了；听到的东西，光听听就算了！什么话都不要说，就跟着我走吧！"

这时两人走上了山岗，一阵风吹来，老和尚的帽子被吹掉了。小和尚不愿意捡帽子，默默地走着。老和尚发现帽子没有了，正纳闷是不是丢在施主家没带回来。小和尚在一旁答话说："师父，因为在路上您跟我说'看到的东西，光看看就算了！'所以我看到您的帽子被风吹掉也没去捡。"

老和尚说："掉在路上的，不管什么都要捡回来！你快去把帽子捡回来！"

小和尚顺着原路回去捡了帽子，同时他又捡了些烂树叶、马粪之类的东西装在帽子里。老和尚一见生气地说："你为什么把那些脏东西装在帽子里？"

小和尚说："您不是说'掉在路上的，不管什么都要捡回来'吗？"

老和尚气愤地说："马粪多脏啊，你快拿去用河水冲掉！"

小和尚拿起帽子，丢到河里就回来了。

过了两天，老和尚有事要出门，一找帽子不见了，便问小和尚。小和尚说："师傅，您不是说'让水冲掉'吗？我把帽子和马粪一起让河水冲掉了，现在哪儿还有帽子呀！"

巧用智泼水救命

霍尔莫赞是波斯帝国一位年青的太子。在阿拉伯帝国的倭马亚王朝远征波斯时，霍尔莫赞在鏖战中被俘。

军士们把他押解到倭马亚王面前，国王下令立即斩首。这时，太子霍尔莫赞请求说："噢，主宰一切的陛下，我现在口渴难受，陛下当开怀大度，让你的俘虏喝足了水，再处死也不迟啊。"

倭马亚王点点头，示意左右给太子端过一碗水。太子接过这碗水，刚送到嘴边，竟不敢喝下去，用惊恐的眼神环顾四周。

"你怎么不喝呀？"一个阿拉伯士兵粗暴地呵斥他说。

"我曾有所耳闻，"太子说，"你们这些人非常凶残而不懂天理，所以我担心，当我正品味这碗沁人心脾的清水时，会有人举刀杀死我的！"

"放心吧，"倭马亚王显出宽宏大度的模样说："谁也不可能动你的！"

"既然无人伤害我，"太子请求国王说，"陛下总该有个保证啊。"

"我以真主的名义发誓，"倭马亚王庄重地说道："在你没喝下这碗水之前，没有人敢伤害你。"

这时，太子霍尔莫赞毫不迟疑地将这碗水泼到地上。

"狂妄！将他推出斩首！"倭马亚王厉声喝道。

太子霍尔莫赞平心静气地问国王："陛下，刚才您庄严地向真主发过誓，不是要保证我不受到伤害吗？"

"我只是下保证，在你没喝那碗水之前，谁也不会伤害你的！"倭马亚王解释说。

"陛下所言极是，"太子说道，"可我并没喝下这碗水，并且也喝不到这碗水了，因为它已滋润了您的土地。此刻，陛下理当履行君王的誓言。"

倭马亚王这时恍然大悟，只好释放太子霍尔莫赞。

比智慧诱国王跳河

斯里·沙侬差是个非常聪明的孩子。泰国国王知道后，决定亲自走访斯里·沙侬差。他换上破旧的衣衫，骑上大象，朝河边斯里·沙侬差的家走去。

这时，斯里·沙侬差正坐在台阶上。他刚见到国王就高声喊道："先生，您骑的这头大象是一头好象。"

"呃，谢谢您。"国王不动声色地说，"事实上，它是宫廷里的大象，我在

宫里办事。"

"那您一定很聪明喽。"孩子称赞道。

"是的,我是国王的一个大臣,几乎和国王一样聪明。"国王试探地说。

"唷,没有一个人能比国王更聪明。"斯里·沙侬差认真地答道。

"有人说就是你比国王聪明,"国王说道,"我来这里就是想考考你。"

"你想考我什么呢?"

"这个……"国王思索着说,"我料你绝不会聪明到使我跳进河里吧。"

斯里·沙侬差看了看那条河,又看了看国王,挠了挠脑袋说:"先生,我是还没有聪明到促使您跳进河里。然而,我觉得,更难的是让您从河里爬上岸来,那非要有一个绝顶聪明的人,才能使您这样做。"

国王立即跳进水中,喊道:"我要再考考你,看看你的智慧能否使我从水里爬上岸来!"

斯里·沙侬差笑着说:"您泡在水里与我无关,总之,我已经让您跳进河里了。我相信你一定会聪明地从河里爬上来的。"

国王这才明白自己上了圈套,只好从水里爬上来,佩服地说:"好孩子,你是全国最聪明的人!"

农夫拿公鸡献国王

缅甸有个贫穷的农夫,希望有朝一日能富裕起来。一天他拿了一只公鸡,把它献给国王。

国王笑道:"一只公鸡对我来说是微不足道的礼物。我一家六口:我、王后、我的两个儿子和两个女儿。我们怎么分这只公鸡呢?"

农夫割下鸡头献给国王,说:"陛下是一国之首,所以请收下鸡头这份厚礼。"接着割下鸡背上的肉,说:"这个献给王后——王后的背负着全家的重担。"又割下两只鸡腿,说:"这两只给两个王子。他们将踏着你的足迹,登上统治者的宝座。"随后,割下两只翅膀说:"让两个公主每人得到一只翅膀,因为她们有朝一日出嫁时,就要同她丈夫一起远走高飞。剩余的部分是属于我的,因为我是陛下的客人,而主人有义务用最好的食物招待来客。"

国王听了农夫机智的回答非常满意,便赏给他许多金银和宝石。

有个贪婪成性的人，了解到农夫发迹的经过后，就带着五只公鸡来到王宫，对国王说："小人敬献五只公鸡问候陛下。"

国王一眼便看出此人的来意，就说："我很乐意接受你的五只公鸡，但我一家有六口人，假如你能公平合理地把它们分给我们，我就大大嘉奖你。"贪心的男人不知道如何分配。他悔恨自己不该带五只公鸡，而应该带六只来。

国王派差人把农夫招来，让他分。农夫泰然自若地说："陛下，这好办：一只公鸡献给陛下和王后，另外一只献给两位王子，第三只属于两位公主。剩下的两只公鸡属于我自己，因为我是陛下的贵客。这是分配公鸡的唯一合理的方法，因为陛下、王后和另一只公鸡加起来等于三，陛下的两位王子和一只公鸡加起来等于三，陛下的两位公主和一只公鸡加起来等于三，而我和剩余的两只公鸡加起来也等于三."

国王非常满意，赏给农夫两只公鸡，还给了他一大笔奖赏。而那个贪财的男人却两手空空，扫兴而归。

避勒索卓别林改标题

1938 年 12 月，驰名世界的英国幽默艺术大师卓别林（公元 1889—1977 年），写成了讽刺德国法西斯头目希特勒的电影剧本《独裁者》。好几家电影公司争先恐后踏上卓别林的家门，要同他抢订拍摄合同。

经过一阵子讨价还价，卓别林决定将剧本交给一家电影公司拍摄，并同该公司订立了合同。

第二年春天，影片按计划开拍。卓别林带着演员前往外地拍摄外景。正当工作忙碌时，忽然，派拉蒙电影公司向卓别林写信说，《独裁者》的题目原是他们的专利品，因为他们有过一个剧本，题目就叫《独裁者》。

卓别林感到事情节外生枝，很有些棘手，便派人前去跟他们谈判。谈来谈去，对方坚持不肯退让，称除非将剧本的拍摄权交给他们，否则决不罢休。

不得已，卓别林只得亲自找上门去，好言好语地同他们商量。可是派拉蒙公司依然坚持，如果卓别林不肯出让拍摄权，又要借用《独裁者》这个题目，那就必须交付 2 万 5 千美元的转让费，否则就要以侵犯版权罪向法院

提出诉讼。

硬也不行，软也不是，卓别林大为恼火，可一时又想不出良策对付。过了几天，卓别林灵感爆发，机智地在《独裁者》前面添了一个字，使得派拉蒙公司勒索 2 万 5 千美元的计划顿时化为泡影。

原来，卓别林添上了一个"大"字。按卓别林的解释，那部电影的题目加了"大"字，成了《大独裁者》，就不是派拉蒙公司剧本所意味的一般独裁者了。两者之间有了质的区别，怎谈得上侵犯专利权呢？

反唇相讥智胜无礼观众

杜罗夫是俄罗斯著名的马戏丑角演员。他表演技艺精湛，惟妙惟肖，有极强的艺术感染力，常使观众捧腹大笑之余沉思良久。

有一次，杜罗夫在观摩演出，幕间休息时，一个傲慢的观众走到他面前，讥讽地问道："丑角先生，观众对你非常欢迎吗？"

杜罗夫瞧了瞧眼前的观众，知道他不怀好意，便不动声色地答道："还好。"

"作为马戏班中的丑角，是不是必须生来有一张愚蠢而又丑怪的脸蛋，就会受到观众欢迎呢？"此话咄咄逼人，自以为杜罗夫会羞得无地自容或怒得暴跳如雷。

"确实如此。"不料杜罗夫竟然悠闲地说，"先生，真可惜啊！如果我能长一副像您那样的脸蛋儿的话，我准能拿到双倍薪水。"这个傲慢的观众讨了个没趣。

炫耀国力外交官自讨没趣

人们在相互交往中，往往会遇到这样的情况：对方说了一句很不得体的话，自己十分反感，可又因场合所限，不便发脾气。这时，怎么办才好呢？

在联合国的一次重要会议上。西欧某个发达国家的外交官巴索夫眼珠子一转，转出了一个歪点子，他故作彬彬有礼地问一位非洲国家的大使："贵国的死亡率想必不低吧？"巴索夫心里暗暗得意。平时，这些西欧的外交官恃仗本国雄厚的经济实力，总想在政治交往中显示自己高人一等，把贬低别国、炫耀本国，作为一大乐事。

此刻，那位非洲国家的大使的民族自尊心受到伤害，但长期的外交生涯使他的理智战胜了感情，他不动声色地略微思忖之后，既不正面回答，也没置之不理，而是淡淡地说道："跟你们那里一样，也是每人死一次。"

这巧妙而有力的回答，使巴索夫自讨没趣，一脸尴尬。

那位非洲国家的大使，是用了转移论题的方法斗败了巴索夫，他把巴索夫关于整个国家的人口的死亡情况的论题，转移为关于两国每一个人的死亡情况的论题。

觅知音哲学家娶妻

有座城里住着一个学者，因为他选择妻子有许多条件，而具备那些条件的女子确实不多。所以一直没有找到称心如意的妻子。

这样生活了许久，哲学家对自己所居住的这座城市有些厌烦了，打算旅行到另外一座城市去，也许那里能够找到一个理想的妻子。

在路上他遇到一个同伴，两人去向一致，目标相同，于是结伴而行，彼此照顾，亲密无间。

两人默默地走着，哲学家决心要撕开这沉闷的幔帐，便对同伴说："是你来骑我，还是我来骑你呢？"同伴不明白话里的意思。

当走到一个农庄附近时，哲学家又问同伴："这些庄稼是已经吃掉了，还是没有吃掉呢？"同伴听了，仍然百思不得其解。快到目的地时，看见一辆送往墓地的灵车。又问道："这具棺木里面装的是活人，还是死人？"同伴听了仍然不解其中之意。死人才放在棺木里送往墓地埋葬，学者怎么对这样明显的事情表示怀疑呢？

两人分手时，同伴问哲学家住城里什么地方，哲学家说道："我住在城里一个最庄严最尊贵的地方。"同伴听到了回答，却并不知道他到底住在哪里。

这个同伴有个非常聪明的女儿，她询问父亲旅行途中的见闻。父亲把路上遇到哲学家的事儿告诉了她，并问女儿这些话的含意是什么。

女儿对父亲说："'你来骑我，还是我来骑你'，是指你跟我来聊天，还是我跟你来谈话。因为在旅途中聊天是一种享受和乐趣，它可以消除人们单调的旅行生活所引起的疲劳。'这些庄稼是已经吃掉了,还是没有吃掉',是指庄稼人已经把青苗卖掉了呢,还是没有卖掉。庄稼成熟以前卖青苗就是已经被吃掉了,否则就是没有被吃掉。至于'这具棺木里面装的是活人,还是死人'是问死者有没有子嗣。如果死者有后裔,他们会时常想念他,这些就说明死者还活着,不然就认为他的一切随着生命的停止而结束了。最后,他说他'住在城里一个最庄严最尊贵的地方',那指的是清真寺,清真寺不是一个最庄严最尊贵的地方吗? 由此看来,他是一位学问渊博的学者,您为什么不邀请他来我们家做客呢?"后来,那个哲学家和聪明的姑娘成为一对恩爱夫妻。

囚徒巧计死里逃生

古希腊有个国王,一次想处死一批囚徒。那时候,处死囚徒的方法有两种:一种是砍头,一种用绳绞死。这个国王突然间有一个奇怪的念头:"我要和这批囚犯开个玩笑。让他们自己去挑选一种死法,看他们说些什么。这一定是很有趣的事儿。"

国王想到这里,就派刽子手向囚徒们宣布道:"国王陛下有令——让你们任意挑选一种死法,你们可以任意说一句话,——如果说的是真话,就绞死;如果说的是假话,就杀头。"

这样的法令真是太奇怪了。可是,这批囚徒的命操在国王的手里,反正是一死,也就顾不得多想,都很随意地说了一句话。结果,许多囚徒不是因为说了真话而被绞死,就是因为说了假话而被砍头;或者是因为说了一句不能马上检验是真是假的话,而被看成是说了假话砍了头;或者是因为讲不出话来而被当成说真话而绞死。

国王看到他们一个个被处死,很开心。

在这批囚徒中,有一个是很聪明的人,当轮到他来选择处死方法时,他忽然巧妙地对国王说:"你们要砍我的头!"

国王一听,感到好为难:如果真的砍他的头,那么他说的就是真话,而说真话是要被绞死的;但是如果要绞死他,那么他说的"要砍我的头"便成了假话,而假话又是应该被砍头的,但他却说的又不是假话。他的话既不是真话,又不是假话,也就既不能绞死,又不能砍头。

286

国王只得挥挥手说:"放他一条生路吧。"

哲学家的幽默智慧

苏格拉底是古希腊伟大的哲学家,当时有不少年轻人向他求教演讲艺术。一天,有个年轻人为了表现自己,滔滔不绝地向苏格拉底讲了许多话,于是,苏格拉底向他索取双倍的学费。那年轻人问:"为什么要我加倍交费呢?"

苏格拉底说:"因为我要教你两门功课:一门是教你怎样学会闭嘴,另一门才是怎样演讲。"年轻人听了羞愧地低下了头。

苏格拉底与学生相处总是那么乐观和睦,所以有学生问他:"我从没见过你蹙额皱眉,你的心情为何总是那么好?"

苏格拉底回答道:"因为我没有那种失去了它,就会使我感到遗憾的东西。"那位学生听了很受启发,生活就需要像老师那样拿得起,放得下。

事实上,苏格拉底在生活中一直遇到麻烦,大至雅典奴隶主当权者都要严厉处置他,小到他的妻子经常向他发脾气。

他的妻子是出名的泼妇。一次,苏格拉底正在待客,妻子为了一件小事大吵大闹起来,他却淡然置之,笑着道:"好大的雷霆啊!"谁知妻子越闹越凶,竟然当着客人的面,将半盆凉水泼到了苏格拉底身上。

客人很尴尬,以为苏格拉底一定会发火了,谁知苏格拉底却心平气和地说:"我知道,雷霆过后,必有大雨。"

经过这件事后,妻子很后悔,决心改掉自己的坏脾气。

后来,当奴隶主当权者不容苏格拉底的"异言邪说"传播,将他处以死刑时,引起了普通百姓的极大愤慨,临刑时,一个妇女哭喊着:"他们要杀害你了,可是你什么罪也没犯呀!"

苏格拉底回答说:"噢,难道你希望我犯罪,作为罪犯死去才值得吗?"

这位伟大的哲人到生命的最后一刻,居然还保持着轻松幽默的情趣。

诡辩青年人

古希腊智者欧底姆斯是一个善于使用诡辩术的人。

有一次欧底姆斯向一个初次见面的青年人提了一个问题："你学习的是已经知道的东西,还是不知道的东西?"

青年回答："只有不知道的东西才需要学习。"

"据我所知,字母是你知道的东西吧?"欧底姆斯继续追问。

"不错。"

"你认识所有的字母吗?"

"认识。"

欧底姆斯问："那么老师教你的时候,不正是教你认识字母吗?"

欧底姆斯有意混淆"老师教你的时候"这个偏正词组所表示的时间概念来进行诡辩,那青年不假思索,顺口说："是的。"

"你既然认识字母,那么老师教你的不就是你已经知道的东西了吗?"

"是呀。"

"学习字母只是那些不知道字母的人,而你早已认识字母了,这说明你并没有学习。"

"不,我也在学习。"

"如果你认识字母,那你就是学习你已经知道的东西了。"

"是的。"

欧底姆斯说："你要我相信这个事实,那么就必须推翻你刚才所说的话!"

"我刚才说的话?"小伙子有些晕头转向了。

"你刚才说,只学习不知道的事,这样的断言显然被你后来的话推翻了。"欧底姆斯解释道。

青年人不知所措了。

对症下药巧申辩

古希腊哲学家德谟克利特很富有,但他把父亲的遗产用来旅行,到埃及等地去学习各种科学文化知识。回家后,又一心解剖动物的尸体,准备写一部《宇宙大系统》的巨著。那时,阿布德拉城有一条法律,对于不专心经营父亲遗产而将其耗尽的人,要判处严厉的惩罚,不仅要将剩余的财产交给别的亲属,而且还要落个败家子的坏名声,死后甚至遗体都不能葬在祖宗的墓场里。

有个想把德谟克利特的财产占为己有的亲属,根据这条法律向法院告了他一状。德谟克利特的邻居劝他做好准备,但他不愿让诉讼占有自己的宝贵时间,仍整天忙于研究和写作。邻居以为他神经错乱,特地为他请了一位医生。

一天,医生请来了,见德谟克利特正在解剖野兽,一面翻看野兽的内脏,一面在本子上登记。邻居对医生说:"你看,他哪像个正常人,完全像个着了魔的精神病人。"话刚说完,突然从天上掉下一个大乌龟,刚好打在那位邻居的头上,把他打得鲜血直流,昏倒在地。过路人议论说:"老鹰是最高神宙斯的传信鸟,一定是这位邻居刚才说了德谟克利特的坏话,而德谟克利特是宙斯喜爱的人,所以宙斯就派传信鸟叼着乌龟来惩罚他。"

医生和德谟克利特忙为那位邻居包扎伤口。

不久,德谟克利特被传到法庭。法官问他:"这些报告是不是事实?"

德谟克利特答辩说:"我的亲属说我花费了父亲遗留下来的金钱,这是事实,但我从事的是研究关于整个宇宙的知识,我正在撰写一部叫做《宇宙大系统》的著作。其中涉及哲学、逻辑学、宇宙学、生物学、教育学、语义学以及艺术、技术和社会生活等各方面的问题。"

法官问:"在你的那些学问里面,为什么没有神学?"

狠毒的亲属马上说:"他就是不信神,应当按照法律判他死刑!"

德谟克利特灵机一动,说:"法官先生,您最敬仰神,这是很好的。您一定听说过,我的一个邻居说我得了神经病,就被天上掉下来的乌龟打破了头。可见神喜欢谁是十分清楚的。现在请您判我的刑吧,不论您判我多重的刑都可以,反正最高神宙斯是会给我做主的。我已经看到他派出的老鹰正向这里飞来了。"迷信的法官吓得连忙宣布他无罪,而判那个亲属犯了诬告罪。

德谟克利特走出法院时,那位医生问道:"你不是不信神吗?怎么在法庭上又说宙斯的惩罚呢?"

德谟克利特答道:"真理只能和相信真理、爱好真理的人谈论。对于那些昏庸的家伙,只能用别的办法去对付。"

教堂司事解难题

从前，挪威有个盛气凌人的牧师，不管什么时候，只要他看见公路上有人驱车向他驶来，就在遥远的地方耀武扬威地叫道："快离开公路，牧师来了！"

有一次，他对着国王的马车这么喊叫。国王可不听他那一套，照旧一直驱车向前。于是就这一次，牧师不得不把他的马转向路边。

一辆豪华的马车驶近牧师身旁，国王从窗口探出脑袋喝道："我是国王，明天你要到朝廷来一趟。我将向你提出三个问题，假如你回答不上来，你就要失掉你的僧袍和硬领，这是对你骄傲的惩罚。"

牧师垂头丧气回到教堂。他找到头脑一向聪明的教堂司事，低声下气地向地位比他低的教堂司事请求。

教堂司事微笑着接受了牧师的请求。他穿着牧师的僧袍，戴着硬领，来到国王的王宫里。

国王在外面游廊中接见了他，说："现在，我有三道难题要你解答：第一，海有多深？快回答！"教堂司事答道："陛下，在海里投一块石子，海的深度正是石子从水面到海底的深度。"

"好。"国王说，"但是，再告诉我，我骑马绕地球一圈需要多长时间？"

"陛下骑马绕地球，只要从太阳升起时上马，24个小时就又回到太阳升起的地方，正好绕地球一圈。"

"那么，天地之间有多长的距离？"

"天地间相距是139872公里再加6.543米，不信可以去测量。"

国王笑哈哈地说："牧师的学识真渊博啊！"

教堂司事说："您弄错了，我不是牧师，我是教堂司事。"

"噢！那么您回家去吧！"国王说，"让你做牧师，让牧师当教堂司事！"
于是，就这么办了！